Günther Keller

Risikomanagement bei Unternehmensakquisitionen

Konzeptionelle Grundlagen und Elemente eines Instrumentariums zur Identifikation, Evaluation und Steuerung von Akquisitionsrisiken

VVF

SCHRIFTENREIHE ZUM FINANZ-, PRÜFUNGS- UND RECHNUNGSWESEN

Band 30

"n2"

Die Deutsche Bibliothek – CIP-Einheitsaufnahme

Keller, Günther:
Risikomanagement bei Unternehmens-
akquisitionen : Konzeptionelle Grundlagen und
Elemente eines Instrumentariums zur
Identifikation, Evaluation und Steuerung von
Akquisitionsrisiken / Günther Keller. –
München: VVF, 2002
(Schriftenreihe zum Finanz-, Prüfungs- und
Rechnungswesen; Bd. 30)
Zugl.: Erlangen, Univ., Diss., 2002
ISBN 3-89481-448-9

Fürstenstraße 15, 80333 München, Tel.: 089/280 90 95
Fax: 089/280 95 28, e-mail: vvf-verlag@t-online.de, www.vvf-verlag.de

Gesamtherstellung: VVF Verlag V. Florentz, 80333 München. Printed in Germany.

Vorwort

Nach den vorliegenden empirischen Untersuchungen scheitert ein Großteil von Unternehmenszusammenschlüssen. Dafür mögen viele Gründe verantwortlich sein. Eine Ursache besteht darin, dass das Unternehmen nicht immer sachgerecht in die Strategie des zu übernehmenden Unternehmens eingebunden wird. Insofern müssen die Risiken eines derartigen Akquisitionsprozesses erkannt und geeignete Maßnahmen zur Risikobehandlung entwickelt werden, wenn die Erfolgsquote gesteigert werden soll. Isolierte Ansätze zu dieser Fragestellung liegen bereits vor, wie z. B. die Due Diligence-Ansätze. Eine Begleitung des gesamten Akquisitionsprozesses durch das Risikomanagement fehlt allerdings noch. Diese Lücke schließt der Verfasser durch seine Untersuchung der Einsatzmöglichkeiten eines Risikomanagements über alle Stufen der Akquisition hinweg.

Ein wesentlicher Teil des Buches setzt sich mit der Strukturierung des Risikomanagements im Akquisitionsprozess auseinander. Dazu werden zunächst die Anforderungen an ein Risikomanagementsystem definiert und das Risikomanagement als Regelkreis dargestellt. Ein grundlegender Baustein des Risikomanagements besteht in der Identifikation und Evaluation von Risiken, zu denen geeignete Gegenmaßnahmen einer Risikosteuerung zu entwickeln sind. Die Phasen des Akquisitionsprozesses, die im nachfolgenden Kapitel aufgegriffen werden, werden mit ihren Aktivitäten dargestellt, so dass eine Vorstellung vom Ablauf der Akquisition entsteht, an denen das Risikomanagement ansetzt. Das Risikomanagement wird insofern als ein subsidiärer Prozess in Bezug auf das übergeordnete Akquisitionsmanagement verstanden. Dadurch werden die wesentlichen Beziehungen deutlich, die zwischen Risikomanagement- und Akquisitionsprozess bestehen. Dies zeigt sich zunächst in der Risikovorsteuerung in der Konzeptionsphase des Akquisitionsprozesses. Die Risikodiagnose und Risikobeeinflussung erfolgt im Wesentlichen im Rahmen der Transaktionsphase, wobei die Risikobeeinflussung auch im Bereich der Integrationsphase zur Steuerung der Integrationsrisiken fortzusetzen ist.

Auf Basis dieser Grundlage wird dann ein ausführliches und umfassendes Instrumentarium eines akquisitionsbegleitenden Risikomanagementsystems erarbeitet. Besonderes Augenmerk wird der Integrationsphase gewidmet, bei der es um die Realisierung der Wertpotenziale geht. Die Bestandteile der Integrationsplanung werden dazu dargelegt und mögliche Integrationsansätze aufgezeigt, die eine ganze Reihe von Einzelfragen, wie Etablierung der Führungsstruktur und mitarbeiterorientierte Integrationsgestaltung, und die Ausrichtung der Geschäftsprozesse und des Reporting aufwerfen.

Mit der Arbeit ist dem Verfasser ein aus praktischer aber auch aus wissenschaftlicher Sicht verdienstvoller Ansatz gelungen, um das Risiko von Akquisitionen zu verringern, um die Erfolgsquote von Akquisitionen zu erhöhen.

Aachen/Nürnberg/Potsdam, im Mai 2002

Die Herausgeber

Inhaltsübersicht

Inhaltsverzeichnis

Verzeichnis der Abbildungen und Tabellen

I. Einführung

1. Problemstellung und Ziel der Arbeit

Die Erkenntnis, dass Unternehmensakquisitionen ein beträchtliches Risiko für den Erwerber in sich bergen, kann mittlerweile als Allgemeinplatz gelten. So haben bereits seit Jahren zahlreiche Forscher einhellig auf die hohe Misserfolgsrate von Unternehmensakquisitionen im Rahmen **empirischer Untersuchungen** hingewiesen. Auch in der Wirtschaftspresse wurde regelmäßig über spektakuläre Fehlschläge von großen Unternehmensübernahmen berichtet. In das Bild passt weiterhin, dass die Ankündigung von Unternehmenskäufen oftmals nicht in der Entwicklung des Börsenkurses des Erwerbers honoriert wird.[1] Es kann eher die gegenteilige Tendenz festgestellt werden, dass an den Kapitalmärkten eine skeptische Haltung gegenüber Unternehmensübernahmen vorherrscht.[2]

In der wissenschaftlichen Debatte zum Themengebiet Mergers & Acquisitions (M&A) wurden zudem auch **theoretische Argumente** angeführt, warum ein Großteil der Unternehmensakquisitionen negativ auf den Wert des erwerbenden Unternehmens wirken. Hierbei wird zum einen auf die aus Käufersicht zunehmend kompetitiven Bedingungen auf dem Markt für Unternehmenskontrolle zum anderen auf spezifische risikoerhöhende Eigenschaften von Unternehmensakquisitionen verwiesen. Beide Faktoren fördern das Risiko des Scheiterns derartiger Vorhaben. Andere Autoren wiederum rekurrieren darauf, dass regelmäßig das Management des Käuferunternehmens selbst die ausschlaggebende Ursache für das Scheitern vieler Unternehmensakquisitionen darstellt. Oftmals werden riskante Deals geschlossen, ohne dass ein rationales Akquisitionsmotiv bzw. ein ausreichendes Verständnis für die hohen Anforderungen an ein erfolgreiches Akquisitionsmanagement vorliegen.

---

1 Vgl. insbesondere die Studie von Bühner (Erfolg), S. 45. Ein Überblick über weitere Studien findet sich bei Gerpott (Integrationsgestaltung), S. 62-71

2 Ernst/Halevy weisen beispielsweise auf die relativ günstigeren Kapitalmarktreaktionen bei Allianzen im Vergleich zu Unternehmenskäufen hin. Ernst/Halevy (Alliance), S. 50

Die hier kurz angedeuteten Aussagen werden im Lauf dieser Arbeit wieder aufgegriffen und brauchen an dieser Stelle nicht vertieft zu werden.[3] Vorerst bleibt aber festzuhalten, dass angesichts der starken empirischen sowie theoretischen Indizien für die Risikoträchtigkeit von Akquisitionen die Notwendigkeit eines begleitenden Risikomanagements unmittelbar ersichtlich ist.

Dabei ist das Thema als solches nicht neu. In der M&A-Literatur finden sich vielfältige Ansatzpunkte dafür, wie Käuferunternehmen mit den Risiken von Unternehmensakquisitionen umgehen sollten. Um nur einige prominente Beispiele herauszugreifen: Durchführung von Due-Diligence-Untersuchungen, Berücksichtigung des Risikos bei der Unternehmensbewertung bzw. Preisfindung sowie Vereinbarungen zu Garantien und Zusicherungen im Rahmen des Kaufvertrags. Diese risikoorientierten Ansätze firmieren jedoch selten explizit unter der Bezeichnung „Risikomanagement".

Der springende Punkt hieran ist jedoch, dass keines der vorhandenen Instrumente für sich alleine beanspruchen könnte, das gesamte Spektrum eines integrierten Risikomanagements im Akquisitionsprozess abzudecken. Wie noch genauer darzustellen sein wird, zeigt sich der bruchstückartige bzw. punktuelle Charakter der Ansätze daran, dass diese entweder nur

- in einzelnen Phasen des Akquisitionsprozesses greifen (Konzeptions-, Transaktions-, Integrationsphase) oder
- sich auf einzelne Risikomanagementfunktionen beschränken (Risikostrategie, -identifikation, -evaluation, -steuerung, kontrolle) oder
- sich auf einzelne Risikokategorien beziehen (Prozess-, Objektrisiken; Informations-, Handlungsrisiken).

Insofern stellen die gegebenen Instrumente zwar wichtige Bausteine eines akquisitionsbegleitenden Risikomanagements dar. Diese sind aber, um den Anforderungen des Risikomanagements zu genügen, zu einem systematischen Risikomanagementprozess zu verknüpfen.

Das **Ziel dieser Arbeit** ist es daher, einen Beitrag zur Ausarbeitung eines Risikomanagements des Käufers zu leisten, das den gesamten Akquisitionsprozess begleitet.

---

3 Vgl. hierzu den Punkt II.1.3.1. und die dort zitierte Literatur.

Dies erfordert eine **Synthese** der vorliegenden Risikomanagementansätze auf Basis einer einheitlichen Konzeption des Akquisitionsrisikos sowie auf Basis einer abgestimmten Prozessarchitektur. Dabei werden Erkenntnisse und Verfahrensweisen der beiden sich bisher relativ unabhängig voneinander entwickelnden Forschungsgebiete des Akquisitionsmanagements sowie des Risikomanagements integriert.

Dieser integrative Ansatzpunkt erscheint insbesondere auch deshalb sinnvoll, da seit dem in Kraft treten des KonTraG[4] (Gesetz zur Kontrolle und Transparenz im Unternehmensbereich) eine intensive Elaboration des theoretischen Rüstzeugs für das Risikomanagement erfolgt ist, auf das im Rahmen dieser Arbeit zurückgegriffen und das für das Management von Unternehmensakquisitionen fruchtbar gemacht werden kann.

Aus der Zielsetzung der Arbeit ergibt sich ein **Fokus auf die Risiken** von Unternehmensakquisitionen. Diese bewusst selektive Perspektive bedeutet allerdings nicht, dass hierdurch ein von vornherein „verengter" Blickwinkel eingenommen wird, mit der Folge, dass die *Chancen- bzw. Nutzenpotentiale* ignoriert werden, die sich aus Unternehmensakquisitionen ergeben können. Dies wird dadurch vermieden, dass Unternehmensakquisitionen in dieser Arbeit durchgängig als Instrument der strategischen Unternehmensentwicklung gesehen werden, im Rahmen derer ja gerade die Ausbalancierung von Chancen und Risiken vorzunehmen ist. Das Verständnis des Akquisitionsrisiko knüpft dabei direkt an das Chancen-/Risikokalkül innerhalb einer Akquisitionsstrategie an.[5] Der hier gewählte Fokus auf Risiken bedingt demnach nicht automatisch eine Vernachlässigung von Chancen.

Überdies kann darauf verwiesen werden, dass das Chancen- und Risikomanagement auf identischen methodischen Grundlagen beruht, weil Chancen und Risiken eben nur die zwei Seiten einer Medaille, nämlich der Unsicherheit der Zukunftsentwicklung, sind.[6] Insofern könnte der in dieser Arbeit zu entwickelnde Risikomanagementansatz wohl auch nahtlos um den Chancenaspekt erweitert werden.

---

4 Ein Überblick über die wichtigsten Änderungen des deutschen Überwachungssystems von Kapitalgesellschaften im Rahmen des KonTraG findet sich bei Peemöller (Corporate Governance), S. 655f.; Kromschröder/Lück (Grundsätze), S. 1573

5 Vgl. hierzu die folgenden Ausführungen Kap. II.1.1.

6 Vgl. hierzu Weber/Weißenberger/Liekweg (Risk Tracking), S. 12; Weitekamp (Risikomanagement), S. 1756 sowie die späteren Bemerkungen unter Kap II.1.2.

Eine weitere Eingrenzung erfährt die Arbeit dadurch, dass bei der Betrachtung der Risiken von Akquisitionen eine Beschränkung auf die **finanziellen Auswirkungen für den Kapitaleigner** vollzogen wird, um die Komplexität der Problemstellung durch die Einbeziehung von Mehrfachzielsetzungen nicht zu weit auszudehnen.[7] Unternehmensakquisitionen werden also im Rahmen dieser Arbeit stets unter dem Gesichtspunkt ihres mehr oder minder unsicheren Beitrags zur Steigerung des Unternehmenswertes gesehen.

2. Vorgehensweise

Die soeben skizzierte Aufgabenstellung ist auf zwei Ebenen anzugehen:

- Zunächst werden in einem **konzeptionellen Teil** (II.) die theoretischen Grundlagen für einen speziell auf das Problem der Führung von Akquisitionsprozessen zugeschnittenen Risikomanagementansatz geschaffen.

- Darauf aufbauend wird in einem **methodischen Teil** (III.) versucht, die wesentlichen Elemente eines praxisorientierten und integrierten Instrumentariums für das Management von Akquisitionsrisiken zu erarbeiten.

Im Teil II. werden in einem ersten Kapitel sowohl die wesentlichen Begriffe Akquisition und Risiko präzisiert, als auch eine für die weitere Arbeit entscheidende *inhaltliche* Konzeptionalisierung des Akquisitionsrisikos vorgenommen. Dies ermöglicht die Einbettung der unterschiedlichen Ansatzpunkte für ein akquisitionsbegleitendes Risikomanagement in einen einheitlichen Bezugsrahmen und beseitigt zugleich den gravierenden Mangel in der bisherigen

---

7 Dies soll indes keine normative Vorentscheidung in der Hinsicht bedeuten, dass bei Unternehmensakquisitionen das Ziel der Steigerung des Shareholder Value das einzige sinnvolle Ziel darstellt und damit beispielsweise die Belange der unterschiedlichen Stakeholder irrelevant wären. Im Rahmen einer Akquisitionsstrategie können durchaus nicht rein wertorientierte Ziele, wie z.B. Erreichen einer bestimmten Unternehmensgröße oder Absicherung von Standorten und Arbeitsplätzen, mit einer finanziellen Zielsetzung verknüpft werden. Vgl. hierzu die Hinweise auf multikriterielle Verfahren bei Peemöller/Keller/Rödl (Strategische Unternehmensbewertung), S. 77; Dirrigl (Strategische Unternehmensbewertung), S. 420-422; Hafner (Unternehmensbewertung), S. 485-504

Literatur, dass zumeist nur Teilaspekte des Akquisitionsrisikos berücksichtigt werden.

Im anschließenden zweiten Kapitel wird auf *prozessualer* Ebene ein Strukturierungsangebot für das Risikomanagement im Akquisitionsprozess entwickelt. Hierfür sind die Risikomanagementfunktionen systematisch mit den einzelnen Phasen bzw. Aktivitäten des Akquisitionsprozesses zu verknüpfen.

Diese Verankerung des Risikomanagementprozess in den übergeordneten Akquisitionsprozess zielt darauf ab, ein lückenloses Risikomanagement während des gesamten Akquisitionsprozesses sicherzustellen.

In Teil III. kann gemäß dieser prozessualen Strukturierung ein integriertes Instrumentarium für das Risikomanagement in den einzelnen Phasen des Akquisitionsprozesses entwickelt werden, wobei im Sinne eines pragmatisch-gestalterischen Ansatzes das Augenmerk bei Auswahl und Darstellung der Methoden klar auf die praktische Anwendbarkeit und die Kriterien Transparenz, Aussagekraft und Zeiteffizienz gelegt werden soll.

Im ersten Kapitel werden die risikostrategischen Weichenstellungen aufgezeigt, die typischerweise in der Konzeptions- und Analysephase des Akquisitionsprozesses bei der Ausarbeitung der Akquisitionsstrategie vorzunehmen sind.

Im zweiten Kapitel werden die in der Transaktionsphase oftmals parallel durchzuführenden Risikomanagementaktivitäten in vier große Risikomanagementkomplexe eingeteilt:

Zunächst gilt es die risikosteuernden Aufgaben einer den gesamten Transaktionsprozess übergreifenden Transaktionsprozesssteuerung (2.1.) aufzuzeigen, insbesondere die permanent zu treffende Entscheidung über Fortsetzung oder Abbruch des Akquisitionsprojekts.

Danach folgt die vergleichende Darstellung unterschiedlicher Herangehensweisen bei der Due Diligence als klassisches Instrument für die Identifikation von Risiken (2.2.).

Auf dieser Basis werden Verfahren für die Evaluation der einzelnen identifizierten Risiken sowie des gesamten Akquisitionsrisikos aufgezeigt (2.3.), wobei die Bedeutung von qualitativer Beurteilung sowie quantitativer Bewertung von Risiken herausgestellt wird.

Viertens ist darzulegen, welche zentralen Hebel zur Risikosteuerung in der Transaktionsphase (2.4.) zur Verfügung stehen. Dazu zählt zunächst die Angebotspreisfindung, da der Preis eine maßgebliche Einflussgröße für das

Risikoniveau einer Unternehmensakquisition darstellt. Hierzu sind Möglichkeiten aufzuzeigen, wie ausgehend von den Ergebnissen der Unternehmensbewertung die Unsicherheit der Akquisitionsentscheidung bewältigt werden kann. Weiterhin wird aufgezeigt, wie im Rahmen der Vertragsgestaltung durch Garantien und Zusicherungen oder Vereinbarungen zu variablen Kaufpreisen die Risiken gesteuert werden können.

Das dritte Kapitel enthält Ausführungen dazu, wie unmittelbar nach der Übernahme des Akquisitionsobjektes in der kritischen Post-Merger-Phase das Risikomanagement nahtlos fortzuführen ist.

Anhand einer Darstellung der wesentlichen risikosteuernden Instrumente im Rahmen des Integrationsmanagements (3.1.) wird gezeigt, wie in den verschiedensten Bereichen erfolgskritische Aufgaben, wie z.B. Vermeidung eines Führungsvakuums in der Übergangsphase, Bindung von Schlüsselpersonen an das Unternehmen, zügige Umsetzung der wertgenerierenden Maßnahmen, wahrgenommen werden können.

Schließlich werden die Funktionen der Risikokontrolle (3.2.) in der Integrationsphase ausgearbeitet. Diese beziehen sich auf die laufende Kontrolle der Effektivität und Effizienz einzelner risikosteuernder Maßnahmen sowie die Kontrolle der gesamten Umsetzung des Wertpotentials durch Nachrechnungen.

Die Arbeit endet mit einer thesenartigen Rekapitulation der wichtigsten Aussagen und Ergebnisse.

II. Konzeption eines Risikomanagements im Akquisitionsprozess

1. Begriff und Analytik des Akquisitionsrisikos

Die folgenden Ausführungen bilden eine wesentliche Vorarbeit für die anschließenden Ausarbeitungen. Zunächst dient das Kapitel dazu, die grundlegenden Begriffe „Unternehmensakquisition“ und „Risiko“ vor dem Hintergrund der gegebenen Problemstellung zu schärfen. Darauf aufbauend können die beiden Begriffselemente zusammengeführt und ein möglichst präzises Verständnis für das spezifische Risiko von Unternehmensakquisitionen entwickelt werden.

1.1. Akquisition als Typus strategischer Unternehmensentwicklung

Mit Ausnahme reiner Finanzinvestitionen sind Unternehmensakquisitionen in der Regel *strategisch motiviert*, d.h. der Erwerb eines Unternehmens dient der Erreichung strategischer Ziele.[8] Die Einbindung des Instruments Unternehmensakquisition in den Gesamtkontext des strategischen Managements kann wie folgt dargestellt werden:

Abb. 1 - Quelle: in Anlehnung an Gomez/Weber (Akquisitionsstrategie), S. 18

8 Vgl. Sieben/Sielaff (Unternehmensakquisition), S. 1; Pausenberger (Unternehmenszusammenschlüsse), S. 4446

Die Unternehmensakquisition kann der Ebene der Unternehmungsstrategie zugeordnet werden, bei der es um die Gestaltung und Entwicklung des Geschäftsfeldportfolios sowie die Verteilung von Ressourcen auf die Geschäftsfelder geht.[9]

1.1.1. Formen strategischer Unternehmensentwicklung

Nach Gomez/Weber kann das gesamte Möglichkeitsspektrum strategischer Unternehmensentwicklung anhand der beiden strategischen Ziele der Expansion bzw. Diversifikation sowie der Formen des internem bzw. externem Wachstums aufgespannt werden.

Möglichkeiten der Unternehmensentwicklung

	Expansion (angestammte Produkte/Märkte)	**Diversifikation** (neue Produkte/Märkte)
Internes Wachstum	▪ Marktdurchdringung	▪ Produktentwicklung ▪ Marktentwicklung
Externes Wachstum	▪ Franchise ▪ Joint Venture ▪ Akquisition	▪ Lizenzen ▪ Beteiligungen ▪ Joint Venture ▪ Akquisition

Abb. 2 - Quelle: Gomez/Weber (Akquisitionsstrategie), S. 15

Wichtig hieran ist zunächst, dass Portfolioveränderungen auf Unternehmensebene im Prinzip auf mehreren Wegen erfolgen können.[10] Die Optionen einer rein **internen Entwicklung** („make") bzw. einer **Akquisition** („buy") - als „Reinform" des externen Wachstums[11] - stellen dabei lediglich die Extrem-

9 Vgl. Hungenberg (Strategisches Management), S. 14, 297f.; Porter (Wettbewerbsvorteile), S. 409

10 Vgl. Hungenberg (Strategisches Management), S. 361f.

11 Vgl. Pausenberger (Systematik), S. 625

punkte eines breiten Spektrums an strategischen Entwicklungsformen dar.[12] So können als Zwischenformen zahlreiche Arten von **Kooperationen** unterschieden werden[13], die etwa von strategischen Allianzen, Joint Ventures über Minderheitsbeteiligungen bis hin zu speziellen Arrangements wie beispielsweise Lizenzvergabe bzw. Franchising reichen. Vor dem Hintergrund dieser Vielzahl an externen Wachstumsoptionen ist eine Begriffsabgrenzung vorzunehmen.

1.1.2. Akquisitionsbegriff und -arten

In der Literatur zum Themenkreis „Mergers & Acquisitions" bzw. „Unternehmenskauf" im deutschsprachigen Raum findet sich keine einheitliche terminologische Verwendung des Begriffs Unternehmensakquisition. Vielmehr werden je nach Untersuchungszweck differierende Begriffsfassungen zugrundegelegt. Diese begrifflichen Diskussionen, die bereits mehrfach ausgearbeitet wurden[14], werden hier nicht im Detail dargestellt. Stattdessen bietet sich für eine zweckmäßige Eingrenzung des Gegenstandsbereichs dieser Arbeit die Orientierung an folgender Definition von Gerpott an:

Begriff der Unternehmensakquisition

1. Erwerb von Eigentumsrechten
2. durch ein Unternehmen *(Akquisitionssubjekt, Erwerber)*
3. an einem anderen Unternehmen oder an sich geschlossenen und abgrenzbaren Teileinheiten i. S. von Betrieben eines anderen Unternehmens *(Akquisitionsobjekt, -ziel, Zielunternehmen)*
4. mittels einer mehrheitlichen Übertragung der Gesellschaftskapitalanteile oder des gesamten oder wesentlicher Teile des Vermögens des Akquisitionsobjekts
5. mit der Folge, dass der Erwerber die Möglichkeit einer beherrschenden Einflussnahme auf das Akquisitionsobjekt erhält
6. ohne dass ein vor der Transaktion rechtlich selbständiges Akquisitionsobjekt seine Rechtspersönlichkeit mit dem Erwerbsobjekt verlieren muss.

Abb. 3 - Quelle: Gerpott (Integrationsgestaltung), S. 22

---

12 Vgl. Sikora (Corporate Development), S. 87

13 Vgl. etwa die Übersichten bei Storck (Mergers & Acquisitions), S. 31-33; Jansen (Mergers & Acquisitions), S. 39-42

14 Vgl. hierzu etwa Jansen (Mergers & Acquisitions), S. 35-43; Kirchner (Akquisitionsmanagement), S. 30-35; Schmusch (Unternehmensakquisitionen), S. 9-12, Pieper (Unternehmensakquisitionen), S. 10-18 und die dort zitierte Literatur.

Diese Begriffsauffassung hat gegenüber eher rechtlich orientierten Abgrenzungen den Vorteil, dass eine aus **betriebswirtschaftlicher** Sicht aussagekräftige Definition erfolgt, indem weniger auf die rechtlichen Vorgänge, sondern auf das prinzipielle *Bestehen eines längerfristigen, strategischen Interesses* seitens des Erwerbers abgestellt wird. Dieses ist mit der Absicht unternehmerischer Einflussnahme auf das Akquisitionsobjekt verbunden:[15] Die unter (4.) und (5.) genannten Begriffselemente in Abb. 3 bilden somit auch das wesentliche Abgrenzungskriterium der Unternehmensakquisition zu den bereits genannten Unternehmenskooperationen, da der *Verlust der wirtschaftlichen Selbständigkeit* des Akquisitionsobjekts durch die beherrschende Einflussnahme des Erwerbers als konstitutiv für eine Unternehmensakquisition angesehen wird.[16] Im Unterschied hierzu zeichnen sich Unternehmenskooperationen durch eine nur teilweise Einschränkung der wirtschaftlichen Entscheidungsfreiheit aus.[17]
Gemäß (4.) in Abb. 3 kann die Akquisition in **rechtlicher** Hinsicht auf zwei Wegen erfolgen:

- Asset-Deal, d.h. als Kauf von Wirtschaftsgütern
- Share-Deal, d.h. als Kauf von Gesellschaftsbeteiligungen[18]

Asset-Deal

Bei einem Asset-Deal werden die einzelnen Wirtschaftsgüter, d.h. Aktiva und Passiva, eines Unternehmens oder Unternehmensteils im Wege der Einzelrechtsnachfolge (Singularsukzession) übertragen. Dabei sind neben den Wirtschaftsgütern auch die übergehenden Vertragsbeziehungen mit Dritten (z.B. Kunden, Lieferanten) individuell zu benennen, während die Rechte und Pflichten aus den bestehenden Arbeitsverhältnissen beim Kauf eines Betriebs oder Betriebsteils automatisch auf den Erwerber übergehen.[19] Der Asset-Deal

---

15 Vgl. Gerpott (Integrationsgestaltung), S. 23; Sieben/Sielaff (Unternehmensakquisition), S. 1. Im Anschluß an Sieben/Sielaff werden in dieser Arbeit die Begriffe Unternehmensakquisition, Unternehmenserwerb bzw. Unternehmenskauf synonym verwendet.

16 Vgl. Pausenberger (Unternehmenszusammenschlüsse), S. 4440

17 Vgl. Alvano (Kooperationen), S. 101

18 Vgl. Berens/Mertes/Strauch (Unternehmensakquisitionen), S. 23-30; Picot (Vertragsrecht), S. 27f.; Semler (Kaufvertrag), S. 482-484

19 Vgl. Picot (Mergers & Acquisitions), S. 63

stellt somit einen gemischten Sach- und Rechtskauf gem. § 433 Abs. 1 BGB dar.[20]

Share-Deal

Ein „*Share-Deal*" erfolgt durch die Übertragung des Rechtsträgers im Wege des Anteils- bzw. Beteiligungskaufs.[21] Dies bedeutet, dass der Kaufgegenstand in Mitgliedschaftsrechten besteht und insoweit lediglich ein Eigentümerwechsel vollzogen wird. Daher ist der Share-Deal ein reiner Rechtskauf gem. § 433 Abs. 1 Satz 2 BGB.[22] In der Literatur wird bei einem Share-Deal meist zur Abgrenzung der Unternehmensakquisition vom breiter angelegten Oberbegriff des Beteiligungserwerbs eine Übernahme von *mindestens 50%* des Gesellschaftskapitals als notwendig angesehen, um die für die Qualifizierung als Unternehmensakquisition erforderliche wirtschaftliche Leitung bzw. Kontrolle des Erwerbers über das Akquisitionsobjekt sicherzustellen.[23]

Wie unter (6.) in obiger Definition aufgeführt, beinhaltet jedoch der Begriff der Unternehmensakquisition zweckmäßigerweise nicht nur den Fall der *Konzernierung*, bei der die wirtschaftliche Vereinigung unter Aufrechterhaltung der rechtlichen Selbständigkeit der beteiligten Unternehmen im Rahmen einer Konzernstruktur vonstatten geht.[24]

Auch die *Fusion durch Aufnahme*, bei der zwei Gesellschaften dadurch zu einer rechtlichen Einheit verschmolzen werden, dass die erwerbende Gesellschaft das Akquisitionsobjekt aufnimmt, stellt eine Variante der Unternehmensakquisition dar, da die rechtliche Selbständigkeit für die Erreichung strategischer Ziele oftmals keine Bedeutung hat. [25]

---

20 Vgl. ebd.

21 Vgl. Picot (Vertragsrecht), S. 27

22 Vgl. Berens/Mertes/Strauch (Unternehmensakquisitionen), S. 23; Picot (Mergers & Acquisitions), S. 63

23 Vgl. Pausenberger (Unternehmenszusammenschlüsse), S. 4440; Gerpott (Integrationsgestaltung), S. 28; Kirchner (Akquisitionsmanagement), S. 31

24 Vgl. Pausenberger (Unternehmenszusammenschlüsse), S. 4440f

25 Der Fall einer Fusion durch Neugründung hingegen wird nicht unter den Begriff der Unternehmensakquisition subsumiert, da hier nicht unbedingt davon ausgegangen werden kann, dass die wirtschaftliche Führungsrolle dem Erwerber zukommt. Vgl. Gerpott (Integrationsgestaltung), S. 33

1.2. Unsicherheit und Risiko im Kontext unternehmerischer Entscheidungen

1.2.1. Risikobegriff

In der betriebswirtschaftlichen Theoriebildung herrscht eine große Vielfalt unterschiedlichster Begriffsbildungen mit zum Teil deutlichen Bedeutungsunterschieden vor.[26] Als Grundlage für die gegebene Problemstellung eignet sich insbesondere folgende Begriffsfassung, wonach

> *„Risiko als das Maß für die Möglichkeit des negativen Abweichens des realisierten vom erwarteten Zielerreichungsgrad"*[27]

definiert wird. Risiken entstehen dabei aufgrund der *Unsicherheit* wesentlicher Prämissen in einer *Entscheidungssituation*, die durch die Möglichkeit einer *Zielverfehlung* bzw. eines Verlusteintritts gekennzeichnet ist.[28] Die Begriffselemente werden im folgenden kurz erläutert.

1.2.2. Unsicherheit und Informationsniveau

Unsicherheit ist eine notwendige Voraussetzung für das Entstehen von Risiko.[29] Sie kann generell als ein Zustand der unvollkommenen Information bezüglich einer oder mehrerer Komponenten eines Entscheidungsproblems angesehen werden.[30] Die Unsicherheit zeigt sich insbesondere daran, dass weder alle möglichen Ergebnisse einer Entscheidung noch deren Eintrittswahrscheinlichkeiten bekannt sind.

---

26 Vgl. hierzu den Überblick bei Imboden (Risikohandhabung), S. 39-50 bzw. Wolf/Runzheimer (Risikomanagement), S. 18. Ein begriffsgeschichtlicher und interdisziplinärer Überblick über die Verwendungsweisen des Risikobegriffs findet sich bei Banse (Risikoforschung), S. 23-35 und 61-69

27 Neubürger (Risikobeurteilung), S. 38

28 Vgl. hierzu etwa Brunsson: „Risk ... is the product of the *uncertainty* that the decision-maker experiences and the *stakes* that are involved in the decision. The fact that risk is defined as a product means that there is no risk if there is no uncertainty and there is no risk if there are no stakes involved." Brunsson (Uncertainty), S. 10

29 Vgl. Müller (Risiko), Sp. 3814; Farny (Risk Management), Sp. 1750

30 Vgl. Neubürger (Risikobeurteilung), S. 38; Müller (Risiko), Sp. 3814

Als Risikoauslöser sind aber nicht nur externe Unsicherheitsquellen oder „Störprozesse" (z.B. politische Krisen, Produkthaftung, etc.) in Betracht zu ziehen, die die Randbedingungen für die Zielerfüllung gefährden („*Bedingungsrisiken*"). Auch innerhalb des komplexen Aktionssystems ‚Unternehmung' können zahlreiche Unsicherheitsquellen (mangelhafte Produktqualität; verfehlte Personalpolitik, etc.) direkt die Zielerfüllung negativ beeinflussen („*Aktionsrisiken*").[31]
Da Unsicherheit durch unvollkommenes Wissen über die zukünftige Entwicklung verursacht wird, ist klar, dass das Risiko einer Entscheidung sehr stark vom Informationsniveau abhängig ist.[32] Hierbei würde eine „binäre" Sichtweise der Unsicherheit, die nur die beiden polaren Fälle des Wissens und Nicht-Wissens betrachtet, das Unsicherheitsproblem in unangemessener Weise vereinfachen. Deshalb ist eine Unterscheidung verschiedener Unsicherheitsstufen in Abhängigkeit vom gegebenen Informationsniveau sehr hilfreich. Im Anschluss an Courtney/Kirkland/Viguerie können im Prinzip folgende **vier Unsicherheitsstufen** unterschieden werden:[33]

31 Zur Unterscheidung von Bedingungs- und Aktionsrisiken vgl. Haller (Risiko-Management), S. 19f

32 Vgl. Bretzke (Unternehmensbewertung), S. 155; Müller (Risiko), Sp. 3820

33 Eine ähnliche aber etwas umfassendere Untergliederung unterschiedlicher „States of Ignorance" unternimmt Ansoff (Weak Signals), S. 135. Diese wird an späterer Stelle bei der Darstellung der Funktionslogik des Risikomanagements aufgegriffen (Vgl. Kapitel II.2.1.).

Vier Stufen der Unsicherheit

	1. A Clear-Enough Future	2. Alternate Futures	3. A Range of Futures	4. True Ambiguity
	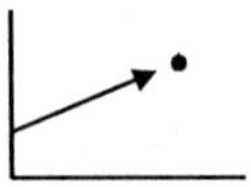	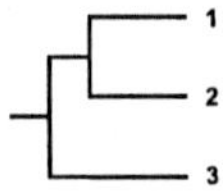	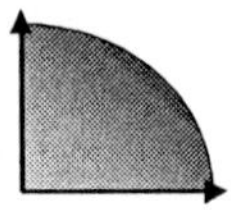	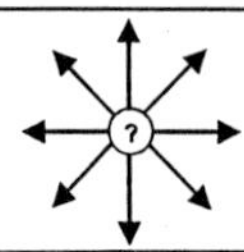
What can be known?	A single forecast precise enough for determining strategy	A few discrete outcomes that define the future	A range of possible outcomes, but no natural scenarios	No basis to forecast the future
Analytic Tools	• „Traditional" strategy tool kit	• Option valuation models • Game theory • Decision analysis	• Scenario planning • Latent-demand research • Technology forecasting	• Analogies and pattern recognition • Nonlinear dynamic models

Abb. 4 - Quelle: Courtney/Kirkland/Viguerie (Uncertainty), S. 70f.

Auf der **ersten** Unsicherheitsstufe („A Clear-Enough Future") sind eher schwach ausgeprägte Unsicherheitsfaktoren anzusiedeln, die sich durch vorhersehbare Verschiebungen in einem ansonsten stabilen Umfeld ergeben (z.B. saisonale Schwankungen im Absatz eines Handelsunternehmens). Die **zweite** Unsicherheitsstufe („Alternate Futures") bezeichnet Unsicherheiten mit einem klar strukturierten Ergebnisraum, wie sie etwa typischerweise bei Änderungen gesetzlicher Rahmenbedingungen entstehen (z.B. Abschaffung des Rabattgesetzes). Auf der **dritten** Unsicherheitsstufe („A Range of Futures") können beispielsweise die Markteinführung eines neuen Produktes oder die Durchführung einer Werbekampagne eingeordnet werden. Während auf diesem Unsicherheitsniveau zumindest noch eine Bandbreite möglicher Ergebnisse abschätzbar ist, kann auf dem **vierten** Unsicherheitsniveau („True Ambiguity") keine Aussage über die zukünftige Entwicklungsrichtung getroffen werden, da eine Vielzahl unabwägbarer Faktoren (Nachfrage, technische Machbarkeit, gesetzlicher Rahmen, etc.) kumulativ zusammenwirken. Eine solche Konstellation liegt z.B. bei Investitionen in gentechnische Grundlagenforschung vor.

Auf diese Abstufung von Unsicherheitsgraden wird bei der Ausarbeitung des Risikomanagementinstrumentariums im Teil III wieder zurückgegriffen, da sie die Entwicklung differenzierter Herangehensweisen bei der Analyse und Behandlung von Risiken erlaubt.

Abschließend ist hinsichtlich der Unsicherheitsthematik noch kurz darauf hinzuweisen, dass sich die in der Entscheidungstheorie gebräuchliche Unterscheidung von **Risiko und Ungewissheit** an dieser Stelle als nicht brauchbar erweist, da sie das Bestehen von Risiko an die Kenntnis objektiver Wahrscheinlichkeiten für künftige Zustände knüpft. Von Ungewissheit wird dagegen gesprochen, wenn lediglich subjektive bzw. keine Wahrscheinlichkeiten bekannt sind.[34] Die Orientierung an dieser Unterscheidung würde jedoch den Risikobegriff unnötigerweise auf messbare Unsicherheiten einengen, die das Vorliegen objektiver Wahrscheinlichkeiten voraussetzen. Wie eben aufgezeigt, kann im gegebenen Problemzusammenhang diese Anforderung als praktisch unerfüllbar angesehen werden.[35]

1.2.3. Entscheidungsbezug und Zielabhängigkeit von Risiken

Anstelle dieser formalen Abgrenzung von Risiko und Unsicherheit soll hier der Bezug zu einer konkreten **Entscheidungssituation** in den Mittelpunkt gerückt werden:[36] Unsicherheit wird dann zum Risiko, wenn ein Subjekt in einer Entscheidungssituation steht und die unsicheren Folgewirkungen des Handelns zu einer möglichen Zielverfehlung führen können. Diese materiale Risikoauffassung schließt an den außerwissenschaftlichen Sprachgebrauch des Wortes Risiko an.[37] Die Bindung des Risikobegriffs an das Bestehen einer Entscheidung unterstreicht, dass Risiken im Unterschied zu Unsicherheiten nicht *per se* bestehen, sondern durch Entscheidungen *aktiv* eingegangen werden, um etwa – wie im Falle der unternehmerischen Tätigkeit – Gewinnchancen zu realisieren.[38]

---

34 Vgl. Kupsch (Risiken), S. 153; Gerke/Bank (Finanzierung), S. 42

35 Vgl. hierzu Bretzke (Risiken), S. 817; Ballwieser (Komplexitätsreduktion), S. 178

36 Vgl. insbesondere Imboden (Risikohandhabung), S. 49-51

37 Vgl. Kupsch (Risiken), S. 153; Brunsson (Uncertainty), S. 10

38 Fehlt dagegen die Zurechenbarkeit auf eine Entscheidung, so kann diese Unsicherheit als eine *Gefahr*, der man ausgesetzt ist, bezeichnet werden. Vgl. zu dieser Unterscheidung von Risiko und Gefahr Luhmann (Risiko), S. 30-32, 34.

Weiterhin impliziert die Eingebundenheit in den Kontext einer Entscheidung, dass Risiken immer in **Abhängigkeit von Zielen** zu verstehen sind.[39] Wie bereits einführend dargestellt, wird im Folgenden eine Orientierung an dem Unternehmensziel der Steigerung bzw. Erhaltung des Unternehmenswertes vollzogen, das in einem marktwirtschaftlichen System „quasi als quantitatives Synonym neben das Oberziel ‚nachhaltige Existenzsicherung'"[40] treten kann.

Bei der Knüpfung des Risikobegriffs an ein Ziel können zwei Sichtweisen unterschieden werden:[41]

- Das **Risiko im engeren Sinne** („reines Risiko") bedeutet die Möglichkeit des negativen Abweichens des realisierten vom erwarteten Zielerreichungsgrad bzw. die Entstehung von Verlusten. Entsprechend bildet in dieser Sichtweise der Begriff Chance das logische Pendant zum Risiko. Denn Chance steht für die Möglichkeit eines positiven Abweichens von einem erwarteten Zielerreichungsgrad bzw. als möglicher Eintritt eines Gewinnes.

- Demgegenüber bezieht sich das **Risiko im weiteren Sinne** *(„spekulatives Risiko")* auf die Möglichkeit positiver und negativer Abweichungen vom erwarteten Zielerreichungsgrad. In der letzteren Sichtweise kann das Risiko auch als Maß der Streuung bzw. Variabilität von Handlungsergebnissen angesehen werden, die sich in der Wahrscheinlichkeitsverteilung der Ergebnisse ausdrückt.[42]

In dieser Arbeit wird eine Fokussierung auf das Risiko im engeren Sinne vorgenommen, da der Hauptzweck des Risikomanagements in der Vermeidung bzw. Verminderung von möglichen Verlusten besteht. Nichtsdestotrotz ist der Chancenaspekt aber durch die Erfassung der strategischen Dimension unternehmerischen Handelns stets mitzubedenken.[43]

Diese Risikoauffassung im Sinne von Verlustpotentialen liegt indes auch dem KonTraG zugrunde[44], das im Zusammenhang mit der in § 91 AktG normierten Verpflichtung zur Einrichtung eines Risikomanagementsystems auf den „Fort-

---

39 Vgl. Kupsch (Risiken), S. 154; Haller (Risiko-Management), S. 18; Brunsson (Uncertainty), S. 10

40 Vgl. Günther (Controlling), S. 71

41 Vgl. Neubürger (Risikobeurteilung), S. 38; Kromschröder/Lück (Grundsätze), S. 1573; Karten (Risk Management), Sp. 3829; Kless (Unternehmensrisiken), S. 93

42 Vgl. Farny (Risk Management), Sp. 1750; Weitekamp (Risikomanagement), S. 1756

43 Risikomanagement und Chancen- oder Ertragsmanagement stellen somit die „beiden Facetten einer wertorientierten Unternehmensführung" dar. Vgl. Baetge/Jerschensky (Frühwarnsysteme), S. 171f.

44 Vgl. insbes. Kromschröder/Lück (Grundsätze), S. 1573

bestand der Gesellschaft gefährdende Entwicklungen" hinweist. Eine entsprechende Auslegung des Risikobegriffs wurde im Prüfungsstandard zur Prüfung des Risikofrüherkennungssystems nach § 317 Abs. 4 HGB des IDW (Institut der Wirtschaftsprüfer) gewählt.[45] Schließlich wird auch in der Literatur zum Risikomanagement überwiegend die enge Begriffsauffassung gewählt.[46] Risiko wurde als *Maß* für eine mögliche negative Zielabweichung bzw. einen möglichen Verlusteintritt definiert. Um die Zielabweichung messen zu können, sind sowohl die Quantitätsdimension (Höhe des Verlusts oder Schadens) als auch die Intensitätsdimension (Eintrittswahrscheinlichkeit) zu quantifizieren.[47] Im Idealfall können aus den bestehenden Informationen hinreichend bestimmte Schadenverteilungen abgeleitet werden.[48] Dies dürfte aber angesichts der bereits aufgezeigten Unsicherheitsstufen höchstens bei Unsicherheiten der ersten Stufe möglich sein. In der Praxis müssen aufgrund dessen häufig erhebliche Abstriche bei der Quantifizierung von Risiken in Kauf genommen werden. So stellt beispielsweise die Risikokalkulation auf Basis von Schadenerwartungswerten bzw. Exposures, die durch das Produkt aus Schadenshöhe und Eintrittswahrscheinlichkeit errechnet werden,[49] bereits eine nicht unerhebliche Vereinfachung dar, wenn sich der potentielle Schaden in einer größeren Bandbreite bewegt. Noch weiter entfernt sich die Risikobewertung vom theoretischen Idealfall, wenn die Informationslage eine Verwendung ordinaler Skalen erforderlich macht (wie z.B. geringes, mittleres, hohes Risiko bzw. Kleinst-, mittlerer und Höchstschaden[50]). Hierbei ist stets genau zu prüfen, mit welcher Methode die aussagekräftigsten Risikoeinschätzungen zu erzielen sind.[51]

---

45 Vgl. IDW (Risikofrüherkennungssystem), S. 658

46 Vgl. unter vielen anderen etwa Scharpf (Sorgfaltspflichten), S. 739; Füser/Gleißner/Meier (Risikomanagement), S. 753; Bitz (Risikomanagement), S. 15; Wolf/Runzheimer (Risikomanagement), S. 19; Pollanz (Risikomanagementsystem), S. 394; Brebeck/Herrmann (Frühwarnsystem), S. 383

47 Vgl. Kupsch (Risiken), S. 154; Füser/Gleißner/Meier (Risikomanagement), S. 755; Brebeck/Herrmann (Frühwarnsystem), S. 383

48 Vgl. Farny (Risk Management), Sp. 1752

49 Vgl. Scharpf/Luz (Risikomanagement), S. 78; Brebeck/Herrmann (Frühwarnsystem), S. 383; Freidank (Risikomanagement), S. 611f.

50 Vgl. Weitekamp (Risikomanagement), S. 1760; Füser/Gleißner/Meier (Risikomanagement), S. 755

51 Dieser Problemkomplex wird im Kapitel III.2.3. vertieft.

1.3. Das Akquisitionsrisiko – ein analytisches Grundgerüst

1.3.1. Indizien für die Risikoträchtigkeit von Unternehmensakquisitionen

Die empirische Evidenz bezüglich der Häufigkeit des Scheiterns von Unternehmensakquisitionen ist eindeutig: Der Tenor einer Vielzahl empirischer Studien[52] ist, dass Unternehmensakquisitionen eine hohe Misserfolgsrate, in der Regel von mehr als 50%[53], aufweisen. Unter den Erklärungsansätzen für die Ursachen des Scheiterns können unterschiedliche Argumentationsrichtungen unterschieden werden, die im Folgenden skizzenhaft dargestellt werden.

Das große Risikopotential von Akquisitionen beruht im wesentlichen auf drei Faktoren:

- Spezifische Eigenschaften von Unternehmensakquisitionen
- Strukturelle Bedingungen auf dem Markt für Unternehmenskontrolle
- Hohe Anforderungen an das Akquisitionsmanagement

Spezifische Eigenschaften von Unternehmensakquisitionen

Akquisitionsentscheidungen können im Prinzip durch die in Abb. 5 aufgeführten Eigenschaften gekennzeichnet werden, aufgrund derer sie sich von anderen Investitionsentscheidungen abheben:

---

52 Vgl. beispielsweise die Übersichten über die Studien bei: Berens/Mertes/Strauch (Unternehmensakquisitionen), S. 66f.; Jansen (Mergers & Acquisitions), S. 223-225, Gerpott (Integrationsgestaltung), S. 3-7, speziell im Hinblick auf den Einfluß des Integrationsmanagements s. S. 257-261

53 Berens/Mertes/Strauch (Unternehmensakquisitionen), S. 66; Jansen (Mergers & Acquisitions), S. 223

Spezifische Risikofaktoren einer Akquisitionsentscheidung

- Sporadisches Auftreten
- Abweichen von der routinemäßigen Managementtätigkeit
- Opportunistischer Charakter
- Hohe Geschwindigkeit der Entscheidungsfindung
- Begrenzter Zugang zu Informationen und begrenzte Informationsverarbeitung
- Unteilbarkeit der Akquisitionsmöglichkeit
- Weitgehende Irreversibilität der Entscheidung
- Finanzielle Größenordnung
- Hoher Innovationsgrad
- Geringer Strukturierungsgrad

⇒ **Hohes Risikopotential der Akquisitionsentscheidung**

Abb. 5 - Quelle: in Anlehnung an Haspeslagh/Jemison (Akquisitionsmanagement), S. 70-73; Humpert (Unternehmensakquisition), S. 31, Pausenberger (Akquisitionsplanung), S. 20

Die Risikofaktoren wiederum resultieren zu einem großen Teil daraus, dass bei Akquisitionen – etwa im Unterschied zur internen Entwicklung – für das investierende Unternehmen wesentliche *Entscheidungsparameter nicht kontrollierbar* sind. So kann das Unternehmen in der Regel keinen Einfluss auf den Zeitpunkt nehmen, wann sich eine Kaufgelegenheit ergibt.[54] Des weiteren sind die Faktoren Zeitplanung und Verfügbarkeit von Informationen insbesondere im Rahmen von Auktionsverfahren[55] extern vorgegeben. Auch Größe und strategische Positionierung des Investitionsobjekts können nicht wie bei internen Investitionen durch das Unternehmen relativ frei bestimmt werden.

Überdies ist zu beobachten, dass regelmäßig neben der mangelnden Kontrollierbarkeit vieler Parameter im Vorfeld der Entscheidung auch ein außerordentlich hohes Maß an *Irreversibilität* einer einmal getroffenen Akquisitionsentscheidung besteht. Denn es gibt kein einfaches Zurück oder aber nur ein sehr teures: Der vorzeitige Wiederverkauf übernommener Unternehmen oder Unternehmensteile, die die Ertragserwartungen nicht erfüllen konnten, wird in

---

54 Das Vorliegen einer Kaufgelegenheit führt leicht zu einem „opportunistischen" Vorgehen, bei dem nicht sämtliche strategische Implikationen durchdacht werden. Vgl. Haspeslagh/Jemison (Akquisitionsmanagement), S. 71

55 Vgl. Berens/Mertes/Strauch (Unternehmensakquisitionen), S. 36

der Regel nur unter in Kaufnahme finanzieller Verluste sowie eines Reputationsschadens möglich sein.[56]

Strukturelle Bedingungen auf dem Markt für Unternehmenskontrolle

Der Preis einer Akquisition ist oftmals nicht nur Verhandlungssache zwischen einem individuellen Kaufinteressenten und dem Verkäufer, sondern die Preise für Akquisitionsobjekte bilden sich zunehmend auf einem sog. „Market for Corporate Control", an dem Eigentümer und Unternehmen mit Verfügungsrechten über Unternehmen handeln.[57] Aufgrund des M&A-Booms der 80er Jahre hat sich mittlerweile ein organisierter Markt herausgebildet,[58] der insbesondere bedingt durch die starke Aktivität von Vermittlern zunehmend effizient funktioniert, was unmittelbar eine Erhöhung des Risikos für den Käufer zur Folge hat. Denn auf einem funktionierenden Markt für Unternehmenskontrolle konkurrieren mehrere Bieter um ein zum Verkauf stehendes Unternehmen, die den Kaufpreis durch ihre Kaufgebote sukzessive in die Höhe treiben. In dem Maße, in dem dieser Preisbildungsmechanismus effizient funktioniert, arbeiten derartige strukturelle Bedingungen jedoch daraufhin, die möglichen Gewinne einer Akquisition für die Käufer zugunsten der Verkäufer zu eliminieren.[59]

Hohe Anforderungen an das Akquisitionsmanagement

Angesichts der dargelegten Eigenheiten von Akquisitionsentscheidungen sowie der zum Teil schwierigen Bedingungen auf dem M&A-Markt sind die Anforderungen, die an das Management von Akquisitionen zu stellen sind, äußerst anspruchsvoll. Dementsprechend kann auch davon ausgegangen werden, dass *Managementfehler oder –defizite* eine wesentliche Ursache für das häufige Scheitern von Akquisitionen darstellen. In zahlreichen empirischen Studien wurde daher versucht, typische (Miß-) Erfolgspotentiale von Unternehmens-

---

56 Vgl. Humpert (Unternehmensakquisition), S. 31. Der finanzielle Verlust entsteht dabei aus der Differenz von Übernahmepreis und dem Wiederverkaufswert zuzüglich der getätigten Investitionen und etwaiger operativer Verluste. Vgl. hierzu Kolbe (Unternehmensakquisition), S. 191

57 Vgl. zur folgenden Argumentation Porter (Wettbewerbsstrategie), S. 436f.

58 Vgl. Günther (Controlling), S. 33-41

59 Vgl. hierzu auch Brealey/Myers (Corporate Finance), S. 966 bzw. Kirchner (Akquisitionsmanagement), S. 37

akquisitionen zu identifizieren, die in folgender Abbildung zusammenfassend aufgeführt sind:[60]

Erfolgsdeterminanten und Gefahrenpotentiale des Akquisitionsmanagements

Determinanten, die die Erfolgswahrscheinlichkeit der Akquisition erhöhen	Gefahrenpotentiale, die den Akquisitionserfolg gefährden
▪ Strategische und operative Planung des Akquisitionsprozesses	▪ Fehlendes Führungspotential angesichts der Komplexität der erforderlichen Integrationsleistung
▪ Zutreffende Beurteilung der Branchenstruktur	▪ Fehlende strategische Analyse, opportunistischer und zufälliger Kauf
▪ Anwenden wirksamer Auswahlkriterien und sorgfältige Überprüfung aller ergebnisbestimmenden Aspekte der Akquisition	▪ Mangelhafte Durchleuchtung des zu übernehmenden Unternehmens („due diligence")
▪ Systematische Analyse und umfassende Bewertung des Objektes	▪ Überschätzung von Synergie- und Restrukturierungspotentialen
▪ Enger Bezug zum Stammgeschäft durch Branchenverwandtschaft	▪ Widerstände der Mitarbeiter
▪ Organisatorische Anbindung	▪ Keine oder unehrliche Informationspolitik
▪ Kompatibilität von Systemen und Kulturen	▪ Zu langsame oder auch zu radikale Integration
▪ Fortführung unter dem bisherigen Management	▪ Verbürokratisierung mittelständischer Unternehmen nach Übernahme durch einen Konzern
▪ Lernprozesse durch Akquisitionserfahrung	▪ Inkompatible Organisations- und Unternehmenskulturen, Sprachbarrieren
▪ Qualität des Akquisitions-/ Verhandlungsklimas (freundliche Übernahme)	▪ Feindliche Übernahmen

Abb. 6 - Quelle: Berens/Mertes/Strauch (Unternehmensakquisitionen), S. 67

Man sieht bereits in dieser stark aggregierten Darstellung, dass jeder Prozessabschnitt einer Akquisition zahlreiche kritische Erfolgs- bzw. Gefahrenpotentiale aufweist,[61] die ein kompetentes und überlegtes Akquisitionsmanagement erfordern. Daher ist es auch nicht weiter verwunderlich, dass die *Akquisitionserfahrung* des Managements einen deutlichen Einfluss auf den Akquisitionserfolg hat.[62]

Insgesamt gesehen verdeutlichen die soeben aufgezeigten Indizien für die Risikoträchtigkeit von Unternehmensakquisitionen, dass das Akquisitionsrisiko, sobald man die unterschiedlichen Risikoquellen einbezieht, ein äußerst vielschichtiges Phänomen darstellt. Aus diesem Grunde ist für die weitere

60 Vgl. insbesondere Kirchner (Akquisitionsmanagement), S. 112-114 sowie Bühner (Erfolg), S. 208-210 für eine vertiefende Analyse.

61 Vgl. auch die hiermit übereinstimmenden, aus praktischen Erfahrungen gewonnenen (Miß-) Erfolgsfaktoren bei Frank (Probleme), S. 140-143; Clever (Post-Merger-Management), S. 122f. bzw. Moser (Gefahren), S.7ff.

62 Vgl. hierzu die eindeutigen empirischen Hinweise bei Bühner (Erfolg), S. 202-204 bzw. S. 209

Arbeit eine inhaltliche Systematisierung des Akquisitionsrisikos unabdingbar, um einen umfassenden, aber dennoch transparenten Zugriff auf das komplexe Risikopotential von Akquisitionen zu ermöglichen.

1.3.2. Das Bewertungskalkül als Ausgangspunkt für die Analyse von Akquisitionsrisiken

Zur Ausarbeitung eines analytischen Grundgerüsts bietet sich zunächst an, kurz zusammenzutragen, was aus dem bisher Gesagten im Hinblick auf das **Akquisitionsrisiko** folgt:

- Der Bezugspunkt für das Akquisitionsrisiko ist ganz klar in der Akquisitionsentscheidung zu sehen.
- Die Zielabhängigkeit des Risikos bei Unternehmensakquisitionen ist durch die Bindung an das Ziel der Steigerung des Shareholder Value gegeben.
- Die Akquisitionsentscheidung sowie der gesamte Akquisitionsprozess sind durch eine Vielzahl von Unsicherheiten geprägt, die aus der stets unvollkommenen Information über die zukünftige Entwicklung sämtlicher wertrelevanter Faktoren (Informationsrisiken) bzw. ihrer unvollkommenen Beherrschbarkeit (Handlungsrisiken) resultieren.
- Das Akquisitionsrisiko besteht also in der Möglichkeit, dass sich der Unternehmenswert des Käuferunternehmens durch die Akquisition verringert bzw. die mit der Akquisition verfolgten Wertsteigerungsziele verfehlt werden.

Da mit dieser Begriffsfassung eine direkte Knüpfung des Akquisitionsrisikos an die im Rahmen einer Akquisition verfolgten Wertsteigerungsziele vollzogen wird, bildet das **Wertsteigerungskalkül des strategischen Investors**[63] eine zentrale Grundlage, das in Abb. 7 zusammenfassend dargestellt ist.

---

63 In der Literatur werden unter dem Stichwort „strategische Unternehmensbewertung" mitunter sehr unterschiedliche Verfahren diskutiert. Vgl. hierzu Dirrigl (Strategische Unternehmensbewertung), S. 411-413 bzw. kritisch Barthel (Unternehmenswert), S. 1355-1358. In der angelsächsischen Literatur vgl. insbes. Rappaport (Shareholder Value), S. 164-169; Copeland/Koller/Murrin (Unternehmenswert), S. 441-444. Mit strategischer Bewertung sei an dieser Stelle auf das Verfahren des strategischen Zuschlags Bezug genommen, und zwar unabhängig davon, ob der Zuschlag auf Basis von Realoptionen oder im Rahmen der Discounted-Cash-Flow-Methode bzw. eines Ertragswertverfahrens bestimmt wurde. Vgl. hierzu Peemöller/Keller/Rödl (Strategische Unternehmensbewertung), S. 77f. und Mandl/Rabel (Unternehmensbewertung), S. 55

Bewertungskalkül eines strategischen Investors - I

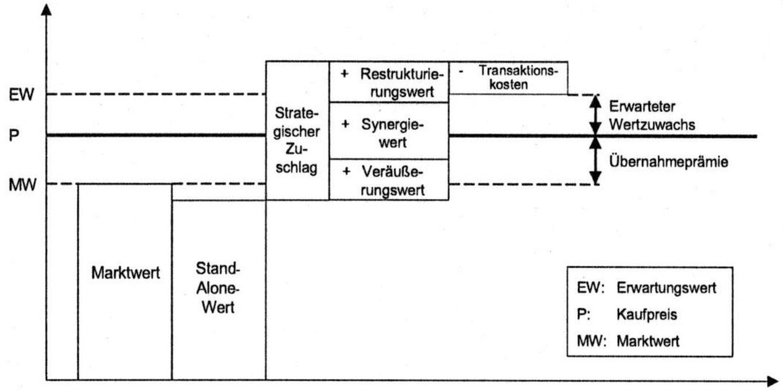

Abb. 7 - Quelle: Eigene Abbildung

Ausgangsbasis bildet der Einzelwert des Zielunternehmens, der **Stand-Alone-Wert**, der durch eine intrinsische Bewertung der zu erwartenden Cash-Flows bei unveränderter Fortführung der Geschäftstätigkeit errechnet wird.[64] Der aktuelle *Marktwert* im Falle eines börsennotierten Unternehmens kann dabei je nach Marktlage höher oder niedriger als der intrinsische Discounted-Cash-Flow-Wert liegen (z.B. wenn der Kurs bereits unter dem Einfluss von Übernahmegerüchten angestiegen ist). Der Stand-Alone-Wert dürfte aber regelmäßig die absolute Wertuntergrenze bilden, die auf jeden Fall überschritten werden muss, um den derzeitigen Eigentümer zum Verkauf zu bewegen.[65]

Um den strategischen Wert des Zielunternehmens aus Sicht des Käufers zu bestimmen, wird ein **strategischer Zuschlag** zum Stand-Alone-Wert gerechnet.[66] Der Zuschlag repräsentiert die Wertsteigerungen, die sich durch die Realisierung der Akquisitionsstrategie des Käufers ergeben.[67] Coenenberg/Sautter unterscheiden hierbei grundsätzlich zwei unterschiedliche Typen von Wertschöpfungsmechanismen: Werterhöhungen aus *Restrukturierungs-*

64 Vgl. Copeland/Koller/Murrin (Unternehmenswert), S. 442; Eccles/Lanes/Wilson (Acquisition), S. 140

65 Vgl. Rappaport (Shareholder Value),S. 166

66 Vgl. Peemöller/Keller/Rödl (Strategische Unternehmensbewertung), S. 78

67 Vgl. Valcárcel (Strategischer Zuschlag), S. 591f.; Dirrigl (Strategische Unternehmensbewertung), S. 423; Coenenberg/Sautter (Unternehmensakquisitionen), S. 193f.

maßnahmen und Werterhöhungen aus der *Realisierung von Synergiepotentialen*.[68] Wichtig ist, dass der Ansatz von Restrukturierungs- sowie Synergiewert *netto*, d.h. nach Abzug aller mit der Restrukturierung und Synergieerschließung verbundenen Kosten, erfolgt.[69] Diese im Detail mitzuplanenden Kosten werden auch als „zweiter Kaufpreis"[70], „negative synergies"[71] oder „Integrationskosten"[72] bezeichnet und umfassen etwa Kosten für die Versetzung, Umschulung oder Abfindung von Mitarbeitern bzw. Kosten für die Zusammenführung von Informationssystemen.[73]

Als dritte Komponente sollte stets im Rahmen der Akquisitionsstrategie ein mögliches Werterhöhungspotential aus einer *Teilveräußerung* geprüft werden, sofern einzelne Teile des Akquisitionsobjekts nicht in das strategische Gesamtkonzept des Käufers passen.[74] Der Weiterverkauf der nicht zur Mobilfunksparte gehörenden Konzernteile bei der Übernahme von Mannesmann durch Vodafone stellt ein bekanntes Beispiel für eine derartige Teilveräußerungsstrategie dar. Der Nettoveräußerungswert eines weiterverkauften Unternehmensteils errechnet sich aus dem Veräußerungserlös abzüglich der abgehenden Cash-Flows des Unternehmensteils.

Schließlich sind im Rahmen des Wertsteigerungskalküls explizit die **Transaktionskosten** mit einzubeziehen, d.h. sämtliche Kosten, die durch die Tätigkeit von Mitarbeitern des Käuferunternehmens sowie von externen Beratern im Rahmen des Transaktionsprozesses entstehen.[75]

Der erwartete Gesamtwert des Akquisitionsobjekts für den Käufer ergibt sich somit aus der Summe des Stand-Alone-Werts und dem strategischen Zuschlag abzüglich der Transaktionskosten. Dieser **Entscheidungswert**[76] kennzeichnet

---

68 Vgl. Coenenberg/Sautter (Unternehmensakquisitionen), S. 193

69 Vgl. Coenenberg/Sautter (Unternehmensakquisitionen), S. 193

70 Baetge (Akquisitionscontrolling), S. 456

71 Sirower (Synergy Trap), S. 49 u. 78

72 Jansen (Mergers & Acquisitions), S. 183

73 Vgl. Hungenberg (Strategisches Management), S. 371f.

74 Vgl. Gomez/Weber (Akquisitionsstrategie), S. 18; Copeland/Koller/Murrin (Unternehmenswert), S: 443; Bühner (Erfolg), S. 209; Blex/Marchal (Akquisitionsprozess), S. 95

75 Vgl. Coenenberg/Sautter (Unternehmensakquisitionen), S. 193; Schulte (Beteiligungscontrolling), S. 10. Eine Übersicht über die Kosten von Mergers & Acquisitions-Transaktionen bietet Gösche (Mergers & Acquisitions), S. 30-34

76 Vgl. hierzu Peemöller (Unternehmensbewertung), S. 409; Sieben/Diedrich (Unternehmensakquisitionen), S. 221; Rappaport (Shareholder Value), S. 167

die maximal zulässige Preisobergrenze für den Käufer, bis zu der er gehen darf, wenn er sich nicht schlechter stellen will als bei einem Unterlassen der Akquisition.

Wird nun in den Verhandlungen ein **Kaufpreis** mit einem Aufschlag auf den Marktwert (*Übernahme- bzw. Akquisitionsprämie*[77]) durchgesetzt, der unterhalb dieser erwarteten Wertschwelle liegt, so kann der Käufer den Differenzbetrag als Wertzuwachs realisieren.

Dieser erwartete Wertzuwachs ist nun aber alles andere als sicher. Die Akquisitionsentscheidung ist deshalb **riskant**, weil dem zu zahlenden Kaufpreis als „sicherer" Mittelabfluss ein in der Regel höchst *unsicherer Wertzuwachs* gegenübersteht.[78] Genauer gesagt besteht das Kaufobjekt bzw. der Gegenwert des Kaufpreises in einem Wert*potential,* das erst nach der Übernahme realisiert wird. Die Transaktion als solche vermag also noch nicht den erwarteten Nutzen zu schaffen.[79] In diesem Sinne ist der Kaufpreis quasi nur der Preis für die „Eintrittskarte"[80], um die Führung des anvisierten Unternehmens übernehmen zu können.

Dieser Unsicherheit bezüglich der Werthaltigkeit des Akquisitionsobjekts wird in der folgenden, modifizierten Abbildung des Wertsteigerungskalküls durch eine Wertbandbreite Rechnung getragen. Die Wertbandbreite signalisiert dabei, dass die Prognose *sämtlicher* Wertkomponenten angefangen vom Stand-Alone-Wert über die im strategischen Zuschlag enthaltenen Wertpotentiale bis hin zu den Transaktionskosten einem Risiko unterliegen. Aus der einwertigen „Punktschätzung" des Entscheidungswerts wird somit ein mehrwertiges Möglichkeitsfeld, innerhalb dessen der ex post realisierte Unternehmenswert (W_{real}) sowohl nach oben wie nach unten vom ex ante ermittelten Erwartungswert abweichen kann.[81]

---

77 Coenenberg/Sautter definieren die Akquisitionsprämie als „Zuschlag auf den Marktpreis des Akquisitionsobjekts (...), den der Erwerber in Anbetracht der erwarteten Restrukturierungs- und Synergiepotentiale bereit ist zu bezahlen." Coenenberg/Sautter (Unternehmensakquisitionen), S. 193

78 Vgl. insbes. Sirower (Synergy Trap), S. 9 u. S. 45. Diese Aussage gilt in dieser einfachen Form freilich nur bei einer Barzahlung des Kaufpreises. Für den Fall einer Gegenleistung in Gesellschaftsanteilen siehe die folgenden Ausführungen unter Punkt 1.3.4.

79 Vgl. Haspeslagh/Jemsion (Akquisitionmanagement), S. 25

80 Vgl. Sieben/Diedrich (Unternehmensakquisitionen), S. 224

81 Vgl. insbes. Bretzke (Unternehmensbewertung), S. 165; Helling (Unternehmensbewertung),S. 139. Für eine theoretische Kritik an einwertigen Prognosen siehe insbes. Moxter (Grundsätze), S. 116-122

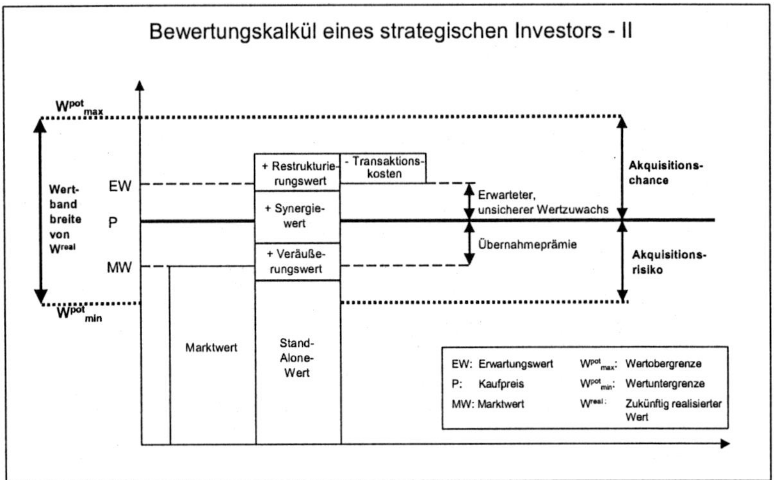

Abb. 8 - Quelle: Eigene Abbildung

Wie in der Abbildung veranschaulicht, teilt der Kaufpreis die Wertbandbreite in zwei Bereiche: Der untere Bereich, der die Gefahr einer Unterschreitung des Kaufpreises durch den realisierten Unternehmenswert ($W_{real} < P$) enthält, markiert das *Akquisitionsrisiko*. Dem steht jedoch im oberen Bereich die *Akquisitionschance* gegenüber, eine Wertsteigerung zu realisieren ($W_{real} > P$).[82]

1.3.3. Ableitung unterschiedlicher Komponenten des Akquisitionsrisikos

Die Erkenntnisse aus der Betrachtung des Bewertungskalküls eröffnen nun unmittelbar die Möglichkeit, das Akquisitionsrisiko systematisch in einzelne Teilrisiken zu zerlegen.

Die Situation, dass der ex post realisierte Wert der Akquisition (W_{real}) letztlich unterhalb des gezahlten Kaufpreises liegt, kann in einem ersten Schritt auf folgende drei Ursachenfelder zurückgeführt werden:

82 Vgl. hierzu auch Bretzke (Unternehmensbewertung), S. 158

Ursachen des Scheiterns von Unternehmensakquisitionen

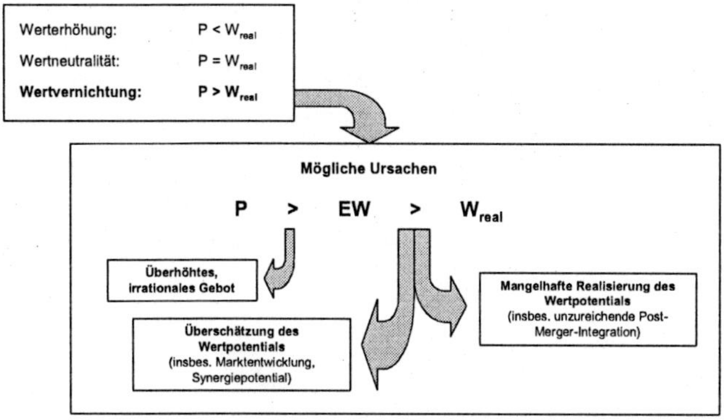

Abb. 9 - Quelle: Eigene Abbildung in Anlehnung an Copeland/Koller/Murrin (Unternehmenswert), S. 432-434

Eine erste, durchaus ernstzunehmende Ursache besteht darin, dass sich Entscheidungsträger in der Hitze eines Übernahmegefechts zu **überhöhten Preisgeboten** hinreißen lassen, die sich nicht mehr in Einklang mit rational kalkulierten, finanziellen Vorteilserwartungen bringen lassen.[83] Wird aber bereits in der Transaktionsphase ein zu hoher Preis gezahlt, ist der finanzielle Misserfolg trotz aller strategischen Argumente, die für die Akquisition sprechen, meist bereits vorprogrammiert.

Eine zweite Ursache ist darin zu sehen, dass der im Rahmen der Wertfindung errechnete strategische Entscheidungswert zwar nicht überschritten wird, dass die ermittelte Preisobergrenze aber auf einer **Fehleinschätzung des Wertpotentials** beruht (Prognoserisiko). Dies bedeutet, dass die eigentliche Preisobergrenze faktisch niedriger als angenommen liegt. Die Fehleinschätzung bezieht sich hierbei sowohl auf das originäre Markt- bzw. Erfolgspotential des Akquisitionsobjekts sowie auf die Möglichkeiten, darüber hinaus Wertsteigerungen herbeiführen zu können.[84]

Schließlich ist als dritte Ursache die **mangelhafte Realisierung des Wertpotentials** im Integrationsprozess zu nennen (Realisierungsrisiko), d.h. dass das

83 Vgl. Eccles/Lanes/Wilson (Acquisition), S. 143f.; Porter (Wettbewerbsstrategie), S. 441; Frank (Probleme), S. 137

84 Vgl. Copeland/Koller/Murrin (Unternehmenswert), S. 432

an sich vorhandene Wertpotential zwar realistisch eingeschätzt wurde, durch Fehler im Integrationsprozess aber verspielt wurde.[85]

In einem zweiten Schritt können nun auf Basis der identifizierten Ursachenfelder konkrete Teilrisiken unterschieden werden, die in ihrer Gesamtheit das Akquisitionsrisiko ausmachen. Der zentrale Grundgedanke hierbei ist, dass jede Wertkomponente des Bewertungskalküls zu negativen Abweichungen gegenüber den implizit im Kaufpreis enthaltenen Werterwartungen führen kann. Jedem Wertpotential entspricht also ein spezifisches Verlustpotential (Prognoserisiko und Realisierungsrisiko).

Komponenten des Akquisitionsrisikos

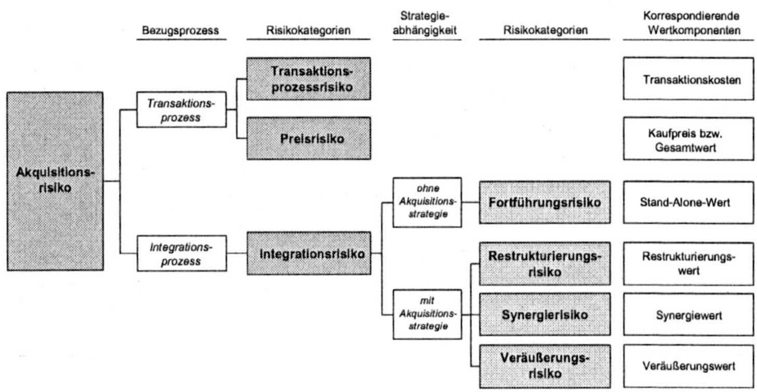

Abb. 10 - Quelle: Eigene Abbildung

Die beiden erstgenannten Ursachen, das Risiko überhöhter Kaufangebote bzw. der Fehleinschätzung der wertbildenden Komponenten stellen das wesentliche Risiko des Transaktionsprozesses dar und werden im Folgenden zum **Preisrisiko**[86] zusammengefasst.

Da der Transaktionsprozess als solcher aber unabhängig vom Preisrisiko eine große Anzahl weiterer Risiken enthält (z.B. Geheimhaltungsrisiken, Reputationsrisiken, Zeit- und Kostenaufwand), ist es sinnvoll daneben auch ein

85 Vgl. hierzu insbesondere Haspeslagh/Jemison (Akquisitionsmanagement), S. 25f. Ähnlich argumentieren auch Ottersbach/Kolbe (Integrationsrisiken), S. 140f.

86 Vgl. Hungenberg (Strategisches Management), S. 367

spezielles **Transaktionsprozessrisiko** zu unterscheiden. Die Eigenständigkeit dieser Risikokategorie wird umso klarer, wenn man sich vor Augen führt, dass ein großer Teil der Akquisitionsprozesse nicht zu einem Abschluss der Transaktion führt, sondern während der Transaktionsphase aufgrund fehlender Einigung oder aufgrund des Ausscheidens aus einem Bieterverfahren abgebrochen wird. Denn der Weg bis zum Abbruch der Verhandlungen enthält bereits eine Reihe von Prozessrisiken, wobei im Falle eines Abbruchs die „sunk costs" in Höhe der angefallenen Transaktionskosten nur eine Ausprägung dieses Transaktionsprozessrisikos sind.

Als dritte Risikokomponente kann das **Integrationsrisiko**[87] angesehen werden, das sich auf das Risiko der mangelhaften Umsetzung des gesamten akquirierten Wertsteigerungspotentials bezieht. Besonders hervorzuheben ist dabei, dass das Integrationsrisiko in keiner Weise auf das besonders in der Literatur hervorgehobene Synergierisiko reduziert werden darf.[88] Denn zunächst stellt sich unabhängig von der Realisierung der Akquisitionsstrategie die Herausforderung, überhaupt den bei der Preisfindung eingerechneten Stand-Alone-Wert zu realisieren. Dieses Subrisiko wird im Folgenden als **Fortführungsrisiko** bezeichnet. Verschlechtern sich beispielsweise unerwartet die Marktbedingungen für das übernommene Unternehmen (z.B. Schwache Binnennachfrage nach Autos in USA bei Daimler-Chrysler, hohes Pfund bei BMW/Rover) oder erfolgen Kündigungen von Schlüsselpersonen in der von Zukunftsunsicherheit gekennzeichneten Übernahmephase, kann bereits die Erreichung dieses Stand-Alone-Werts in weite Ferne rücken.

Hinzu kommen sodann die spezifischen Risiken der Akquisitionsstrategie: das **Restrukturierungsrisiko**, das **Synergierisiko**, sowie das **Veräußerungsrisiko**. Das Risiko besteht jeweils in der Gefahr, dass die aus den einzelnen Komponenten der Akquisitionsstrategie erwarteten Wertsteigerungen nicht erreicht werden. Der Vorteil dieser Systematisierung der Integrationsrisiken auf Basis der Akquisitionsstrategie ist, dass der unmittelbar prägende Einfluss der

---

87 Vgl. beispielsweise Hungenberg (Strategisches Management), S. 368 sowie Ottersbach/Kolbe (Integrationsrisiken), S. 140-145

88 Diese bedenklich verengte Sichtweise des Akquisitionsrisikos findet sich insbesondere bei Sirower (Synergy Trap), S. 9 und Rappaport/Sirower (Stock or Cash), S. 156f., die für das Akquisitionscontrolling die sog. Kennzahl „Shareholder Value at Risk (SVAR)" vorschlagen, die sich *ausschließlich* auf das Synergierisiko bezieht. Vgl. hierzu auch die weiteren Ausführungen unter III.1.3.2. Fixierung einer Preisobergrenze.

unterschiedlichen Wertsteigerungsstrategien auf die Risikostruktur einer Unternehmensakquisition transparent gemacht werden kann.

Das soeben dargestellte analytische Grundgerüst des Akquisitionsrisikos ist überdies kompatibel mit dem Vorschlag von Baetge für das **Akquisitionscontrolling**.[89] Die Ermittlung bzw. Überwachung des Akquisitionserfolges orientiert sich diesem Vorschlag zu Folge an drei Abweichungsarten. Die *Verhandlungsabweichung* und *Integrationsabweichung* bilden jeweils das Pendant zum Preisrisiko sowie dem Integrationsrisiko.[90] Darüber hinaus wird eine *Planüberholungsabweichung* unterschieden. Diese entsteht dadurch, dass nach der Übernahme aufgrund des dadurch verbesserten Informationsstandes mehr Chancen oder Risiken sichtbar werden als zum Zeitpunkt der ursprünglichen Planung bekannt waren.[91] Diese Risikokomponente wird hier unter das Preisrisiko (Fehleinschätzung des Wertpotentials) subsumiert.

1.3.4. Die Aufteilung des Akquisitionsrisikos zwischen Käufer und Verkäufer

Die Ausgestaltung einer Transaktion als „Cash Deal“ oder „Stock Deal“ hat einen wesentlichen Einfluss auf die Verteilung des Wertzuwachses sowie des Risikos einer Akquisition zwischen den Anteilseignern des übernehmenden und verkauften Unternehmens.[92]

Bisher wurde unterstellt, dass der Kaufpreis in bar entrichtet wird („**Cash Deal**“). In dieser Konstellation sind die Rollen klar verteilt: Der Verkäufer bekommt eine feste Übernahmeprämie als Aufschlag auf den Marktwert, durch die er vorab an der erwarteten Wertsteigerung partizipiert. Dadurch geht das gesamte Akquisitionsrisiko auf die Anteilseigner des Käuferunternehmens über. Auf der anderen Seite stehen diesen aber auch exklusiv die Wertsteigerungen zu, die über die Übernahmeprämie hinausgehen.

---

89 Vgl. Baetge (Akquisitionscontrolling). Auf die Abweichungsanalysen im Rahmen des Akquisitionscontrollings wird in Kapitel III.3.2.2.2. näher eingegangen.

90 Vgl. Baetge (Akquisitionscontrolling), S. 454

91 Vgl. Baetge (Akquisitionscontrolling), S. 460

92 Vgl. zum folgenden Rappaport/Sirower (Stock or Cash), S. 148-153

Seit Beginn der 90er Jahre wird jedoch zunehmend von der alternativen Gestaltungsmöglichkeit, d.h. einer Finanzierung durch Anteile des Käuferunternehmens Gebrauch gemacht („**Stock Deal**").[93] Dabei erhält der Anteilseigner des Akquisitionsobjekts keinen festen Kaufpreis inklusive Übernahmeprämie, sondern Anteile an dem übernehmenden Unternehmen.[94] Diese Transaktionsstruktur bedeutet für die Anteilseigner des Akquisitionsobjekts, dass sie indirekt an dem verkauften Unternehmen beteiligt bleiben und damit auch gemäss ihrem Anteil an dem übernehmenden Unternehmen das Akquisitionsrisiko mitzutragen haben.

Die Anteilseigner des erwerbenden Unternehmens können sich durch diese Gestaltung die Zahlung des Kaufpreises sparen und teilen zugleich die Risken aber auch Wertzuwächse mit ihrem Transaktionspartner. Nichtsdestotrotz ist die Gestaltungsvariante eines „Stock Deals" kein Allheilmittel, um sich gegen Akquisitionsrisiken abzusichern, da das Angebot von Aktien durch den Käufer zwei Signale an den Verkäufer sowie die Aktienmärkte sendet: Erstens erscheinen die Aktien des Käuferunternehmens aus Sicht des Managements überbewertet, denn andernfalls würde es keine neuen Aktien ausgeben und damit den gegenwärtigen Anteilseignern schaden. Zweitens werden hierdurch erhebliche Zweifel daran gefördert, ob das Management des Käuferunternehmens selbst überhaupt an die Erreichung der Akquisitionsziele glaubt.[95] Neben diesen bedenklichen Signalen ist auch zu berücksichtigen, dass der Aktienkurs des erwerbenden Unternehmens in Zukunft unter Druck geraten könnte, wenn der Verkäufer nicht mit der Geschäftspolitik bzw. Wertentwicklung des erwerbenden Unternehmens zufrieden ist und deshalb Aktien in größerer Anzahl abstößt.

---

93 Vgl. Rappaport/Sirower (Stock or Cash), S. 147

94 Vgl. Sieben/Sielaff (Unternehmensakquisition), S. 63f.

95 Vgl. Rappaport/Sirower (Stock or Cash), S. 154; Brealey/Myers (Corporate Finance), S. 955

2. Ein Strukturierungsangebot für das Risikomanagement im Akquisitionsprozess

Nachdem das Risiko von Unternehmensakquisitionen hinreichend ausgearbeitet ist, gilt es nunmehr diese inhaltliche Konzeption um eine prozessuale Dimension zu erweitern. Hierzu wird die Funktionslogik des Risikomanagements erläutert und der Ablauf eines Akquisitionsprozesses schematisch dargestellt. Im Anschluss kann die Einbettung der Funktionen des Risikomanagement in den Akquisitionsprozess erfolgen.

2.1. Funktionslogik des Risikomanagements

2.1.1. Zwecksetzung und Prozess des Risikomanagements

Die Aufgabe des Risikomanagement besteht in der „Überwachung und Steuerung aller das Unternehmen bedrohenden Verlustgefahren (Einzelrisiken und kumulierte Risiken einschließlich der Wechselwirkungen zwischen diesen Risiken) und damit auf alle Komponenten bzw. Teilbereiche des Gesamtunternehmensrisikos."[96] Durch die Einrichtung eines Risikomanagementsystems wird – wie auch vom Gesetzgeber im Rahmen des KonTraG gefordert – das **Ziel** verfolgt, die Unternehmensexistenz sowie den künftigen Unternehmenserfolg dauerhaft zu sichern.[97] Das Risikomanagement sollte hierfür als „begleitende Führungsfunktion"[98] bzw. integraler Bestandteil des Führungssystems[99] etabliert werden.

Um diesem umfassenden Anspruch auf Analyse und Gestaltung der Gesamtrisikolage des Unternehmens gerecht zu werden, sind nach herrschender

---

96 Kromschröder/Lück (Grundsätze), S. 1573f. Vgl. auch Diedrichs/Richter (Risikomanagement), S. 137

97 Vgl. Wolf/Runzheimer (Risikomanagement), S. 20; Hahn (Risiko-Management), S. 139

98 Vgl. Haller (Risiko-Management), S. 9

99 Vgl. Pollanz (Risikomanagementsystem), S. 394

Auffassung insbesondere folgende **Anforderungen** an ein Risikomanagementsystem zu stellen:[100]

- Vollständigkeit und Systematik der Risikoerfassung
- Effizienz und Wirtschaftlichkeit
- Flexibilität
- Kurze Reaktionszeiten
- Permanente Aufgabe
- Angemessenheit (Beachtung von Umfang und Komplexität sowie Strategie- und Branchenbezug)
- Definierte Dokumentations- und Kommunikationspflichten
- Verantwortung der Unternehmensleitung

Die genannten Anforderungen stehen teilweise in einem Spannungsverhältnis zueinander. Deshalb ist bei der Umsetzung in der Praxis vielfach eine schwierige Abwägung zwischen den teilweise widerstreitenden Anforderungen vorzunehmen.[101]

Bevor der Risikomanagementprozess näher erläutert wird, bleibt noch festzuhalten, dass der in der Literatur anzutreffenden weiteren Unterteilung des Risikomanagementsystems in diverse Subsysteme (Internes Überwachungssystem, Controlling, Frühwarnsystem)[102] hier nicht gefolgt wird, da eine derartige Parzellierung der Risikomanagementaktivitäten bei Unternehmensakquisitionen wegen der oftmals hohen Geheimhaltungserfordernisse und der erforderlichen Schnelligkeit der Entscheidungsfindung und –umsetzung weder möglich noch zielführend ist.

Die **Funktionslogik** des Risikomanagements kann anhand der von Ansoff unterschiedenen „States of Ignorance" verdeutlicht werden (Vgl. Abb. 11). Die Systematik, die Ansoff ursprünglich im Zusammenhang mit der strategischen Frühaufklärung von Bedrohungen aus Diskontinuitäten entwickelt hat, ist für den Umgang mit unternehmerischen Risiken im Rahmen von Risikomanagement- bzw. Frühwarnsystemen generalisierbar.[103] Das Risikomanagement

---

100 Vgl. beispielsweise die genannten Anforderungen bei Kromschröder/Lück (Grundsätze), S. 1576; Vogler/Gundert (Risikomanagementsysteme), S. 2378f.; Brebeck/Herrmann (Frühwarnsystem), S. 384; Weitekamp (Risikomanagement), S. 1757 u. 1760

101 Die Widersprüche sind letztlich Ausdruck des grundsätzlichen Zielkonflikts aus Sicherheit und Wirtschaftlichkeit. Vgl. Weitekamp (Risikomanagement), S. 1760

102 Vgl. Lück (Elemente), S. 9-11

103 Vgl. hierzu Krystek/Müller (Frühaufklärungssysteme), S. 181; Gomez (Frühwarnung), S. 19

vollzieht sich dabei in einer Bewegung von Unwissenheitsstufe 1 nach 5. Bedrohungen oder Risiken, die anfangs nur sehr diffus in Form schwacher Signale erkennbar sind, können durch die systematische Erhöhung des Informationsstands sowie durch die Ableitung gezielter Reaktionsmaßnahmen sukzessive „kleingearbeitet" werden.

Unwissenheitsgrade und Informationsniveau

Information Content / States of Ignorance	(1) Sense of threat	(2) Source of threat	(3) Threat concrete	(4) Response concrete	(5) Outcome concrete
Conviction that discontinuities are impending	YES	YES	YES	YES	YES
Source of discontinuity	NO	YES	YES	YES	YES
Characteristics of threat: nature of threat, gravity of impact and timing	NO	NO	YES	YES	YES
Response identified: timing, action, programs, budgets	NO	NO	NO	YES	YES
Profit impact and consequences of responses are computable	NO	NO	NO	NO	YES

Abb. 11 - Quelle: Ansoff (Weak Signals), S. 135

Durch die Heranziehung dieser fünf Unwissenheitsgrade lassen sich nachfolgend die zentralen Funktionen der *Risikodiagnose* (2.1.3.) und *Risikobeeinflussung* (2.1.4.) des Risikomanagementprozesses entwickeln. Dabei ist zu beachten, dass sich bisher in der Literatur keine allgemein anerkannte Abgrenzung der einzelnen Schritte des Risikomanagements herausgebildet hat.[104] Die Phasen der Risikodiagnose und –beeinflussung stellen jedoch einen gemeinsamen Nenner[105] der zahlreichen, oftmals nur in Nuancen unterschiedlichen Phasenabgrenzungen des Risikomanagementprozesses dar.

104 Vgl. Karten (Risk Management), S. Sp. 3829f.

105 Vgl. hierzu die Ableitung notwendiger Mindestaktivitäten eines Risikomanagements bei Imboden (Risikohandhabung), S. 184f. Vgl. auch die hiermit übereinstimmende grundsätzliche Unterscheidung von Risikoanalyse und Risikopolitik bei Guserl (Risiko-Management), S. 529.

Darüber hinaus heben einige Autoren die Bedeutung der Risikostrategie hervor, die der eigentlichen Risikodiagnose und –beeinflussung vorgelagert ist.[106] Diese zielt auf eine *Risikovorsteuerung* (2.1.2.) ab und dient letztlich dazu, die Verbindung zur Unternehmensstrategie herzustellen. Hieraus ergibt sich folgender Risikomanagementprozess in der Form eines Regelkreislaufs:

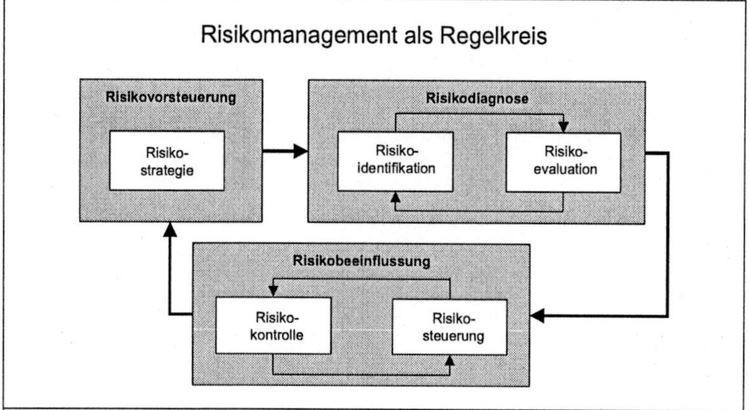

Abb. 12 - Quelle: Eigene Abbildung in Anlehnung an Scharpf/Luz (Risikomanagement), S. 77; Diedrichs/Richter (Risikomanagement), S. 137; Lück (Risikomanagementsystem), S. 1926

2.1.2. Risikovorsteuerung: Risikostrategische Weichenstellungen

Die Risikostrategie beinhaltet wesentliche Vorgaben für die Steuerung von Risiken[107] und kann daher als *Risikovorsteuerung* angesehen werden. Die Vorgaben beziehen sich auf risikopolitische Ziele, die vor dem Hintergrund der verfolgten Unternehmensstrategie das angestrebte Chancen-/Risikoprofil konkretisieren.[108] Wesentlich ist hierbei die Festlegung von Schwellenwerten zur Vorsteuerung des Risikoniveaus für die einzelnen Tätigkeitsbereiche sowie für das gesamte Unternehmen.

---

106 Vgl. beispielsweise Lück (Risikomanagementsystem), S. 1926; Füser/Gleißner/Meier (Risikomanagement), S: 753; Scharpf/Luz (Risikomanagement), S. 77; Weber/Weißenberger/Liekweg (Risk Tracking), S. 16; Bitz (Risikomanagement), S. 25

107 Vgl. Lück (Risikomanagementsystem), S. 1926; Füser/Gleißner/Meier (Risikomanagement), S. 753

108 Vgl. Weber/Weißenberger/Liekweg (Risk Tracking), S. 16f.

2.1.3. Risikodiagnose: Identifikation und Evaluation von Risiken

Auf den Unwissenheitsstufen 1-3 in Abb. 11 wird durch die Sammlung und Verdichtung von Informationen die Unsicherheit über die zukünftige Entwicklung soweit verringert, bis die Bedrohung bzw. das Risiko einerseits hinreichend konkretisiert und damit entscheidbar ist, andererseits aber noch eine ausreichende Manövrierfähigkeit bzw. Reaktionszeit vorliegt.[109] Die Risikodiagnose kann weiter in die Subfunktionen der *Risikoidentifikation* (Stufen 1 und 2) sowie *Risikoevaluation* (Stufe 3) unterteilt werden.

Der Prozess der **Informationsverdichtung** führt im Ergebnis dazu, dass aufgrund eines erhöhten Informationsstandes die Streuung der Wahrscheinlichkeitsverteilung über das Spektrum möglicher Zukunftsentwicklungen abnimmt:[110]

Risikodiagnose als Prozess der Informationsverdichtung bzw. Unsicherheitsreduktion

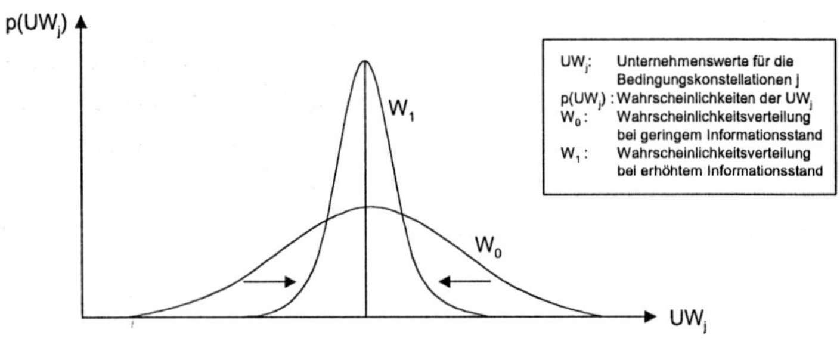

Abb. 13 - Quelle: in Anlehnung an Bretzke (Unternehmensbewertung), S. 155f.

Die Risikodiagnose stellt also den Versuch dar, das Unternehmen aus der anfänglichen Unsicherheit möglichst weit herauszuführen „in eine Zone größerer Objektivierbarkeit bis hin zur rational begründbaren prognostizierbaren

---

109 Vgl. hierzu das Problem der „Ignoranzfalle“ bei der Formulierung von Abwehrstrategien bei Krystek/Müller (Shareholder Value Reporting), S. 255.

110 Vgl. Bretzke (Unternehmensbewertung), S. 155; Müller (Risiko), S. Sp. 3820

Risikoeinschätzung."[111] In methodischer Hinsicht ist es daher erforderlich für diesen Abschnitt des Risikomanagementprozesses ein Instrumentarium bereitzustellen, in dem die Informationen über die identifizierten Risiken systematisch zusammengeführt werden können.

2.1.4. Risikobeeinflussung: Steuerung und Kontrolle des Risikos

Im Anschluss kann auf den Unwissenheitsstufen 4 und 5 (Vgl. Abb. 11) durch die *Ableitung und Durchführung geeigneter Maßnahmen* auf die Risikosituation eingewirkt werden. Die Phase der Risikobeeinflussung umfasst neben der eigentlichen *Risikosteuerung* auch eine *Risikokontrolle*. Letztere überwacht die Ergebnisauswirkungen der Risikosteuerung, die aufgrund des erhöhten Informationsniveaus nunmehr messbar sind, und stellt hierdurch die Wirksamkeit der Risikobeeinflussung sicher.

Die Steuerung des Risikos sollte sich nach Ansoff nicht nur auf direkte Gegenmaßnahmen (**Direct Response**) beziehen, sondern bereits im Vorfeld ansetzen,[112] zum Beispiel durch die Erhöhung des Risikobewusstseins (**Awareness**) und eine Verbesserung der Flexibilität (**Flexibility**) durch die Eröffnung bzw. Erhaltung strategischer und finanzieller Spielräume (Vgl. Abb. 14). Dies ermöglicht, dass bereits in einem frühen Stadium, in dem sich Risikosituationen nur durch „schwache Signale" ankündigen, schnell und adäquat reagiert werden kann.

---

111 Wartensleben (Risikomanagement), S. 323

112 Vgl. Ansoff (Weak Signals), insbes. S. 136-141. Diese weitere Sichtweise findet sich auch bei Courtney/Kirkland/Viguerie, die adaptive Fähigkeiten sowie das Offenhalten von Optionen als wesentliche Möglichkeiten im Umgang mit Unsicherheit ansehen. Vgl. Courtney/Kirkland/Viguerie, (Uncertainty), S. 73f.

Ebenen der Risikobeeinflussung im Risikomanagementprozess

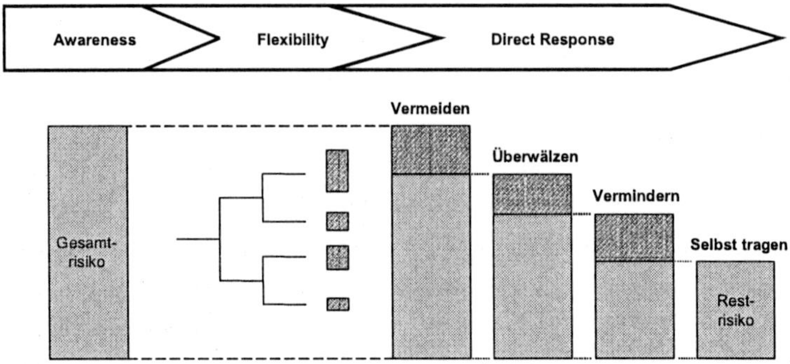

Abb. 14 - Quelle: in Anlehnung an Ansoff (Weak Signals), S. 137; Haller (Risiko-Management), S. 31f.; Diedrichs/Richter (Risikomanagement), S. 140

Die direkten Gegenmaßnahmen bilden den Kern der Risikosteuerung, wobei nach Haller die in der Abbildung dargestellten Risikosteuerungsmodi unterschieden werden können:[113]

- **Risiko vermeiden**: Verzicht auf risikobehaftete Aktivitäten oder Geschäfte

- **Risiko überwälzen**: Risiken werden ganz oder teilweise auf Vertragspartner bzw. auf Versicherungsunternehmen überwälzt.

- **Risiko vermindern**: Maßnahmen zur Verringerung der Höhe des möglichen Vermögensverlustes bzw. der Eintrittswahrscheinlichkeit

- **Risiko selbst tragen**: Das verbleibende Restrisiko wird durch das Unternehmen selbst übernommen, wobei durch die Bildung von Reserven bzw. durch mögliche kompensatorische Geschäfte eine gewisse Absicherung gegen das übernommene Risiko erfolgen kann

In methodischer Hinsicht liegt im Rahmen der Risikobeeinflussung der Fokus auf der Zusammenstellung eines geeigneten Mix an Instrumenten zur Risiko-

113 Vgl. hierzu neben Haller (Risiko-Management), S. 31f. auch Lück (Risikomanagementsystem), S.1927f.; Füser/Gleißner/Meier (Risikomanagement), S.757

steuerung sowie der Etablierung von Reportingstrukturen, die eine zeitnahe Überwachung der Risikosteuerung ermöglichen.

2.2. Idealtypischer Verlauf des Akquisitionsprozesses

2.2.1. Übersicht über die Phasen des Akquisitionsprozesses

In der Literatur zu Mergers & Acquisitions sind eine große Anzahl mehr oder weniger ausdifferenzierter Phasenmodelle des Akquisitionsprozesses vorzufinden.[114] Die Verschiedenartigkeit der Ordnungsversuche spiegelt die Tatsache wider, dass ein a priori entworfener *Standardakquisitionsprozess* nicht alle möglichen denkbaren Konstellationen abdecken kann.[115] Je nach Transaktionsstruktur, Größe der Transaktion, Interessenlage der Parteien, Art des Erwerbswegs etc. werden im Einzelfall individuelle Abläufe des Akquisitionsprozesses zu verzeichnen sein.[116] Insofern stellt die Pluralität der Ansätze keinen theoretischen Mangel dar, der zu beheben wäre. Auch die Debatte um die freilich nicht unproblematische Linearitätsannahme sowie die dahinter stehende Rationalitätskonzeption[117] entschärft sich in diesem Licht, denn über die richtige Anordnung der Aktivitäten kann wohl auf theoretischer Ebene abschließend nicht sinnvoll befunden werden.

Als *gemeinsamer Grundtenor* der divergierenden Ansätze für eine Architektur des Akquisitionsprozesses lassen sich im Anschluss an Steinöcker bzw. Jansen[118] die drei Phasen **Konzeptions- und Analysephase**, **Transaktionsphase** und **Integrationsphase** ausmachen, die jeweils durch typische Aktivitäten gekennzeichnet sind, deren Gewichtung und Reihenfolge je nach den Besonderheiten des Einzelfalles variieren können.

---

114 Vgl. etwa die Verweise bei Jansen (Mergers & Acquisitions), S. 154

115 Vgl. auch Hölters (Unternehmenskauf), S. 35

116 Alleine für die zeitliche Positionierung von Due Diligence-Reviews im Akquisitionsprozess kommt eine Vielzahl von Möglichkeiten in Betracht. Vgl. Berens/Schmitting/Strauch (Due Diligence), S. 87f.

117 Vgl. hierzu insbes. Kirchner (Akquisitionsmanagement), S. 249-251 sowie Berens/Mertes/Strauch (Unternehmensakquisitionen), S. 52

118 Vgl. Steinöcker (Akquisitionscontrolling); Jansen (Mergers & Acquisitions), S. 154

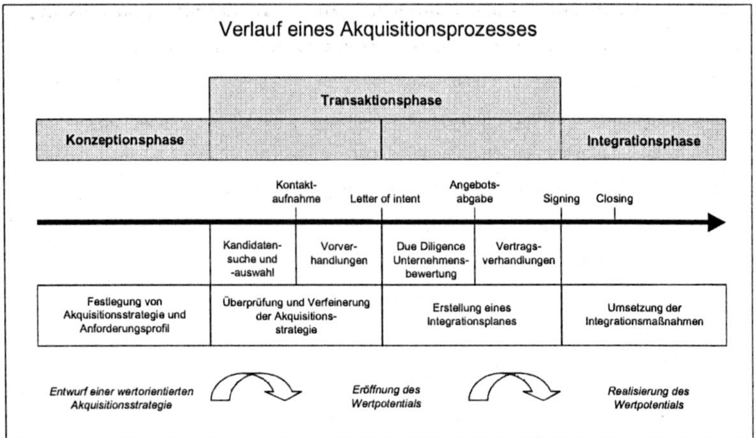

Abb. 15 - Quelle: Eigene Abbildung in Anlehnung an Jansen (Mergers & Acquisitions), S. 154; Berens/Mertes/Strauch (Unternehmensakquisitionen), S. 51

Wie in der Abbildung dargestellt, sollten die drei Phasen ineinander greifen. Denn gerade an den Schnittstellen ist aus der Sicht des Risikomanagements eine effiziente Koordination und ein ausreichender Informationsfluss zwischen den unvermeidlich arbeitsteilig vonstatten gehenden Aktivitäten als besonders erfolgskritisch anzusehen. Die Überlappung der Phasen bietet den Vorteil, dass die Überprüfung der Akquisitionsstrategie und die Integrationsplanung, die in engem Bezug zum Transaktionsmanagement stehen, sachlich aber zur Konzeptions- bzw. Integrationsphase gehören, nicht aufgrund einer vereinfachenden Linearisierung des Akquisitionsprozesses durch das Raster fallen.

Da der Akquisitionsprozess die Ausgangsbasis für die anschließende Entwicklung eines akquisitionsbegleitenden Risikomanagements bildet, werden in komprimierter Form die wesentlichen Etappen des Akquisitionsprozesses vorgestellt.

2.2.2. Aktivitäten in der Konzeptions- und Analysephase

Ziel dieser ersten Phase ist es, eine wertorientierte Akquisitionsstrategie sowie ein klar umrissenes Anforderungsprofil für das gewünschte Akquisitionsobjekt zu erstellen. Voraussetzung hierfür ist eine sorgfältige Analyse der Ausgangssituation (Unternehmens- und Umweltanalyse).[119] Aus der Gegenüberstellung des Ist-Fähigkeitsprofils der eigenen Stärken und Schwächen mit dem aus der Unternehmungsstrategie folgenden Soll-Profil lassen sich strategische Lücken erkennen, die durch geeignete Maßnahmen zu schließen sind.[120] Bei der Auswahl der Maßnahme sollte geprüft werden, ob die Akquisition das zweckmäßigste Mittel zur Erreichung der strategischen Ziele darstellt, oder ob diese nicht effizienter durch Kooperationen oder interne Entwicklung erreichbar sind.[121] Erst auf dieser Basis sollte eine Akquisitionsstrategie und ein entsprechendes Anforderungsprofil entworfen werden, die hinreichend darüber Auskunft geben, wie das Akquisitionsobjekt beschaffen sein sollte und auf welche Weise durch die Akquisition Wert geschaffen werden soll.

2.2.3. Aktivitäten in der Transaktionsphase

Die Transaktionsphase wird hier nicht zwischen die Konzeptions- und Integrationsphase geschoben, sondern vielmehr als Parallelprozess aufgefasst, der dazu dient, das anvisierte Wertpotential zu eröffnen. Die Planung und Durchführung der eigentlichen Wertrealisierung selbst ist Bestandteil der Konzeptions- und Integrationsphase.[122] Die Unterteilung der Transaktionsphase in einzelne Schritte kann an den in Abb. 15 oberhalb des Zeitstrahls angegebenen, markanten Zeitpunkten orientiert werden.[123]

Zunächst erfolgt die *Suche und Auswahl* eines oder mehrer geeigneter Kandidaten. Die Entscheidung wird anhand des Anforderungsprofils sowie einer ersten überschlägigen Bewertung der Akquisitionsobjekte getroffen, sofern entsprechende Finanzinformationen öffentlich verfügbar sind. Danach erfolgt

---

119 Vgl. Berens/Mertes/Strauch (Unternehmensakquisitionen), S. 52; Storck (Mergers & Acquisitions), S. 69-72

120 Vgl. Pausenberger (Akquisitionsplanung), S. 21; Jansen (Mergers & Acquisitions), S. 159f.

121 Vgl. Clever (Post-Merger-Management), S. 125; Pieper (Unternehmensakquisitionen), S. 20; Rappaport (Sharholder Value), S. 167f.

122 Vgl. zu dieser stärker „integrationsorientierten" Konzipierung des Akquisitionsprozesses insbesondere Haspeslagh/Jemison (Akquisitionsmanagement), S. 25f.

123 Vgl. zu den nachfolgend aufgeführten Aktivitäten Berens/Mertes/Strauch (Unternehmensakquisitionen), S. 54-61 bzw. Jansen (Mergers & Acquisitions), S. 167-212. Zu den Besonderheiten des Transaktionsprozesses im Rahmen eines Bietungsverfahrens sei auf Picot (Vertragsrecht), S. 24-26 verwiesen.

die *Kontaktaufnahme* und die Aufnahme von unverbindlichen *Vorverhandlungen*, in denen die verfolgten Strategien und eventuell erste Preisvorstellungen ausgetauscht werden. Oftmals wird an dieser Stelle auch ein erster begrenzter Zugang zu internen Unternehmensinformationen durch den Verkäufer ermöglicht .

Parallel zu diesem ersten Abschnitt der Transaktionsphase ist die *Ausarbeitung bzw. Konkretisierung der Akquisitionsstrategie* voranzutreiben. Denn die Sinnhaftigkeit einer zunächst unabhängig von der Zielgesellschaft entworfenen Akquisitionsstrategie muss anhand konkreter Akquisitionskandidaten überprüft werden, um nicht von Anfang an auf „Scheinsynergien" zu bauen.[124] Diese Prozessarchitektur zwingt also systematisch dazu, die Akquisitionsstrategie und das darauf aufbauende Wertsteigerungskalkül kritisch auf ihre Machbarkeit und Erfolgsaussichten zu überprüfen, sobald ein Akquisitionsobjekt ausgewählt und im Rahmen der Transaktionsphase nähere Informationen vorliegen.[125]

Einen weiteren markanten Zeitpunkt stellt die Abgabe eines *Letter of Intent* dar, in dem eine „erste Formalisierung der Vertragsverhandlungen"[126] erfolgt und die bisherigen Ergebnisse festgehalten werden. Denn auf dieser Basis wird in der Regel eine weitgehendere Offenlegung von Unternehmensinformationen und die Durchführung einer *Due Diligence* vereinbart. Im Rahmen der Due Diligence wird neben der Prüfung der rechtlichen und steuerlichen Verhältnisse insbesondere auch eine detaillierte strategische und finanzielle Unternehmensanalyse mit abschließender *Unternehmensbewertung* vollzogen.[127] Nach Abschluss der Due Diligence und der Unternehmensbewertung beginnen in der Regel die eigentlichen *Vertragsverhandlungen*, bei denen die Festlegung des

---

124 Vgl. Rappaport (Shareholder Value), S. 162. Vgl. ebd. die instruktive Bemerkung von Rappaport: „Das Denken des Käufers in dieser Phase muss sich von den konzeptionellen den realisierbaren Synergien zuwenden."

125 Diese in der Literatur wenig verbreitete Erkenntnis, dass die Übernahmestrategien für konkrete Akquisitionsobjekte zu entwickeln sind, unterstreichen auch Coenenberg/Sautter in ihrer Phasenkonzeption des Akquisitionsprozesses. Vgl. Coenenberg/Sautter (Unternehmensakquisitionen), S. 194f. In der Mehrzahl der in der Literatur vorgeschlagenen Akquisitionsprozesse ist jedoch gemäß einer strikt linearen Prozessfolge die Strategieentwicklung abgeschlossen, bevor es überhaupt zur Auswahl und Ansprache von Kandidaten kommt. Vgl. stellvertretend die Darstellungen bei Jung (Unternehmenskauf), S. 32f.; Steinöcker (Akquisitionscontrolling), S. 41ff.; Storck (Mergers & Acquisitions), S. 74; Gomez/Weber (Akquisitionsstrategie), S. 16

126 Vgl. Berens/Mertes/Strauch (Unternehmensakquisitionen), S. 56

127 Vgl. Berens/Schmitting/Strauch (Due Diligence), S. 71

sog. „Preis-Methoden-Pakets"[128] im Vordergrund steht. Dieses zielt auf die Herbeiführung eines Interessenausgleichs zwischen den Verhandlungspartnern dadurch ab, dass der endgültige Kaufpreis in einem Paket mit sämtlichen anderen Parametern der Transaktion festgelegt wird. Den Abschluss der Transaktionsphase bildet die Unterzeichnung der Verträge (*Signing*) sowie der Übergangsstichtag (*Closing*), an dem die Leistungsgewalt und die unternehmerische Verantwortung auf den Käufer übergehen.[129]

2.2.4. Aktivitäten in der Integrationsphase

Das Ziel der Integrationsphase besteht darin, die im Kaufpreis implizit enthaltenen Wertvermutungen in *tatsächliche Wertzuwächse* umzusetzen. Auch die Integrationsphase ist mit der Transaktionsphase zu verzahnen: [130] Spätestens während der Due Diligence sollte anhand der verfügbaren Informationen und unter Berücksichtigung der Akquisitionsstrategie die spätere Integration durch eine *Integrationsplanung* vorbereitet werden. Nur so ist ein möglichst nahtloser Übergang von der Strategieformulierung in der Konzeptionsphase zur Strategieumsetzung im Rahmen der Integrationsphase zu erreichen, so dass zielstrebig mit der *Umsetzung der wertgenerierenden Integrationsmaßnahmen* begonnen werden kann.

---

128 Vgl. Gomez/Weber (Akquisitionsstrategie), S. 71; Berens/Mertes/Strauch (Unternehmensakquisitionen), S. 58-60; Jung (Unternehmenskauf), S. 336-339

129 Vgl. Berens/Mertes/Strauch (Unternehmensakquisitionen), S. 60; Semler (Unternehmenskaufvertrag), S. 503

130 Vgl. hierzu Jansen (Mergers & Acquisitions), S. 212 u. 216

2.3. Verankerung der Funktionen des Risikomanagements in den Akquisitionsprozess

2.3.1. Zum Verhältnis von Akquisitions- und Risikomanagementprozess

Um eine inhaltliche Verknüpfung von Akquisitionsprozess und Risikomanagementprozess herzustellen, stellt sich zunächst die Frage nach dem Verhältnis der beiden Prozesse zueinander. Hierbei ist klar, dass das Risikomanagement – wie bereits angedeutet – stets eine die eigentliche Führungsaufgabe unterstützende Funktion hat. Insofern ist das **Risikomanagement als subsidiärer Prozess** in Bezug auf das übergeordnete Akquisitionsmanagement zu begreifen.

In der bisher zum Akquisitionsmanagement vorliegenden Literatur mangelt es jedoch – wie bereits in der Einführung ausgeführt – an einer ausgebauten Risikomanagementkonzeption bei Unternehmensakquisitionen. So wird das Thema tendenziell unter Verweis auf die zentrale **Rolle der Due Diligence** als Instrument zur Risikominimierung bzw. -begrenzung[131] abgehandelt. Aber eine Gleichsetzung von Due Diligence mit Risikomanagement würde nach dem bisher Gesagten eine erhebliche Problemverkürzung bedeuten. Denn die Due Diligence – verstanden als „ganzheitliche Unternehmensanalyse“[132], bei der insbesondere „Risiken und Schwachstellen im betrachteten Unternehmen aufgedeckt werden sollen“[133] – deckt nicht alle Funktionen des Risikomanagementprozesses ab: Die Due Diligence bildet vielmehr als Instrument zur Risikoidentifikation und –analyse nur einen Ausschnitt des gesamten Risikomanagementprozesses ab. [134]

Stattdessen erscheint die Einbettung der Due Diligence in einen umfassenden Risikomanagementansatz sinnvoll. Dieser Weg wurde beispielsweise von

---

131 Vgl. Helbling (Due-Diligence-Review), S. 159; Botta (Due Diligence), S. 277. Vgl. aber die etwas differenziertere Sichtweise bei Helbling (Absicherungsstrategien), S. 169. Helbling sieht dabei neben der Due Diligence noch weitere Absicherungsstrategien, wie etwa die verzögerte Kaufpreisfestsetzung oder Gewährleistungen vor. Diese werden in der nachfolgend darzustellenden Prozesskonzeption berücksichtigt.

132 Vgl. Wegmann/Koch (Due Diligence), S. 1027

133 Berens/Schmitting/Strauch (Due Diligence), S. 72

134 Botta versucht diesen Mangel dadurch zu beheben, dass die Due Diligence auf den gesamten Akquisitionsprozess ausgedehnt wird, wobei allerdings unklar bleibt, welche spezifischen Schritte und Funktionen hierbei die Due Diligence im Unterschied zum gesamten Akquisitionsprozess auszeichnen. Vgl. Botta (Due Diligence), S. 281

Ernst/Thümmel[135] eingeschlagen. Sie fordern auf Basis relativ stark vereinfachter Prozessmodelle eine **Parallelisierung von Risikomanagementprozess und M&A-Prozess** auf drei Stufen: Während im Rahmen der Managementplanung und Unternehmensbewertung eine Rationalitätsgenerierung erfolgt, soll die Due Diligence eine Rationalitätsprüfung leisten. Abschließend ist es Aufgabe der Vertragsverhandlungen, eine Rationalitätsabsicherung zu erreichen. Auch wenn der Ansatz von Ernst/Thümmel als Schritt in die richtige Richtung angesehen werden kann, so vermag dieser jedoch nicht das gesamte Leistungspotential eines akquisitionsbegleitenden Risikomanagements auszuschöpfen. Zum einen übersehen Ernst/Thümmel aufgrund ihres Fokus auf Informationsrisiken die wesentlichen Handlungsrisiken von M&A-Prozessen,[136] insbesondere die mit der Integration verbundenen Integrationsrisiken. Zum zweiten führt diese verengte Perspektive dazu, dass die gesamte Integrationsphase außer Acht bleibt, in der aber aufgrund der angesprochenen Integrationsrisiken ein wesentlicher Teil des akquisitionsbegleitenden Risikomanagements stattfinden sollte.

Aus diesem Grund wird im Folgenden eine umfassendere und zugleich differenziertere Strukturierung des Risikomanagements im Akquisitionsprozess auf Basis der beiden in den vorangehenden Kapiteln dargestellten Prozessentwürfe erarbeitet.

2.3.2. Prozessarchitektur für ein akquisitionsbegleitendes Risikomanagement

Zunächst sind hierzu systematisch die wesentlichen **Beziehungen zwischen Akquisitionsmanagement** (Hauptprozess) **und Risikomanagement** (unterstützender Prozess) herauszuarbeiten. Ähnlich wie bei Ernst/Thümmel kann eine *schwerpunktmäßige* Zuordnung der einzelnen Risikomanagementfunktionen zu einzelnen Abschnitten des Akquisitionsprozesses vorgenommen werden. Diese Schwerpunktsetzung ist notwendig, da nicht alle denkbaren

---

135 Vgl. zum Folgenden Ernst/Thümmel (M&A-Transaktionen), S. 667f.

136 Vgl. Ernst/Thümmel (M&A-Transaktionen), S. 665f.

Verzweigungen und Anschlussmöglichkeiten zwischen den beiden Prozessen in die Konzeption aufgenommen werden können.[137]

Beziehungen zwischen Risikomanagement- und Akquisitionsprozess

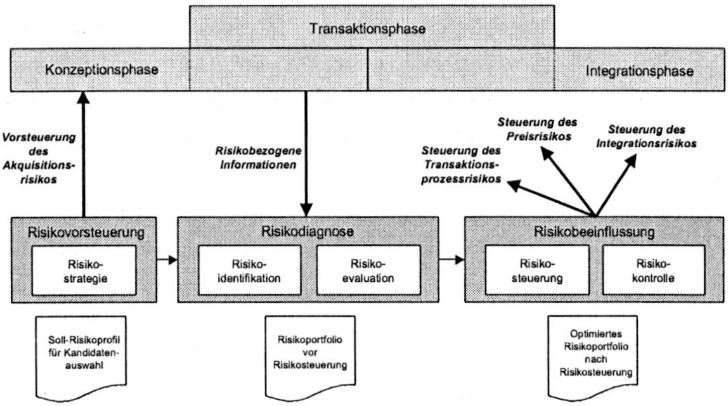

Abb. 16 - Quelle: Eigene Abbildung

Wie in der Abbildung dargestellt, beginnt der Beitrag des Risikomanagements zum Akquisitionsmanagement bereits in der Konzeptionsphase. In dieser Planungsphase sollte im Rahmen einer **Risikostrategie**, die als Bestandteil der Akquisitionsstrategie aufzufassen ist, eine Risiko*vor*steuerung erfolgen. Die Vorsteuerung des Akquisitionsrisikos wird durch konkrete Vorgaben für das Soll-Profil des Akquisitionsobjekts realisiert. Die Vorgaben haben maßgeblichen Einfluss auf die strategische Ausrichtung der Akquisition sowie die Auswahl der Zielgesellschaft.

Im ersten Abschnitt der Transaktionsphase ist sodann eine detaillierte Risikodiagnose durchzuführen. Um eine systematische **Risikoidentifikation** und eine möglichst genaue quantitative sowie qualitative **Risikoevaluation** zu ermöglichen, ist ein intensiver Informationsfluss erforderlich, der vom Beginn der

137 Die zu entwickelnde Prozesskonzeption offenbart an dieser Stelle ihren unvermeidlich *heuristischen* Charakter, da nur durch Reduktion von Komplexität auf ein handhabbares Maß die Chance besteht, eine vertretbare Lösung zu finden. Vgl. zur methodischen Begründung dieser heuristischen Modellierung des Risikomanagements Imboden (Risikohandhabung), S. 173-183 bzw. zur generellen Notwendigkeit der Komplexitätsreduktion im Rahmen der Systembildung Luhmann (Zweckbegriff), S. 175-179

Such- und Auswahlphase bis hin zur Due Diligence reicht. Ziel der Risikodiagnose ist die Aufbereitung der risikobezogenen Informationen in einem Risikoportfolio für die betrachtete Unternehmensakquisition, das als wesentliche Entscheidungsgrundlage für die folgenden Schritte dienen kann.

Im Anschluss kann in der entscheidenden Schlussphase der Transaktionsphase sowie in der Integrationsphase die Ableitung und Durchführung eines Maßnahmen-Mix zur **Risikosteuerung** erfolgen, um sämtliche bereits vorgestellten Komponenten des Akquisitionsrisikos (Transaktionsprozessrisiko, Preisrisiko, Integrationsrisiko) gezielt zu beeinflussen.

Als Hebel für die Risikosteuerung können im Prinzip alle im Rahmen des Akquisitionsmanagements zu treffenden Entscheidungen angesehen werden, die erheblichen Einfluss auf den Akquisitionserfolg haben. Diese Entscheidungen können grob in folgende vier Entscheidungs- und damit Risikosteuerungskomplexe unterteilt werden:

- **Transaktionsprozesssteuerung**: Bereits mit Eintritt in die Transaktionsphase ist der Käufer nicht unerheblichen Risiken ausgesetzt. Diesen ist mit prozessbezogenen Entscheidungen zu begegnen: Fortsetzung versus Abbruch der Transaktion, Regelung der Geheimhaltungserfordernisse, Bewältigung des Zeitdrucks, etc.

- **Angebotspreisfindung:** Durch die Ermittlung des Grenzpreises auf Basis der strategischen Unternehmensbewertung wird das Preisrisiko gesteuert.

- **Vertragsgestaltung:** Hier ist die Entscheidung über wesentliche Vertragsparameter zu treffen, anhand derer das Preis- und Integrationsrisiko vermindert werden kann (z.B. Verzögerte Kaufpreisbestimmung, Garantien und Zusicherungen).

- **Integrationsplanung und –management:** Im Integrationsprozess sind bei der Übernahme der Geschäfte sowie der Realisierung der Akquisitionsstrategie vielfältige Entscheidungen zu treffen. Im Rahmen dieser Post-Merger-Integration sind insbesondere auch die Integrationsrisiken zu steuern (z.B. Auswahl der Unternehmensleitung nach der Übernahme, organisatorische und kulturelle Integration, etc.).

Die Umsetzung der risikosteuernden Maßnahmen auf diesen vier Ebenen schlägt sich schließlich in einem optimierten Risikoportfolio nieder.

Die Aufgabe der **Risikokontrolle** in diesem Zusammenhang besteht darin, die Effizienz und Effektivität der Risikosteuerung zu überwachen, um die angestrebten Verbesserungen des Risikoportfolios zu erreichen.

Der Detailablauf des Risikomanagements im Akquisitionsprozess kann zusammenfassend wie folgt dargestellt werden:

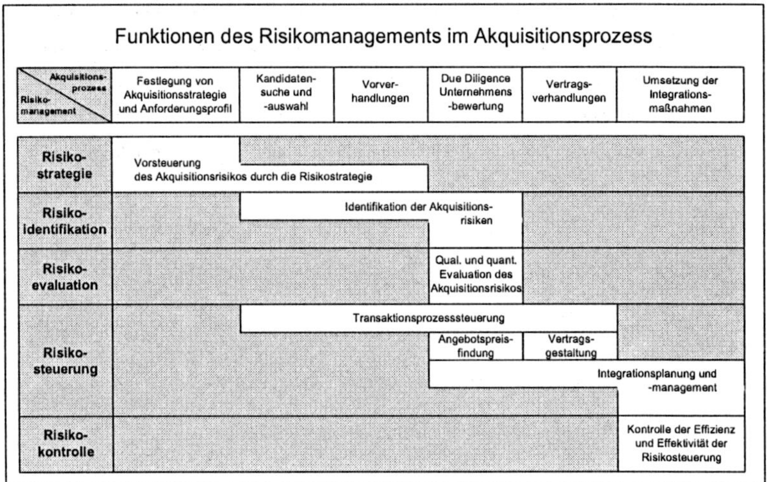

Abb. 17 - Quelle: Eigene Abbildung

III. Instrumentarium eines akquisitionsbegleitenden Risikomanagements

Im Folgenden werden wesentliche Elemente eines Instrumentariums für das Risikomanagement im Akquisitionsprozess auf Basis der soeben aufgezeigten Prozesskonzeption entwickelt. Hierbei ist unvermeidbar eine Auswahl aus der Fülle in der Literatur beschriebener Instrumente vorzunehmen. Das Augenmerk wird deshalb in stärkerem Maße auf die Vernetzung zu einem Instrumentarium gelegt, in das verschiedene weitere Ansätze eingeordnet werden können. Eine besondere Rolle bei der Integration der Ansätze spielt das Risikotableau[138], das gleichsam das informatorische Fundament für die Anwendung der unterschiedlichen Methoden darstellt.

1. Konzeptions- und Analysephase – Entwurf einer wertorientierten Akquisitionsstrategie

In der Anfangsphase eines Akquisitionsprozesses ist eine Risikostrategie als Bestandteil der Akquisitionsstrategie auszuarbeiten. Diese ermöglicht sowohl im Rahmen der Konzeptions- und Analysephase als auch bei der Kandidatensuche und -auswahl eine mit den Zielsetzungen des Unternehmens konforme Vorsteuerung des Akquisitionsrisikos, noch bevor durch den Erstkontakt zur Zielgesellschaft der Eintritt in die eigentliche Transaktionsphase vollzogen wird.

1.1. Die Risikostrategie als Bestandteil der Akquisitionsstrategie

Die Orientierung der Akquisitionsstrategie an übergeordneten risikopolitischen Grundsätzen des akquirierenden Unternehmens versteht sich nicht von selbst, da im Rahmen von M&A-Prozessen stets die Gefahr besteht, dass die für das operative Alltagsgeschäft wohl etablierten Regelungen und Strukturen des Risikomanagements ignoriert werden.

Diese Gefahr resultiert insbesondere aus dem Vorliegen folgender Bedingungen: Der Unternehmenskauf stellt meist einen eher selten stattfindenden und außerhalb der üblichen Geschäftsroutine ablaufenden Prozess dar.

---

138 Vgl. hierzu insbesondere die Ausführungen in den Kapiteln 2.3 u. 2.4.

Der Prozess unterliegt besonders in der Anfangsphase oftmals höchsten Geheimhaltungsanforderungen und wird deshalb auf höchster Ebene mit möglichst wenigen „Eingeweihten" betrieben. Da sich Kaufgelegenheiten häufig ungeplant ergeben und auch nur kurzfristig bestehen, ist eine schnelle und flexible Entscheidungsfindung von zentraler Bedeutung.

Aus diesem Grund soll in den folgenden Kapiteln aufgezeigt werden, wie trotz dieser offensichtlichen Schwierigkeiten in wenigen Schritten eine wirksame Anbindung des Akquisitionsprozesses an die risikopolitischen Grundsätze sowie eine effektive Vorsteuerung des Akquisitionsrisikos gewährleistet werden kann.

Vorab ist jedoch kurz zu präzisieren, worin genau die **Aufgabe der Risikostrategie** im Rahmen des Akquisitionsmanagement bestehen sollte.

Die Risikostrategie bildet die Gesamtheit aller strategischen Vorgaben zur Handhabung der Risiken.[139] Diese beinhaltet insbesondere Aussagen zum Chancen/Risiko-Profil, das im Rahmen der Gesamtunternehmensstrategie angestrebt wird. [140] Dabei ist festzulegen, inwieweit Risiken eingegangen werden sollen, um unternehmerische Chancen zu realisieren. Tendenziell gilt, je höher die Chancen einer strategischen Option sind, desto höher sind auch die mit der Option verbundenen Risiken.[141]

Bezogen auf die Akquisitionstätigkeit ist zunächst klar, dass die Minimierung von Akquisitionsrisiken[142] kein sinnvolles risikostrategisches Ziel darstellen kann, da Akquisitionen per se riskant sind. Auch ein gänzlicher Verzicht auf das strategische Mittel der Unternehmensakquisition scheidet im Regelfall als risikostrategischer Grundsatz aus, da hierdurch a priori wesentliche strategische Entwicklungsmöglichkeiten ausgeschlossen werden, die durch andere Maßnahmen unter Umständen so nicht erreichbar wären.

Die Aufgabe der Risikostrategie in der Konzeptions- und Analysephase einer Akquisition ist also darin zu sehen, dass „nicht die Minimierung der Risiko-

---

139 Vgl. Lück (Risikomanagementsystem), S. 1926; Scharpf (Sorgfaltspflichten), S. 740

140 Vgl. Weber/Weißenberger/Liekweg (Risk Tracking), S. 16. Vgl. zur Notwendigkeit einer Einbindung der Risikostrategie in die Unternehmensstrategie auch Scharpf/Luz (Risikomanagement), S. 77; Lück (Risikomanagementsystem), S. 1926

141 Vgl. Vogler/Gundert (Risikomanagementsysteme), S. 2379; Scharpf/Luz (Risikomanagement), S. 123

142 Vgl. etwa den Beitrag von Schein/Schilling: „Balanced Scorecard: Minimierung von Akquisitionsrisiken." Vgl. Schein/Schilling (Akquisitionsrisiken)

positionen, sondern die **Optimierung des Chancen-Risiko-Profils** im Vordergrund steht."[143]

Die Erarbeitung einer so verstandenen Risikostrategie im Rahmen des Akquisitionsmanagements zerfällt in zwei Aufgabenbereiche, die in folgendem Ablaufdiagramm dargestellt sind:

Risikostrategische Weichenstellungen in der Konzeptionsphase der Akquisition

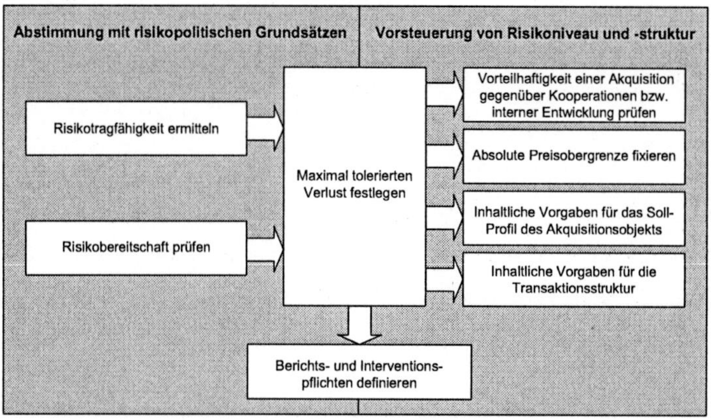

Abb. 18 - Quelle: Eigene Abbildung

Bei der Entwicklung der Akquisitionsstrategie ist die Anwendung der risikopolitischen Grundsätze bzw. Leitlinien, die auf der Gesamtunternehmensebene festgelegt werden, zu gewährleisten. Hierauf aufbauend können zur Vorsteuerung von Risikoniveau und -struktur der Unternehmensakquisition konkrete risikostrategische Vorgaben gemacht werden.

143 Füser/Gleißner/Meier (Risikomanagement), S. 757

1.2. Abstimmung der Akquisitionsstrategie mit den risikopolitischen Grundsätzen

Der Grundgedanke einer risikobewussten Akquisitionsstrategie könnte wie folgt lauten: Strategische Entwicklungschancen aus potentiellen Akquisitionen dürfen nur unter der Bedingung weiterverfolgt werden, dass die akquisitionsbedingten Risiken einerseits finanziell tragbar sind und andererseits mit den subjektiven Risikopräferenzen der Entscheidungsträger des akquirierenden Unternehmens im Einklang stehen.

In praktischer Hinsicht wird diese Nebenbedingung der Akquisitionsentscheidung durch die Vorgabe einer maximalen Verlustschwelle in Abhängigkeit von der gegebenen Risikotragfähigkeit und Risikobereitschaft umgesetzt.[144]

1.2.1. Ermittlung der Risikotragfähigkeit

Die Risikotragfähigkeit kann als die Fähigkeit des Unternehmens bezeichnet werden, Verluste tragen zu können, ohne insolvent zu werden.[145] Um sicherzustellen, dass sich ein Unternehmen die eventuell entstehenden Verluste einer Akquisition leisten kann, ist vorab ein **Risikotragfähigkeitskalkül** anzustellen. Bei diesem wird der Schwellenwert gesucht, auf den sich das gesamte selbst zu tragende Risikopotential der Unternehmensakquisition maximal belaufen darf, damit es gerade noch durch das für die Akquisition verfügbare Risikodeckungspotential abgedeckt werden kann (Abb. 19).[146]

---

144 Vgl. Scharpf/Luz (Risikomanagement), S. 78; Willner (Erfolgssteuerung), S. 35; Schierenbeck (Bankmanagement), S. 1

145 Baetge/Jerschensky (Frühwarnsysteme), S. 171

146 Vgl. zu dieser Gleichgewichtsbedingung Schierenbeck (Bankmanagement), S. 1f. und S. 48-62 sowie Füser/Gleißner/Meier (Risikomanagement), S. 757

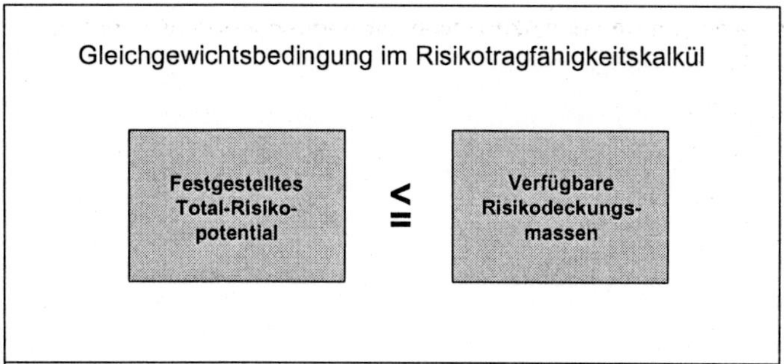

Abb. 19 - Quelle: Schierenbeck (Bankmanagement), S. 49

Die entscheidende Tätigkeit im Rahmen des Risikotragfähigkeitskalküls besteht demnach zunächst darin, den Anteil der insgesamt zur Verfügung stehenden Risikodeckungsmasse[147] zu bestimmen, der bereits zur Abdeckung derjenigen Risiken „verbraucht" ist, die *unabhängig* von der Akquisition bestehen. Denn nur die darüber hinaus verbleibende Risikodeckungsmasse bildet dann das maximal tragbare Risikopotential der Akquisition.[148]

1.2.2. Prüfung der Risikobereitschaft

Nachdem die Risikotragfähigkeit bestimmt ist, stellt sich die Frage, ob und inwieweit diese vorhandene Risikotragfähigkeit im Rahmen des gegebenen Akquisitionsvorhabens ausgereizt werden soll. Die Beantwortung dieser Frage hängt von der Risikobereitschaft der Unternehmensführung ab, in deren originären Verantwortungsbereich die Erstellung der Risikostrategie fällt.[149] Die letztendliche Entscheidung über den Anteil des Kapitals, der als Risikokapital eingesetzt werden soll, beinhaltet immer eine unausweichlich *subjektive*

147 Vgl. zur Abgrenzung der Risikodeckungsmassen die unterschiedlichen Eigenkapitalbegriffe bei Schierenbeck (Bankmanagement), S. 50-54

148 Flankierend zu dem soeben aufgezeigten quantitativen Risikotragfähigkeitskalkül kann eine eher qualitative Beurteilung des akzeptablen Risikograds anhand folgender drei Kriterien durchgeführt werden: Höhe des Ressourceneinsatzes, Länge des pay-back-Zeitraums, Einseitigkeit der Ressourcenbindung. Vgl. Peemöller (Controlling), S. 136; Jung (Unternehmenskauf), S. 11; Tilles (Strategy), S. 118

149 Vgl. Vogler/Gundert (Risikomanagementsysteme), S. 2379; Weber/Weißenberger/Liekweg (Risk Tracking), S. 16

Komponente,[150] da die Risikoneigung der Entscheidungsträger einen wesentlichen Bestandteil des Wertsystems der Unternehmensführung darstellt.[151]

1.2.3. Festlegung des maximal tolerierten Verlusts

Auf Basis der gegebenen Risikotragfähigkeit sowie Risikobereitschaft ergibt sich die Festlegung eines Grenzwertes für den maximal zulässigen Verlust.[152] Diese zwingende Vorgabe einer Verlustobergrenze bildet den „Dreh- und Angelpunkt" der Risikostrategie im Rahmen des Akquisitionsprozesses. Denn zum einen wird durch diese konkrete monetäre Vorgabe der schwierige Balanceakt zwischen Ertrags- und Sicherheitsorientierung vollzogen.[153] Zum anderen beruhen alle nachfolgenden risikostrategischen Vorgaben auf diesem zentralen Schwellenwert.

1.2.4. Definition von Berichts- und Interventionspflichten

Die frühzeitige Kommunikation von Risiken bildet eine wesentliche Voraussetzung für eine funktionierende Transaktionsprozesssteuerung. In Abhängigkeit vom maximalen Verlust können durch die Unternehmensleitung Schwellenwerte definiert werden, die für die Einrichtung effizienter **risikobezogener Reportingstrukturen** im Akquisitionsprozess herangezogen werden.

Die Vorgabe von Schwellenwerten für das akquisitionsbegleitende Reporting kann auf Basis eines dreistufigen Filtersystems nach Vogler/Gundert erfolgen, das zwischen relevanten, wesentlichen und berichtspflichtigen Risiken unterscheidet (Abb. 20).[154]

---

150 Vgl. Willner (Erfolgssteuerung), S. 35

151 Vgl. Peemöller (Controlling), S. 115f.

152 Vgl. Kromschröder/Lück (Grundsätze), S. 1575; Lück (Risikomanagementsystem), S. 1926; Weber/Weißenberger/Liekweg (Risk Tracking), S. 17

153 Vgl. Weitekamp (Risikomanagement), S. 1760

154 Vgl. zum Folgenden Vogler/Gundert (Risikomanagementsysteme), S. 2381

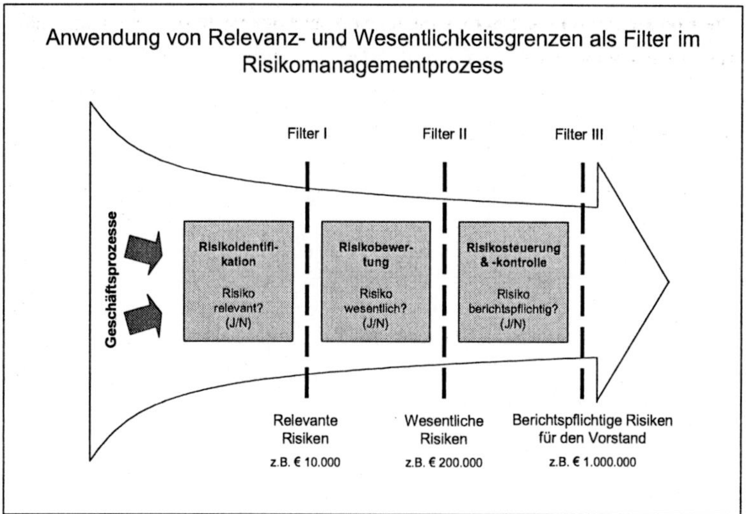

Abb. 20 - Quelle: In Anlehnung an Vogler/Gundert (Risikomanagementsysteme), S. 2381

Im Rahmen der Risikoidentifikation werden zunächst aus der Gesamtheit aller erkennbaren Risiken sämtliche **relevante Risiken** gefiltert. Nur diejenigen Risiken, die den vorab als Relevanzkriterium bestimmten Schwellenwert überschreiten, werden einer detaillierteren Risikobewertung unterzogen. Auf Basis der Risikobewertung wird sodann entschieden, ob die bewerteten Risiken als **wesentliche Risiken** eingestuft und an die nächsthöhere Entscheidungsebene berichtet werden. Die Risiken, die darüber hinaus **berichtspflichtige Risiken** darstellen, werden unverzüglich dem Vorstand gemeldet.

Zusätzlich zu dieser regulären Berichterstattung sollte das Instrument einer **Sofortberichterstattung** für bedeutende und unerwartete Risiken vorgesehen werden.[155] Hierbei ist im Falle gravierender Risiken – insbesondere bei Vorliegen eines potentiellen „Deal breaker“[156] – eine Umgehung der soeben aufgezeigten Berichtswege zu ermöglichen, um eine sofortige Unterrichtung der Unternehmensleitung zu gewährleisten.

155 Vgl. Vogler/Gundert (Risikomanagementsysteme), S. 2382

156 Vgl. hierzu auch die Ausführungen zur Transaktionsprozesssteuerung unter Punkt 2.1.2.

Mit Hilfe einer derartigen Festlegung von Berichtspflichten auf Basis von Wesentlichkeitsgrenzen kann die Unternehmensleitung somit während des gesamten Akquisitionsprozesses sicherstellen, dass sie über die wesentlichen Risiken zügig und umfassend in Kenntnis gesetzt wird, ohne jedoch mit einer unüberschaubaren Informationsflut belastet zu werden.[157]

Allerdings reicht der Aufbau von Reportingstrukturen nicht aus. Denn für sich alleine genommen ist in dem Modell von Vogler/Gundert nicht hinreichend konkretisiert, welche Anschlusshandlungen zur Handhabung der Risiken bei Erreichen der Schwellenwerte ausgelöst werden und wer hierfür im einzelnen verantwortlich ist.

Deshalb sind spiegelbildlich zu den Berichtspflichten auch entsprechende **Interventionspflichten und Verantwortlichkeiten** zu definieren.[158] Nach erfolgter Identifikation und Kommunikation der Risiken müssen durch ablauforganisatorische Regelungen Folgehandlungen zur Steuerung und Überwachung der Risiken angestoßen werden.[159] Eine mögliche Ausgestaltung dieser Regelungen haben Weber/Weißenberger/Liekweg exemplarisch für den Fall einer Aktiengesellschaft dargestellt (Abb. 21), wobei bei der Übertragung des Ablaufmodells auf das Akquisitionsmanagement gewisse Vereinfachungen angebracht erscheinen, da die Verantwortung nicht auf zu viele Köpfe verteilt werden sollte.

157 Vgl. zu dieser informationsökonomischen Funktion des „Materiality“-Grundsatzes Ossadnik (Materiality), S. 617f.

158 Prinzipiell wäre hierfür auch die Einrichtung eines differenzierten *Limitsystems*, das vor allem im Finanzbereich vorzufinden ist, denkbar. Im Rahmen eines derartigen Limitsystems könnte das maximal zulässige Gesamtlimit auf unterschiedliche Risikokategorien verteilt werden. Vgl. etwa Scharpf/Luz (Risikomanagement), S. 167; Kendall (Risk Management), S. 97; Willner (Erfolgssteuerung), S. 35-42. Die Anwendbarkeit von Limitsystemen bei Akquisitionsprozessen ist allerdings sehr eingeschränkt, weil aufgrund der Komplexität und Einzigartigkeit strategischer Unternehmensakquisitionen die Risikokategorien vorab nicht bekannt sind und sich erst im Lauf des Akquisitionsprozesses sukzessive konkretisieren.

159 Vgl. Scharpf/Luz (Risikomanagement), S. 170; Keitsch (Risikomanagement), S. 68; Lück (Risikomanagementsystem), S.1926; Brebeck/Herrmann (Frühwarnsystem), S. 386

Verantwortlichkeiten und Interventionspflichten für die Risikosteuerung und -überwachung

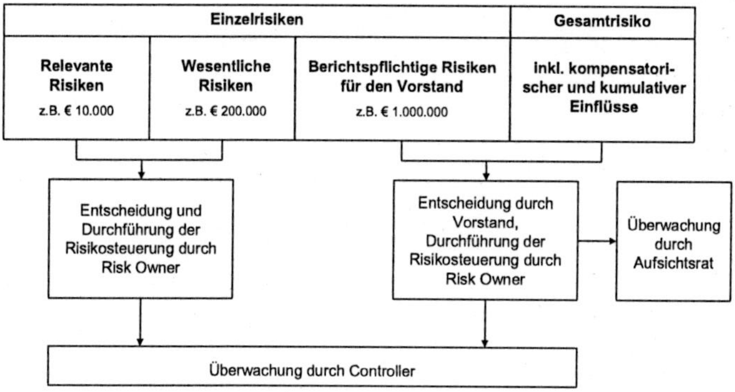

Abb. 21 - Quelle: Vereinfachte Darstellung in Anlehnung an Weber/Weißenberger/Liekweg (Risk Tracking), S. 20

Für die praktische Umsetzung der Schwellenwerte im Rahmen der Risikostrategie ist die **Auswahl geeigneter Steuerungsgrößen** von großer Bedeutung. Dabei kommen in erster Linie quantitative Größen des Risikos in absoluter Form (z.B. Value at risk, Schadenserwartungswerte) bzw. in relativer Form (z.B. 10% des operating profit) in Betracht.[160] Für akquisitionsbezogene Schwellenwerte sind insbesondere Größen mit direktem Shareholder Value-Bezug von Bedeutung, die im Einklang mit den im Rahmen der Unternehmensbewertung verwendeten Verfahren stehen, da sich hierdurch die potentiellen Auswirkungen auf den Unternehmenswert direkt abschätzen lassen.[161]
Ergänzend sollten auch nicht-monetäre Größen bei der Definition der Schwellenwerte Verwendung finden.[162] Diese dürften gerade für das Risikomanagement im Akquisitionsprozess eine wichtige Rolle spielen, da hier oft nur schwer quantifizierbare, aber dennoch entscheidende Risiken vorliegen, die auf diese Weise mit der erforderlichen Priorität behandelt werden können (z.B.

160 Vgl. Vogler/Gundert (Risikomanagementsysteme), S. 2381

161 Vgl. hierzu die Ausführungen in Kapitel III.2.3. Risikoevaluation

162 Vgl. Weber/Weißenberger/Liekweg (Risk Tracking), S. 17

Höhe der Personalfluktuation zur Einschätzung des Risikos, dass wichtige Mitarbeiter das Unternehmen verlassen).

1.3. Vorsteuerung von Risikoniveau und –struktur im Rahmen der Akquisitionsstrategie

Ausgangspunkt der folgenden Ausführungen bildet der Grundgedanke, dass durch die Wahl einer bestimmten Akquisitionsstrategie bereits weitgehend das Risikoniveau bestimmt und eine maßgebliche Vorprägung der gesamten Risikostruktur der Unternehmensakquisition vorgenommen wird. Daher ist es von zentraler Bedeutung, dass bereits bei der Wahl einer Akquisitionsstrategie sowie bei der Kandidatensuche die Implikationen für das Akquisitionsrisiko nicht nur mitbedacht, sondern auch durch risikostrategische Vorgaben bewusst (vor-) gesteuert werden.

1.3.1. Prüfung der Vorteilhaftigkeit einer Akquisition gegenüber Kooperationen bzw. interner Entwicklung

Eine Akquisition stellt keine isolierte Einzelmaßnahme dar. Sie entspricht vielmehr einer Portfolioveränderung,[163] die in den Gesamtkontext der Unternehmensstrategie eingebunden ist. Akquisitionen sind aus diesem Grund immer im Zusammenhang mit der gesamten Planung des zukünftig angestrebten Geschäftsfeldportfolios zu betrachten. Eine wesentliche Rolle im Rahmen der Akquisitionsüberlegungen auf Unternehmensebene spielt die Analyse der eigenen strategischen Erfolgspositionen[164] bzw. -potentiale[165] sowie der bestehenden strategischen Lücken[166], die wiederum potentielle „M&A-Bedarfe“[167] signalisieren.

Angesichts der vorher definierten maximalen Verlustschwelle besteht nun eine erste risikostrategische Vorgabe darin, dass vor einer endgültigen Festlegung auf eine Akquisition stets geprüft werden sollte, ob das angestrebte Portfolio an

---

163 Vgl. Hungenberg (Strategisches Management), S. 361

164 Vgl. Gomez/Weber (Akquisitionsstrategie), S. 19; Pümpin (Strategische Erfolgspositionen), S. 28-39

165 Vgl. Mann (Controlling), S. 106f., Mann (Praxis), S. 56f.

166 Vgl. Kreikebaum (Potentialanalyse), S. 259 u. 269

167 Vgl. Jansen (Mergers &Acquisitions), S. 159-161

Geschäftsfeldern nicht durch andere, **funktional äquivalente Entwicklungsoptionen** realisiert werden kann, die eine insgesamt günstigere Risikostruktur aufweisen.[168]

Als Alternativen zur Akquisition stehen grundsätzlich Kooperationen in unterschiedlichen Ausprägungen sowie eine interne Entwicklung von Geschäftsfeldern zur Verfügung.[169] Hinsichtlich der Entscheidung zwischen diesen unterschiedlichen Formen der Unternehmensentwicklung finden sich in der Literatur oftmals generelle Aussagen über Vor- und Nachteile der einzelnen Handlungsoptionen bezüglich der drei Kriterien Zeit, Kosten und Risiko.

So wird mit Blick auf das Kriterium **Zeit** häufig eine Akquisition gegenüber der internen Entwicklung die vorteilhaftere Variante darstellen, weil in kürzester Zeit erhebliches Wachstum generiert werden kann.[170]

Für das Kriterium **Kosten** ist die Sachlage jedoch sehr viel weniger eindeutig. Gomez/Weber sehen die interne Entwicklung generell als die günstigere Alternative an.[171] Dieser Aussage kann aber in dieser Form nicht gefolgt werden.[172] Denn im Fall einer Akquisition ist zwar oftmals eine beträchtliche Übernahmeprämie zu bezahlen, allerdings kann aber auch sehr viel früher mit positiven Mittelrückflüssen aus der Investition gerechnet werden. Hinzu kommt, dass im Falle einer Eigenentwicklung aufgrund der langen Entwicklungszeiten mit oftmals ungewissem Ausgang und der erforderlichen Überwindung hoher Markteintrittsbarrieren nicht unerhebliche Kosten entstehen können.

Bezüglich dem Kriterium **Risiko** wird oftmals argumentiert, dass bei Unternehmenszusammenschlüssen mit zunehmender Bindungsintensität auch das Risiko steigt, da sich die Möglichkeit zur Risikoteilung mit anderen Eigentümern zunehmend verringert:[173]

---

168 Vgl. in diesem Sinne auch Hungenberg (Strategisches Management), S. 362

169 Vgl. hierzu die Ausführungen im Kapitel II.1.1.

170 Vgl. beispielsweise Huemer (Mergers & Acquisitions), S. 225; Ansoff (Strategy), S. 135; Gomez/Weber (Akquisitionsstrategie), S. 15; Sieben/Sielaff (Unternehmensakquisition), S. 14

171 Vgl. Gomez/Weber (Akquisitionsstrategie), S. 15

172 Vgl. hierzu auch die Argumentation bei Ansoff (Strategy), S. 133f.

173 Vgl. Sieben/Sielaff (Unternehmensakquisition), S. 16. Auch Ernst/Halevy führen die an den Aktienmärkten beobachtbare Bevorzugung von Allianzen gegenüber Übernahmen auf das reduzierte Risiko von Allianzen zurück. Vgl. Ernst/Halevy (Alliance), S. 50

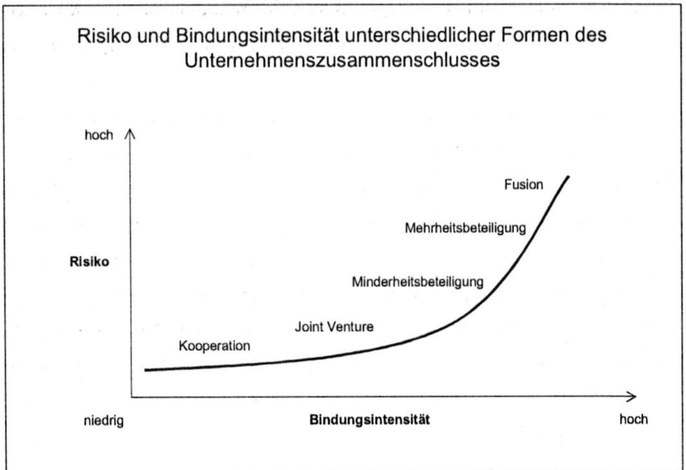

Abb. 22 - Quelle: In Anlehnung an Gösche (Mergers & Acquisitions), S. 24

Auch dieser Zusammenhang ist wohl nur als Tendenzaussage zu verstehen. Denn gerade Kooperationen unterliegen einem nicht zu unterschätzenden Risiko, weil bei dieser Variante im Gegensatz zur Akquisition normalerweise keine eindeutige Beherrschungsmöglichkeit über das Kooperationsobjekt besteht. Deshalb kann es leicht zu schwierigen Koordinationsproblemen und unüberwindbaren Interessenkonflikten zwischen den Kooperationspartnern kommen.[174] Auch die Eigenentwicklung weist einen schwerwiegenden, strukturell bedingten Risikofaktor auf: Im Gegensatz zur Akquisition, bei der bestehende Kapazitäten übernommen werden, schafft eine interne Entwicklung neue Kapazitäten, was aufgrund des erhöhten Angebots zu einem verschärften Auslastungs- und Wettbewerbsdruck führt.[175] Der Aufbau neuer Kapazitäten wird folglich insbesondere in einer Branche mit hohen Fixkosten und einem gesättigten oder stagnierenden Markt zu intensiven Gegenreaktionen der Konkurrenten führen.[176]

---

174 Vgl. Hungenberg (Strategisches Management), S. 362; Jansen (Mergers & Acquisitions), S. 145

175 Vgl. Huemer (Mergers & Acquisitions), S. 225

176 Vgl. Porter (Wettbewerbsstrategie), S. 425

Als Zwischenergebnis ist festzuhalten, dass das Urteil über das relative Risiko der Alternativen nur im Einzelfall anhand konkreter Optionen überprüft werden kann. Sobald jedoch unter Berücksichtigung der oben genannten Kriterien die Kooperation bzw. Eigenentwicklung einen effizienteren Einsatz des begrenzten Risikokapitals ermöglicht, sollte auf diese Lösung ausgewichen werden.

Die Analyse der alternativen strategischen Handlungsmöglichkeiten erfüllt im Rahmen der Risikostrategie noch eine weitere Funktion. Bei der Prüfung der Vorteilhaftigkeit der Akquisition sollte nämlich besonderes Augenmerk darauf gelegt werden, inwieweit diese den zukünftigen strategischen und finanziellen Spielraum einschränkt bzw. vergrößert. Denn die nach Durchführung der Akquisition verbleibende **strategische und finanzielle Flexibilität** determiniert unmittelbar den Grad an Irreversibilität, der mit der Akquisitionsentscheidung verbunden ist.[177]

Aus Sicht des Risikomanagements ist hierbei zu prüfen, ob auch im Falle einer ungünstigen Entwicklung nach der Akquisition genügend Flexibilität erhalten bleibt, bzw. ob die Kooperationslösung oder Eigenentwicklung größere Gestaltungsmöglichkeiten im Krisenfall zulassen. Generell dürfte das Problem der Irreversibilität bei interner Entwicklung geringer sein, da hier ein schrittweiser Aufbau erfolgt und Fehlplanungen noch in einem frühen Stadium ohne hohe Austrittskosten revidierbar sind.[178] Unter diesem Blickwinkel könnte beispielsweise aber auch eine Minderheitsbeteiligung mit Option auf Aufstockung der Anteile eine bedenkenswerte Zwischenlösung zwischen Akquisition und Kooperation darstellen, da hier je nach Entwicklung des Engagements die Aufstockungsoption ausgeübt werden kann.[179] Allerdings ist die erhöhte Flexibilität dieser Lösung gegen die geringeren Einflussmöglichkeiten als Minderheitsgesellschafter sorgfältig abzuwägen.

Um diese angesprochene Problematik der strategischen Flexibilität unter dem Risikoaspekt im konkreten Anwendungsfall analytisch zu erfassen, sind für alle denkbaren Varianten mögliche **Exitstrategien** gedanklich durchzuspielen. Die Exitstrategien müssten angeben, welche weiteren Optionen in einem

---

177 Vgl. hierzu die Aussage von Dixit/Pindyck: „When a company exercises its option by making an irreversible investment, it effectively 'kills' the option". Dixit/Pindyck (Options Approach), S. 106 bzw. zu den Ursachen von Irreversibilität S. 107f.

178 Vgl. Kolbe (Unternehmensakquisitionen), S. 194

179 Vgl. Fischer (Minderheitsbeteiligungen), S. 110f. u. 115

„Katastrophenszenario" bestünden bzw. wie zu verfahren wäre, wenn sich die Unternehmensakquisition nachträglich als Fehlentscheidung erweisen würde.[180] Die Prüfung der Belastbarkeit der Akquisitionsstrategie sollte auch im Rahmen der Risikoevaluation fortgesetzt werden, indem hierfür ein gesondertes Bewertungsszenario durchgerechnet wird.[181]

1.3.2. Fixierung der absoluten Preisobergrenze

Ein zweiter essentieller Schritt im Rahmen der Risikovorsteuerung ist die Vorgabe einer *absoluten* Preisobergrenze.[182] Diese steht für den maximal zulässigen Kaufpreis, der gerade noch in Einklang mit der Risikotragfähigkeit sowie der Risikobereitschaft des erwerbenden Unternehmens ist. Sie gibt also an, was sich das erwerbende Unternehmen maximal leisten kann und will. Die absolute Preisobergrenze ist deshalb anhand des maximal tolerierten Verlusts zu bestimmen.[183]

Die Fixierung eines in keinem Fall zu überschreitenden Preislimits sollte unbedingt *vor Eintritt in die Verhandlungen* vorgenommen werden. Denn in der Transaktionsphase, zumal in einem kompetitiven Bieterverfahren, kann mit Hilfe dieses organisatorischen Disziplinierungsmechanismus verhindert werden, dass sich eine gefährliche Eigendynamik entwickelt,[184] in der sich die Preisgebote zunehmend von den harten ökonomischen Fakten entfernen und im schlimmsten Fall die finanziellen Möglichkeiten des Käufers übersteigen. Der

---

180 Z.B. Spin-off von Unternehmensteilen, die evtl. für einen anderen Eigentümer mehr wert sind, bzw. Teil- oder Gesamtliquidation. Vgl. hierzu auch Bühner/Spindler (Synergieerwartungen), S.606

181 Vgl. Kapitel III.2.3.4.2.

182 Vgl. Eccles/Lanes/Wilson (Acquisition), S. 145 ; Haspeslagh/Jemison (Akquisitionsmanagement), S. 67f.; Stallmann (Controlling), S. 195

183 Wichtig ist hierbei, dass diese absolute Preisobergrenze nicht mit dem Grenzpreis bzw. Entscheidungswert verwechselt wird, der im Rahmen der strategischen Unternehmensbewertung berechnet wird. Der Grenzpreis gibt an, wie viel maximal für ein bestimmtes Akquisitionsobjekt bezahlt werden darf, um auszuschließen, dass die Mittel für einen Zweck verwendet werden, der eine geringere Rendite verspricht als vergleichbare Anlagemöglichkeiten. Vgl. Peemöller (Unternehmensbewertung), S. 409. Diese Ermittlung des Grenzpreises erfolgt also vollkommen unabhängig von der Frage, ob sich der Käufer das Investitionsvolumen überhaupt leisten kann. Deshalb ist durch die gesonderte Vorgabe eines risikostrategisch begründeten Preislimits eine zusätzliche Sicherung einzubauen. Vgl. zur Berücksichtigung dieses Preislimits im Rahmen der Angebotspreisfindung Kap. III.2.4.2.1.

184 Vgl. Haspeslagh/Jemison (Akquisitionsmanagement), S. 67f.

Schaden eines überhöhten Kaufpreises kann auch bei einer an sich sinnvollen Akquisition dann in der Regel nicht mehr wettgemacht werden.[185]

Der Schaden eines überhöhten Preises resultiert zunächst aus dem eigentlichen *Akquisitionsrisiko*. Denn wie bereits dargelegt, steigt mit zunehmendem Preis auch die Messlatte für den Akquisitionserfolg. Über den Marktwert des Akquisitionsobjekts vor der Übernahme hinaus muss die zusätzlich bezahlte Übernahmeprämie durch Wertsteigerungen aus Restrukturierung, Synergien bzw. Teilveräußerungen verdient werden, bevor durch die Unternehmensakquisition überhaupt Wert geschaffen wird. Die in die Prämie eingebaute, zwingend erforderliche Mindestwertsteigerung[186] erreicht dabei sehr schnell unrealisierbare Höhen.[187] Daher ist der Misserfolg einer Akquisition bei Bezahlung eines überhöhten Preises nahezu vorprogrammiert.

Zum Akquisitionsrisiko kann kumulativ noch ein *Finanzierungsrisiko* treten, das die Gefahr eines Scheiterns des Akquisitionsprojekts zusätzlich erhöht. Wenn nämlich der Kaufpreis in den Verhandlungen so hoch getrieben wurde, dass er die eigenen finanziellen Möglichkeiten des erwerbenden Unternehmens übersteigt und ein erheblicher Anteil durch die Aufnahme von Fremdmitteln finanziert wird,[188] können bei Verlusten nach dem Zusammenschluss auch bislang gesunde Unternehmen in Schwierigkeiten geraten.[189] Dies gilt selbst dann, wenn sich die Akquisition langfristig rechnen sollte.

Aus diesen Gründen erscheint die Fixierung eines Höchstpreises und die dazugehörige Disziplin, an diesem ohne Abstriche festzuhalten, dringend erforderlich.[190]

In methodischer Hinsicht stellt sich dabei das Problem, wie eine derartige Preisobergrenze aus der vorab definierten Verlustobergrenze abgeleitet werden kann. Denn hierfür müsste entschieden werden, welchem Anteil des Kauf-

---

185 Vgl. Haspeslagh/Jemison (Akquisitionsmanagement), S. 67 sowie zur theoretischen Begründung der unmittelbaren Preisabhängigkeit des Akquisitionsrisikos Bretzke (Unternehmensbewertung), S. 157 bzw. Abb. 9 in dieser Arbeit.

186 Sirower spricht hier von „required performance improvements embedded in the premium." Sirower (Synergy Trap), S. 46f.

187 Vgl. beispielsweise die instruktiven Simulationsrechnungen bei Sirower (Synergy Trap), S. 57ff.

188 Vgl. zu dieser Gefahr eines "negativen Leverage-Effektes" bei teilweise fremdfinanzierten Akquisitionen Sieben/Sielaff (Unternehmensakquisition), S. 60

189 Vgl. Bühner/Spindler (Synergieerwartungen), S. 605f.

190 Vgl. zu dieser Forderung insbesondere Eccles/Lanes/Wilson (Acquisition), S. 138-140 sowie S. 145f.

preises ein sicherer Gegenwert gegenüber steht bzw. welcher Anteil des Kaufpreises bei einer Unternehmensakquisition auf dem Spiel steht.

Rappaport/Sirower[191] schlagen für diese Abschätzung den sogenannten **„Shareholder Value at Risk (SVAR)"** vor, der sich aus dem Quotienten von Übernahmeprämie, die für die Akquisition zu zahlen ist, und Marktwert des Käufers vor der Akquisition errechnet. Die Kennzahl soll nach Rappaport/Sirower angeben, wie viel Prozent des eigenen Unternehmenswerts der Käufer bei der Akquisition aufs Spiel setzt. Die Prämie wird als im voraus zu bezahlender Wetteinsatz einer „Synergie-Spekulation"[192] gesehen, wobei die Autoren bedenklicherweise dabei nicht problematisieren, dass die Realisierung des Marktwerts als solche auch Risiken unterliegt.

Folgt man diesem Risikomaßstab bei der Festlegung der Preisobergrenze, so würde dies bedeuten, dass die absolute Preisobergrenze aus der Addition von „sicherem" Marktwert und maximal zulässigem Verlust gewonnen werden kann, da ja scheinbar nur die Übernahmeprämie auf dem Spiel steht.

Diese Sichtweise ist nun allerdings – wie bereits im Kapitel II.1.3. ausführlich dargelegt wurde, geradezu irreführend, weil die Kennzahl durch einen extrem verengenden Fokus auf das Synergierisiko geprägt ist, und insofern keinen umfassenden Indikator des maximalen Verlusts einer Akquisition darstellen kann. Deshalb scheitert die Kennzahl auch an ihrem eigenen Anspruch, ein aussagekräftiger Ausdruck des „Shareholder Value at Risk" bei einer Akquisition zu sein.[193]

Die Kennzahl ignoriert schlichtweg, dass es unabhängig von der Erreichung der in der Prämie bereits eingerechneten Wertsteigerungen zunächst darum gehen

---

191 Vgl. Rappaport/Sirower (Stock or Cash), S. 156f.; Rappaport (Shareholder Value), S. 173

192 Rappaport (Shareholder Value), S. 172f.

193 Rappaport/Sirower bemerken diesen Mangel zwar, gehen aber mit folgender kurzen Bemerkung darüber hinweg: „Of course ... it's possible for acquirers to lose even more than their premium. In those cases, SVAR underestimates risk." Rappaport/Sirower (Stock or Cash), S. 157

muss, den Marktwert trotz der offensichtlichen Schwierigkeiten der Übernahmephase zu realisieren.[194]

Daher erhebt sich die Frage, wie ein Shareholder Value at Risk zu berechnen wäre, der diesen Mangel beseitigt. Hierfür kann auf die bereits dargelegten Wertbandbreiten zurückgegriffen werden.[195] Denn die **Wertuntergrenze** gibt den hier interessierenden „Sockelwert" an, der mit großer Wahrscheinlichkeit nicht unterschritten wird. Die Differenz aus dieser Wertuntergrenze und dem gezahlten Preis bezeichnet deshalb sehr viel genauer den maximal möglichen Akquisitionsverlust, da bei der Berechnung der Wertuntergrenze der Unsicherheit aller Wertkomponenten Rechung getragen wird. Die absolute Preisobergrenze ergibt sich dann aus dieser quasi-sicheren Wertuntergrenze des Akquisitionsobjekts plus dem maximal zulässigen Verlust.

In Abb. 23 sind in einer Beispielrechnung die soeben dargelegten Zusammenhänge für die Ableitung einer Preisobergrenze nochmals dargestellt. Man kann hieran deutlich erkennen, dass unterschiedliche Entscheidungen über die Beispielakquisition getroffen werden, je nach dem, ob sich der maximale Akquisitionsverlust auf die Prämie (SVAR nach Rappaport/Sirower) beschränkt oder anhand der Wertuntergrenze (SVAR*) bestimmt wird.

---

194 Dies dürfte aber nicht immer der Fall sein, wenn – um nur wenige Beispiele zu nennen – wichtige Mitarbeiter in Schlüsselpositionen während der Unsicherheit der Übergangsphase nicht gehalten werden können, ein unvorhergesehener Preiseinbruch aufgrund der heftigen Gegenwehr der Konkurrenz auf die Übernahme eintritt oder unerwartet Kunden, die mit dem Eigentümerwechsel nicht einverstanden sind, ihre Verträge kündigen. Besonders schwierig wird der Marktwert zu erreichen sein, wenn der Marktwert bedingt durch Übernahmegerüchte bereits weit über seinen „intrinsischen" Stand-Alone-Wert gestiegen ist und er etwaige Gewinne aus einer möglichen Übernahme antizipiert. Vgl. zum letztgenannten Argument Eccles/Lanes/Wilson (Acquisition), S. 140

195 Vgl. hierzu die Ausführungen zum strategischen Bewertungskalkül unter II.1.3.2.

Festsetzung einer absoluten Preisobergrenze anhand des Shareholder Value At Risk (SVAR)
- Beispielrechnung -

Ausgangsdaten			
Marktwert des Akquisitionsobjekts	40	Unternehmenswert des Käufers	200
Strategischer Unternehmenswert	60	Max. tolerierter Akquisitionsverlust	20
Wertober/-untergrenze	90 / 30		
Übernahmeprämie	15		
Kaufpreis	55		

SVAR nach Rappaport/Sirower		Alternativrechnung eines SVAR*	
Bestimmung des SVAR auf Basis der Prämie		**Bestimmung des SVAR* auf Basis der Wertuntergrenze**	
Maximaler Akquisitionsverlust	15	Maximaler Akquisitionsverlust	55 – 30 = 25
SVAR des Akquisitionsobjekts	15/200 = 7,5%	SVAR* des Akquisitionsobjekts	25/200 = 12,5%
Max. tolerierter SVAR ($SVAR_{max}$)	20/200 = 10,0%	Max. tolerierter SVAR* ($SVAR^*_{max}$)	20/200 = 10,0%
$SVAR < SVAR_{max}$		$SVAR^* > SVAR^*_{max}$	
Absolute Preisobergrenze (P_{max})	40 + 20 = 60	Absolute Preisobergrenze (P_{max})	30 + 20 = 50
Kaufpreis $< P_{max}$	55 < 60	Kaufpreis $> P_{max}$	55 > 50
=> Akquisition durchführen!		**=> Akquisition nicht durchführen!**	

Abb. 23 - Quelle: Eigene Abbildung, SVAR nach Rappaport/Sirower (Stock or Cash), S. 156

Als Ergebnis kann somit festgehalten werden, dass vor Eintritt in die Transaktionsphase unbedingt Klarheit darüber herrschen sollte, dass die Summe aus der im späteren Verlauf des Akquisitionsprozesses zu errechnenden Wertuntergrenze des Akquisitionsobjekts und dem maximal tolerierten Akquisitionsverlust die absolute Preisobergrenze für den Kaufpreis bildet.

1.3.3. Inhaltliche Vorgaben für das Soll-Profil des Akquisitionsobjekts

Nachdem die Entscheidung für die Akquisition als bevorzugte Form der Unternehmensentwicklung gefallen ist und mit der Festlegung eines maximalen Verlusts sowie der Preisobergrenze wesentliche Eckdaten für die Akquisition vorliegen, kann nunmehr die inhaltliche Ausrichtung der Unternehmensakquisition konkretisiert werden. Hilfreich ist hierbei die Definition eines Anforderungsprofils, das eine gezielte Suche und Auswahl geeigneter Akquisitionsobjekte ermöglicht.

Dem Risikomanagement kommt in diesem Zusammenhang die Aufgabe zu, alle für die Vorsteuerung des Akquisitionsrisikos relevanten Variablen zu identifizieren und entsprechende Vorgaben zu entwickeln, die in das Anforderungsprofil einzubinden sind. Diese Vorgehensweise ermöglicht, dass die wesentlichen Akquisitionsrisiken „sehenden" Auges eingegangen werden, und dass die später durchzuführende Risikoidentifikation auf dieser Strukturierung aufbauen kann.

1.3.3.1. Aufbau eines Anforderungsprofils

Das Anforderungsprofil stellt eine umfassende Charakterisierung des gesuchten Idealprofils dar und deckt dabei zugleich die strategische, finanzielle sowie organisatorische und kulturelle Dimension ab. Ein für die Kandidatensuche geeignetes Suchmodell bzw. „screening system" sollte nach Salter/Weinhold folgende vier Eigenschaften aufweisen:[196]

- Fokus auf das jeweilige Wertschöpfungspotential der Akquisitionskandidaten aus Sicht des Erwerbers
- Zuschnitt des Suchmodells auf die speziellen Bedürfnisse des Erwerbers, keine Anwendung von Standardchecklisten
- Leichte Anwendbarkeit und ausreichende Flexibilität, kein allzu formalisiertes („mechanisches") Selektionsverfahren
- Effektive Kommunikation zwischen den beteiligten Akteuren und Verständigung auf eine gemeinsame Akquisitionszielsetzung

Um diese Eigenschaften zu erfüllen, bietet es sich an, das Anforderungsprofil in zwei Bereiche zu gliedern: erstens ein Katalog mit Ausschlusskriterien, der die Bedingungen enthält, die die Akquisitionskandidaten unbedingt erfüllen müssen (Muss-Kriterien), sowie ein Polaritätsprofil, das die darüber hinaus erwünschten Eigenschaften erfasst (Soll-Kriterien).[197]

---

196 Vgl. Salter/Weinhold (Acquisitions), S. 117f. Zur Einbindung des Anforderungsprofils in einen mehrstufigen Screening-Prozess bis zur Kontaktaufnahme vgl. Steinöcker (Akquisitionscontrolling), S.63-65; Jansen (Mergers & Acquisitions), S. 169; Storck (Mergers & Acquisitions), S. 77-80

197 Vgl. Sieben/Sielaff (Unternehmensakquisition), S. 18; Gomez/Weber (Akquisitionsstrategie), S. 44f.

Stellvertretend für viele weitere Ausgestaltungen eines solchen Anforderungsprofils sei an dieser Stelle der Vorschlag von Gomez/Weber dargestellt (Abb. 24 und Abb. 25):[198]

Beispielanforderungsprofil für die Kandidatenauswahl

I. Ausschlusskriterien (Muss-Kriterien)

Firma	
Branche	
Land	

Segment	Eigenschaften, die nicht vorliegen dürfen	erfüllt	nicht erfüllt
Produkt/Markt	Ungeeignete Branchen - Baubranche - Hotelbranche - Industrien in gesättigten Märkten		
	Umsatz < 100 Mio.		
	"Einer unter vielen"		
	Außerhalb CH, EU, USA		
Finanzen	Sanierungsbedürftig		
	Hohe Fremdfinanzierung		
	Hoher Kapitalbedarf bei schlechter Ertragslage		
	Unrealistischer Kaufpreis (Goodwill)		
	"Gehandelter Übernahmekandidat"		
	Gewinntransfer CH nicht möglich		
	Hochsteuerland		
Soziales	Rufschädigend		
	Umweltschädigend		
	Starker Gewerkschaftseinfluss		
	Unflexible Personalstruktur		
Führung	Schlechtes Management		
	Hoher Betreuungsbedarf		

Abb. 24 - Quelle: Gomez/Weber (Akquisitionsstrategie), S. 44

Die **Ausschlusskriterien** unterstützen nicht nur eine rationellere Abwicklung des Such- und Ausleseprozesses, indem offensichtlich ungeeignete Kandidaten leicht aussortiert werden können. Sie stellen vielmehr ein zentrales Instrument zur Vorsteuerung des Akquisitionsrisikos dar, weil durch diese Mindestanforderungen eine effektive Limitierung des Akquisitionsrisikos anhand der wichtigsten Risikoeinflussgrößen (z.B. Größe, Branchenverwandtschaft, Ertragssituation, Wachstumsrate, etc.) erfolgen kann. Darüber hinaus spielen

198 Speziell zur Verwendung von Ausschlusskriterien ist etwa das Modell von Copeland/Koller/Murrin (Unternehmenswert), S. 440 hervorzuheben. Schein/Schilling (Balanced Scorecard), S. 20 orientieren ihren Vorschlag an den Zielen der Balanced Scorecard. Zu weiteren Gestaltungsmöglichkeiten und Detaillierungsgraden des Anforderungsprofils vgl. etwa Jung (Unternehmenskauf), S. 53f.; Sieben/Sielaff (Unternehmensakquisition), S. 17; Clever (Post-Merger-Management), S. 127.

die Ausschlusskriterien – wie noch zu zeigen ist – auch im Rahmen der Transaktionsprozesssteuerung eine zentrale Rolle.[199]

Beispielanforderungsprofil für die Kandidatenauswahl

II. Polaritätsprofil (Soll-Kriterien)

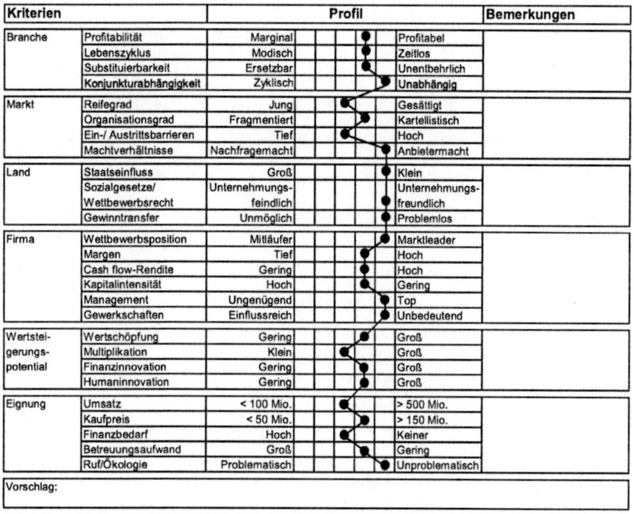

Abb. 25 - Quelle: Gomez/Weber (Akquisitionsstrategie), S. 45

Das **Polaritätsprofil** dient dazu, die über die reinen Ausschlusskriterien hinausgehenden Anforderungen in Form von Soll-Kriterien festzulegen. Je stärker die gewünschten Ausprägungen vorliegen, umso geeigneter ist der betrachtete Kandidat.[200]

Nach diesem kurzen Überblick über die Ausgestaltung des Anforderungsprofils soll im Folgenden kurz auf einige wichtige **Risikovorsteuerungsvariablen** eingegangen werden. Diese im Anforderungsprofil einzubindenden Vorgaben für das Akquisitionsobjekt können in Vorgaben für den strategischen, finan-

199 Vgl. Kap. III.2.1.2.

200 Vgl. Gomez/Weber (Akquisitionsstrategie), S. 45

ziellen sowie organisatorisch-kulturellen Fit zwischen akquiriertem und erwerbendem Unternehmen unterteilt werden.

1.3.3.2. Strategischer Fit

Ein bedeutender Komplex von Risikosteuerungsvariablen hängt direkt mit der Wahl der strategischen Ausrichtung der Akquisition zusammen. In der Literatur findet sich eine große Zahl unterschiedlicher Darstellungen zu wesentlichen **Akquisitionsmotiven** sowie zu den möglichen **Akquisitionsstrategien**. Die folgende Abbildung zeigt mögliche Akquisitionsmotive sowie eine Auswahl wichtiger und in engem Zusammenhang zueinander stehender Strategieoptionen bei Unternehmensakquisitionen auf :

Akquisitionsmotive und Akquisitionsstrategien – Übersicht

Motive	Strategieoptionen	
Marktwert-steigerung Reale bzw. spekulative Zusammenschlussmotive	**Art des Wertschöpfungsmechanismus** Porfoliomanagement, Restrukturierung, Know How-Transfer, Gemeinsame Wahrnehmung von Aktivitäten	(Porter)
	Diversifikationsgrad Horizontale, vertikale, konglomerate Akquisition Related/Unrelated Acquisitions Geschäftsfeldfestigung, Geschäftsfelderweiterung, Geschäftsfelderkundung	 (Salter/Weinhold) (Haspeslagh/Jemison)
	Integrationsintensität Absorption, Symbiose, Erhaltung	(Haspeslagh/Jemison)
Nicht marktwertsteigernde Motive z.B. Maximierung der Unternehmensgröße; Persönliche Zielsetzungen des Managements (u.a. Streben nach Macht und Prestige)	**Art der Vorteilsquelle** (insbesondere bei internationalen Akquisitionen) Größenvorteilsorientierte Akquisition Transaktionskostenminimierende Akquisition Oligopolistisch-defensive Akquisition Informationsvorteilsorientierte Akquisition	(Stein)
	Funktionaler Schwerpunkt Finanzanlage-orientierte Akquisition, Marketing-orientierte Akquisition, Produktions-orientierte Akquisition	(Jung; Howell)

Abb. 26 - Quelle: Berens/Mertes/Strauch (Unternehmensakquisitionen), S.41-50; Bühner (Erfolg), S. 5-21; Porter (Corporate Strategy), S. 52; Gomez/Weber (Akquisitionsstrategie), S. 22; Salter/Weinhold (Diversification), S. 175; Haspeslagh/Jemison (Akquisitionsmanagement), S. 42-52, 173-178; Stein (Unternehmensakquisitionen), S. 87-96; Jung (Unternehmenskauf), S. 33-39; Howell (Acquisitions), S. 67-72.

Im Rahmen dieser Arbeit werden diese nicht en détail vertieft. Vielmehr ist *exemplarisch* aufzuzeigen, wie die Risikovorsteuerung anhand einiger zentraler Strategieoptionen vollzogen werden kann. Bei der Vorsteuerung von Risikoniveau bzw. -struktur im Rahmen des strategischen Fits kommt unter anderen den folgenden Variablen eine besondere Bedeutung zu:[201]

- Art der relevanten Wertschöpfungsmechanismen und Umfang des Restrukturierungs- bzw. Synergiepotentials
- Optimaler Diversifikationsgrad
- Attraktivität der Zielbranche
- Größenunterschied zwischen Käufer- und Zielunternehmen
- Standort des Zielunternehmens

Art der relevanten Wertschöpfungsmechanismen und Umfang des Restrukturierungs- bzw. Synergiepotentials

Anhand der Festlegung der relevanten Wertschöpfungsmechanismen kann besonders gut gezeigt werden, wie bereits durch die Wahl einer bestimmten Akquisitionsstrategie die Risikostruktur der Akquisition maßgeblich vorgeprägt wird. Da mit jedem Wertschöpfungsmechanismus ein bestimmtes Verlustpotential und damit ein typisches Risiko verbunden ist, wird durch die Festlegung derjenigen Wertschöpfungsmechanismen, die in ihrer Gesamtheit die anvisierte Wertsteigerung ergeben sollen, auch gleichzeitig eine Entscheidung über das spezifische Risikoprofil der Akquisition getroffen (Vgl. Abb. 27).[202]

---

201 Vgl. zu den wichtigsten Variablen im Überblick Kitching (Acquisition), S. 126-133; Kitching (Mergers), S. 86 u. 91; Schneider (Akquisitionsplanung), S. 225-229; Matuschka (Risiken), S. 105-108; Salter/Weinhold (Acquisitions), S. 123f.

202 Zum Zusammenhang zwischen Wertsteigerungskalkül und Akquisitionsrisiko sowie zur analytischen Ableitung der nachfolgend verwendeten Risikokomponenten vgl. die Ausführungen in Kap. II.1.3.2. und 1.3.3.

Vorprägung der Risikostruktur durch die Wahl einer Akquisitionsstrategie

Akquisitions-strategien / Risikoart	Transaktions-prozessrisiko	Fortführungs-risiko	Restruktuie-rungsrisiko	Synergie-risiko	Veräußerungs-risiko
Portfoliomanagement	X	X			(X)
Restrukturierung	X	X	X		(X)
Know How-Transfer	X	X	(X)	X	(X)
Gemeinsame Wahrnehmung von Aktivitäten	X	X	(X)	X	(X)

X : trifft zu (X) : trifft ggf. zu

Abb. 27 - Quelle: Eigene Abbildung, Akquisitionsstrategien nach Porter (Corporate Strategy), S. 54

Neben der Art der Wertschöpfungsmechanismen ist auch der Umfang des Restrukturierungs- bzw. Synergiepotentials zu analysieren, um bereits vor der Durchführung einer detaillierten Unternehmensbewertung die Größenordnung möglicher Wertsteigerungen abschätzen zu können.[203] Denn es kann bereits im Stadium der Akquisitionsplanung absehbar sein, dass die realistisch angesetzten Wertsteigerungsmöglichkeiten sehr begrenzt sind. Wenn sich aber die Bezahlung der voraussichtlich erforderlichen Übernahmeprämie nicht durch die ermittelten Wertsteigerungspotentiale rechtfertigen lässt, sollte das Akquisitionsobjekt nicht in die engere Wahl gezogen werden, trotz aller weiteren Gründe, die für die Akquisition sprechen mögen.[204]

Optimaler Diversifikationsgrad

Bezüglich der Wahl des Diversifikationsgrads herrscht in der Literatur weitgehend Einigkeit darüber, dass die Wahrscheinlichkeit des Scheiterns einer

203 Vgl. Schneider (Akquisitionsplanung), S. 225 u. 227-230

204 Vgl. Eccles/Lanes/Wilson (Acquisitions), S. 143

Akquisition umso höher ist, umso geringer die Verwandtschaft der Geschäftstätigkeit des Akquisitionsobjekts zur Geschäftstätigkeit des Erwerbers ist.[205]

Die besseren Erfolgsaussichten horizontaler Akquisitionen werden meist damit begründet, dass das akquirierende Unternehmen die Geschäftstätigkeit sowie die Branche intensiv kennt und dass damit eine zutreffendere Einschätzung des Wertsteigerungspotentials sowie eine effizientere Integration möglich sein sollte.[206] Ferner ist das Synergiepotential bei Akquisitionen in verwandten Bereichen höher als in Branchen mit fehlendem oder nur geringem Bezug zu den angestammten Geschäftsfeldern des Erwerbers.[207] Schließlich sind bei einer vertikalen bzw. konglomeraten Akquisition oftmals hohe Markteintrittsbarrieren zu überwinden, die bei horizontalen Akquisitionen weitgehend entfallen, weil der Erwerber bereits in der Branche etabliert ist.

Der Bezug des Akquisitionsobjekts zum bestehenden Geschäftsportfolio des Erwerbers kann aus diesen Gründen als wesentlicher Risikofaktor einer Akquisition angesehen werden. Deshalb sollten im Rahmen der Risikovorsteuerung an Akquisitionen mit einem hohen Diversifikationsgrad besonders hohe Anforderungen gestellt werden.[208]

Auf der anderen Seite stehen diesen Vorteilen horizontaler Akquisitionen jedoch häufig kartellrechtliche Risiken gegenüber.[209] Dies ist regelmäßig dann der Fall, wenn durch die Akquisition eines Unternehmens derselben Branche der Zugewinn an Unternehmensgröße und Marktanteilen eine wettbewerbsrechtlich relevante Größenordnung einnimmt.[210] Daher sollte im Rahmen der Risikovorsteuerung an eventuell entstehende kartellrechtliche Risiken gedacht werden.

---

205 Vgl. Kitching (Mergers), S. 86 u. 91; Kitching (Acquisitions), S. 127; Hoffmann (Diversifikation), S. 56; Porter (Coporate Strategy), S. 45; Salter/Weinhold (Diversification), S. 170; Jung (Unternehmenskauf), S. 39f. Vgl. aber auch die Studie von Seth, in der der Zusammenhang nicht nachgewiesen werden konnte. Seth (Acquisitions), S. 99 u. 106

206 Vgl. beispielsweise Kitching (Mergers), S. 91

207 Vgl. Salter/Weinhold (Diversification), S. 171-174; Hoffmann (Diversifikation), S. 56

208 So erhebt auch Rockwell im Hinblick auf die Gefahr einer unkontrollierten Diversifikation folgende Forderung: "It is just as important to clarify what management does *not* want as it is to spell out the things it is after." Rockwell (Acquire), S. 123

209 Vgl. Sieben/Sielaff (Unternehmensakquisition), S. 29; Pausenberger (Akquisitionsplanung), S. 22

210 Zu den kartellrechtlichen Regelungen im Rahmen der europäischen und deutschen Fusionskontrolle vgl. insbesondere die Ausführungen bei Montag (Kartellrecht), S. 725ff.

Attraktivität der Zielbranche

Da die Erfolgsausichten von Unternehmensstrategien erheblich durch die Struktur der Märkte beeinflusst werden,[211] liegt das einer Akquisitionsstrategie inhärente Risikoniveau ceteris paribus umso höher, umso unattraktiver die Zielbranche ist. Deshalb sollte von Branchen, die sich z.B. durch strukturelle Schwächen, Substitutionsprodukte, mächtige Käufer sowie eine hohe Wettbewerbsintensität auszeichnen, Abstand genommen werden, selbst wenn ein Einstieg aufgrund niedriger Eintrittskosten auf den ersten Blick lukrativ erscheint.[212] Die Attraktivität der Zielbranche kann u.a. anhand der Branchengröße, der durchschnittlichen Branchenrentabilität sowie den zukünftigen Wachstumsaussichten bemessen werden.[213]

Größenunterschied zwischen Käufer- und Zielunternehmen

Die Größe des Akquisitionsobjekts relativ zum erwerbenden Unternehmen stellt eine weitere Variable zur Vorsteuerung des Akquisitionsrisikos dar. Wird ein *zu großes* Unternehmen übernommen, werden leicht die finanzielle Leistungsfähigkeit sowie die vorhandene Managementkapazität überfordert.[214] Allerdings kann auch die Übernahme eines *zu kleinen* Unternehmens einen zu hohen Managementaufwand im Vergleich zu den durch die Akquisition erwirtschafteten Erträgen erfordern. Gegen zu kleine Akquisitionsprojekte spricht auch, dass ein Markteintritt häufig eine gewisse kritische Masse erfordert, um überhaupt erfolgreich im Wettbewerb bestehen zu können.[215] Für die Vorgabe operationaler Kriterien einer erforderlichen Mindest- bzw. Maximalgröße bieten

---

211 Vgl. Coenenberg/Sautter (Unternehmensakquisitionen), S.195-197

212 Vgl. Steinöcker (Akquisitionscontrolling), S. 44

213 Vgl. Schneider (Akquisitionsplanung), S. 228

214 Vgl. Matuschka (Risiken), S. 108; Gomez/Weber (Akquisitionsstrategie), S. 12f.; Stallmann (Controlling), S. 195f.

215 Vgl. die empirische Bestätigung dieses Zusammenhangs bei Biggadike (Diversification), S. 103-111; Kitching (Mergers), S. 86; Kitching (Acquisitions), S. 132

sich etwa die Größen Kapazität, Absatzmenge, Umsatz sowie Marktanteile an.[216]

Standort des Zielunternehmens

Unternehmensakquisitionen stellen Standortentscheidungen dar. Der Erfolg einer Akquisition ist daher unmittelbar von den politischen und wirtschaftlichen Bedingungen des Ziellandes abhängig. Aus diesem Grund sind auf Basis einer intensiven Analyse der potentiellen Zielländer[217] auch strategische Anforderungen hinsichtlich der wichtigsten standortabhängigen Risikokomponenten zu formulieren. Hierbei ist unter anderem an *politische Länderrisiken* (z.B. Risiken aus Enteignung, Beschränkungen des Kapitalverkehrs), *wirtschaftliche Länderrisiken* (z.B. Konjunktur-, Zins-, Inflationsrisiken) und insbesondere auch das *Fremdwährungsrisiko* zu denken. Gerade die langfristig schwer vorhersehbaren Veränderungen in den Währungsparitäten können zu erheblichen Wertminderungen des akquirierten Unternehmens führen.[218]

Wie differenziert nun die soeben exemplarisch vorgestellte Risikovorsteuerung im Rahmen der Vorgaben für den strategischen Fit durchzuführen ist, kann sicher nur im Einzelfall entschieden werden, wobei das Instrumentarium auf unterschiedlichen Detaillierungsebenen angewandt werden kann. Als **Mindeststandard** sollten jedoch auf jeden Fall die von Porter entwickelten **drei Eignungstests**[219] für die zusammenfassende Überprüfung des Akquisitionsobjekts durchgeführt werden, da sie in geraffter Form die wesentlichen Bedingungen des strategischen Bewertungskalküls enthalten, die zu erfüllen sind, um eine Wertsteigerung durch die Akquisition erreichen zu können:

---

216 Biggadike fordert beispielsweise ganz im Sinne der PIMS-Forschung eine konsequente Beurteilung von Akquisitionen anhand des Marktanteils, da der Erfolg von Diversifikationen sehr stark mit dem erzielten Marktanteil korreliert. Biggadike zieht hieraus allerdings einen sehr fragwürdigen Schluss, indem er auf Basis dieser monokausalen Erklärung des Akquisitionserfolgs Investoren generell zu einem aus seiner Sicht risikomindernden „large-scale-entry" rät. Vgl. zu dieser Aussage Biggadike (Diversification), S. 108.

217 Vgl. Steinöcker (Akquisitionscontrolling), S. 34-40

218 Vgl. Peemöller/Kunowski/Hillers (Internationale M&A), S. S. 626-630; Sieben/Sielaff (Unternehmensakquisition), S. 104-111; Kitching (Acquisitions), S. 128f.

219 Vgl. Porter (Corporate Strategy), S. 46-49 sowie die Ausführungen bei Gomez/Weber (Akquisitionsstrategie), S. 23 und Steinöcker (Akquisitionscontrolling), S. 43

- **The attractiveness test**: Die ausgewählte Branche muss entweder strukturell attraktiv sein oder der Erwerber ist in der Lage, durch die Veränderung der Branchenstruktur diese attraktiv zu machen.

- **The cost-of-entry test**: Die Kosten des Eintritts müssen niedriger sein als der Barwert der zukünftig erwarteten Gewinne.

- **The better-of test**: Durch die Übernahme bzw. Integration muss entweder das zu erwerbende Unternehmen oder das erwerbende Unternehmen Wettbewerbsvorteile aus der Umsetzung der Akquisitionsstrategie realisieren.

Verfehlt der Akquisitionskandidat einen oder zwei der Tests, so sollte die Akquisition des betrachteten Kandidaten nicht weiterverfolgt werden, weil eine Wertsteigerung durch die Übernahme des Akquisitionsobjekt in diesem Falle nicht zu erwarten ist.

1.3.3.3 Finanzieller Fit

Analog zur Vorgehensweise beim strategischen Fit sollten auch Vorgaben bezüglich des finanziellen Soll-Profils des Akquisitionsobjekts (z.B. im Hinblick auf Umsatz und Rentabilität) definiert werden.[220] Insbesondere die Vorgabe einer verbindlichen *Mindestrendite* bzw. *Mindestwachstumsrate* erscheint sinnvoll, um finanziell attraktive Unternehmen aufzuspüren.

Denn die Übernahme von ertragsschwachen Unternehmen bzw. von Krisenunternehmen stellt eine besonders riskante Form der Unternehmensakquisition dar, die mit extremer Vorsicht sowie nur bei Vorliegen der entsprechenden Managementkompetenz bzw. Sanierungserfahrung gewagt werden sollte.[221] Nur so kann verhindert werden, dass sich das Kaufobjekt, für das im Extremfall zwar nur ein symbolischer Preis zu entrichten ist, nicht als Fass ohne Boden entpuppt.[222]

Allerdings wäre es ein grober Irrtum anzunehmen, die Akquisition besonders profitabler Unternehmen sei ein Garant für den Akquisitionserfolg bzw. nur mit

---

220 Vgl. Kitching (Acquisition), S. 127; Eccles/Lanes/Wilson (Acquisition), S. 145 sowie die spezielleren Risikomaße bei Salter/Weinhold (Acquisitions), S. 123f.

221 Vgl. zu dieser Problematik Lubos (Übernahme), S. 951-956 und Frühling (Controlling), S. 75

222 Vgl. Lubos (Übernahme), S. 956

geringen Risiken verbunden. Ein zu hoher Preis für ein finanziell attraktives Unternehmen kann – wie bereits erläutert – ein mindestens genauso hohes Akquisitionsrisiko für den Käufer bedeuten. Deshalb sind stets alle Elemente des Anforderungsprofils im Gesamtzusammenhang zu beurteilen.

1.3.3.4. Organisatorischer und kultureller Fit

Die Kompatibilität der Organisationsstrukturen und Unternehmenskulturen zwischen Akquisitionsobjekt und erwerbendem Unternehmen stellt neben den dargelegten strategischen und finanziellen Determinanten einen wichtigen Einflussfaktor für das Akquisitionsrisiko dar.[223] Die nach erfolgter Übernahme durchzuführende Vereinheitlichung bzw. Harmonisierung der Planungs- und Kontrollsysteme sowie der Personal- und Anreizsysteme wird umso schwieriger sein, umso weniger die vor der Akquisition bestehenden Organisationsstrukturen und -prozesse der Parteien zueinander passen. Zusätzlich ist das Risiko des Fehlschlagens der Integration erhöht, wenn sehr unterschiedliche Unternehmenskulturen unvermittelt aufeinanderprallen und Barrieren des Unverständnisses bzw. des offenen Widerstandes gegen die geplanten Änderungen entstehen.[224]

Deshalb ist im Rahmen der Akquisitionsplanung eine sorgfältige Analyse der organisatorischen und kulturellen Unterschiede durchzuführen.[225] Es erscheint jedoch schwierig bereits während der Suchphase konkrete Anforderungen zu definieren und auch in geeigneter Weise zu operationalisieren. Nach einem Vorschlag von Clarke könnte etwa versucht werden, diese sog. „weichen" Faktoren des Akquisitionserfolgs anhand leicht ermittelbarer Größen greifbar zu machen, die wiederum Rückschlüsse auf den kulturellen und organisatorischen Kontext zulassen.[226] Als geeignete Variablen schlägt er etwa das Durchschnittsalter der Unternehmensleitung, die Anzahl der Hierarchieebenen, den Anteil der

---

223 Vgl. Matuschka (Risiken), S. 106f.; Frank (Probleme), S. 137f.; Bleicher (Allianzen), S. 276-285; Eine Literaturübersicht zu diesem Forschungszweig findet sich bei Datta (Organizational Fit), S. 281f.; Jemison/Sitkin (Process), S. 147; Gerpott (Integrationsgestaltung), S. 6f.

224 Vgl. Krystek (Unternehmungskultur), S. 546

225 Vgl. Datta (Organizational Fit), S. 293; Krystek (Unternehmungskultur), S. 547

226 Vgl. Clarke (Acquisitions), S. 16f.

erfolgs- bzw. leistungsabhängigen Vergütungskomponenten und den Anteil intern vergebener Führungspositionen vor.[227]
Einen besonders starken und empirisch nachgewiesenen Einfluss auf den Akquisitionserfolg haben auch Unterschiede im Managementstil, so z.B. Unterschiede bezüglich Risikoneigung, Kommunikationsverhalten, Mitarbeiterpartizipation und Innovationsorientierung.[228] Da diese eher subtilen Aspekte des kulturellen Fits erst im direkten Kontakt mit den Führungskräften der Zielgesellschaft sondiert werden können, sollte im Rahmen der ersten Kontakte ein besonderes Augenmerk auf diese „soft facts" gelegt werden.

1.3.4. Inhaltliche Vorgaben für die Transaktionsstruktur

Auch wenn eine endgültige Festlegung der Transaktionsstruktur im Rahmen der Vertragsverhandlungen (Preis-Methoden-Paket) erfolgt, ist es sinnvoll, bereits bei der Erarbeitung des Akquisitionskonzepts Vorüberlegungen über die gewünschte Transaktionsstruktur anzustellen. Aus Sicht der Risikovorsteuerung spielen hierbei unter anderem der angestrebte Beteiligungsumfang, die Wahl der Finanzierungsform und die Abwägung zwischen Share-Deal versus Asset-Deal eine wichtige Rolle.[229]
Für die Bestimmung des **Beteiligungsumfangs** ist die Frage zu beantworten, wie viel unternehmerische Einflussnahme auf das Akquisitionsobjekt erforderlich ist, um die im Rahmen der Akquisitionsstrategie anvisierten Wertpotentiale effizient realisieren zu können. Im Falle einer weitgehenden Integration in das Käuferunternehmen wird mindestens eine ¾-Mehrheit notwendig sein, da diese bei Kapitalgesellschaften den Abschluss eines Beherrschungs- und Gewinnabführungsvertrages ermöglicht.[230] Andererseits kann bei der Planung begrenzter Änderungen in der Geschäftstätigkeit auch eine einfache Mehrheit ausreichen,

227 Bronder/Pritzl schlagen ein Kulturprofil anhand folgender acht Indikatoren vor: Kunden-, Technologie-, Innovations-, Kosten-, Qualitäts-, Mitarbeiter-, Umweltorientierung und Internationalität. Allerdings bleibt bei diesem Vorschlag offen, anhand welcher Variablen eine Einschätzung der Kulturdimensionen vorzunehmen ist. Vgl. Bronder/Pritzl (Allianzen), S. 39.

228 Vgl. Datta (Organizational Fit), S. 283f.

229 Vgl. darüber hinaus die Übersicht über die wichtigsten Elemente der Transaktionsstruktur Gomez/Weber (Akquisitionsstrategie), S. 71

230 Vgl. Sieben/Sielaff (Unternehmensakquisition), S. 15

zumal wenn die übrigen Anteile weit gestreut sind und somit das Risiko, dass die Wertsteigerungsstrategien nicht durchsetzbar sind, sehr gering ist.[231]
Hinsichtlich der **Finanzierungsform** der Akquisition sollte auch im Vorfeld des Akquisitionsprozesses bereits eine Vorsteuerung unter Risikogesichtspunkten erfolgen.[232] Erweist sich dabei die Aufnahme von Fremdmitteln als erforderlich, ist zu prüfen, ob die hierdurch induzierte Erhöhung des „financial leverage" tragbar ist. [233] Eine Fremdmittelaufnahme sollte nur erfolgen, wenn aufgrund der künftigen Ertragsentwicklung mit hoher Sicherheit eine Rendite erwartet werden kann, die deutlich über dem Fremdkapitalzins liegt.[234]
Eine besondere Gestaltungsoption stellt die Finanzierung durch Anteile des übernehmenden Unternehmens dar, d.h. statt einer Barzahlung des Kaufpreises erhält der Verkäufer Anteile am übernehmenden Unternehmen. Diese Finanzierungsmöglichkeit eröffnet – wie bereits dargestellt – die Möglichkeit, das Akquisitionsrisiko mit dem Verkäufer zu teilen.[235]
Schließlich ist bei der Planung der Transaktionsstruktur auch zu überlegen, ob ein **Share-Deal oder Asset-Deal** angestrebt werden soll. Häufig wird die Entscheidung zwar primär vor dem Hintergrund der steuerlichen Auswirkungen zu treffen sein.[236] Die Auswahl einer dieser beiden Transaktionstypen hat allerdings auch weitreichende risikopolitisch relevante Konsequenzen für Art und Umfang der Gewährleistung des Verkäufers sowie die Haftung des Erwerbers für Altverbindlichkeiten. Hier ist im Einzelfall zu prüfen, welche Regelungen für Gewährleitung und Haftung einschlägig sind bzw. wie detailliert insbesondere die Mängelhaftung im Kaufvertrag ausgestaltet sein sollte, da

231 Vgl. Sieben/Sielaff (Unternehmensakquisition), S. 15; Kitching kommt in einer empirischen Untersuchung zum Ergebnis, dass die sofortige Übernahme von 100% tendenziell riskanter ist als eine stufenweise Übernahme der unternehmerischen Verantwortung. Vgl. Kichting (Acquisitions), S. 133

232 Vgl. Sieben/Sielaff (Unternehmensakquisition), S. 62-65. Die wesentlichen Finanzierungsoptionen stellen weiterhin Storck (Mergers & Acquisitions), S. 81f. sowie Picot (Vertragsrecht), RN 167ff. dar.

233 Vgl. Bühner/Spindler (Synergieerwartungen), S. 605f.

234 Vgl. Sieben/Sielaff (Unternehmensakquisition), S. 62

235 Vgl. Kap. II.1.3.4.

236 Vgl. Semler (Kaufvertrag), S. 483; einen Überblick über die steuerlichen Erwägungen bieten beispielsweise Holzapfel/Pöllath (Unternehmenskauf), S. 73ff. und Hötzel (Unternehmenskauf), S. 8ff.

bezüglich des Gewährleistungsrechts beim Unternehmenskauf eine nicht unerhebliche Rechtsunsicherheit besteht.[237]

1.3.5. Zusammenfassende Visualisierung des Risikopotentials einer Akquisition

Insgesamt gesehen bieten die inhaltlichen Vorgaben für das Anforderungsprofil des Akquisitionsobjekts sowie die Transaktionsstruktur ein enormes Potential für eine gezielte Vorsteuerung des Akquisitionsrisikos, was bereits zu Beginn des Akquisitionsprozesses ein reflektiertes Eingehen der wesentlichen Risiken ermöglicht. Das Ergebnis der Risikovorsteuerung kann nach einem Vorschlag von Frank wie folgt visualisiert werden:

237 Vgl. Picot (Vertragsrecht), S. 53. Eine wichtige Frage betrifft beispielsweise, ob bzw. ab welcher Beteiligungshöhe bei einem Share-Deal auch die Anwendbarkeit der Gewährleistungsbestimmungen der §§ 459 ff. BGB gegeben ist, wie dies beim Asset-Deal nach herrschender Meinung der Fall ist. Vgl. hierzu auch Semler (Unternehmenskaufvertrag), S. 534f.; Loges (Due Diligence), S. 965

Profil ausgewählter Erfolgs- bzw. Risikofaktoren einer Akquisition

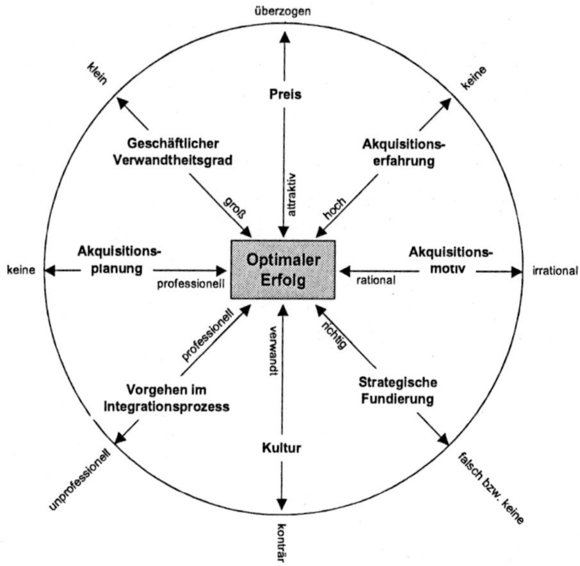

Abb. 28 - Quelle: Frank (Probleme), S. 144

Die einzelnen Erfolgs- bzw. Risikofaktoren eines Akquisitionsprojekts, die nach Einschätzung des Erwerbers den stärksten Einfluss auf den Akquisitionserfolg haben, werden kreisförmig angeordnet, wobei der Mittelpunkt das Idealprofil kennzeichnet. Auf einer Skalierung von 1-10 können dann die jeweiligen Ausprägungen für das betrachtete Akquisitionsprojekt eingetragen werden und die einzelnen Punkte zu einem Flächenprofil verbunden werden. Je größer die Ausdehnung des Flächenprofils, desto höher ist das gesamte Risikopotential der Unternehmensakquisition.[238]

238 Vgl. Frank (Probleme), S. 144

2. Transaktionsphase – Eröffnung eines Wertpotentials

2.1. Risikosteuerung als übergreifende Transaktionsprozess-steuerung

Die Aktivitäten der Konzeptionsphase sind typischerweise auf die Unternehmensleitung und einen sehr eng umgrenzten Kreis an involvierten Personen begrenzt. In dieser Phase sind daher keine nennenswerten Prozessprobleme zu erwarten. Dies ändert sich allerdings, wenn der Übergang in die Transaktionsphase vollzogen wird, weil diese einen komplexen Prozess darstellt, der nur mit einer großen Anzahl an Prozessbeteiligten zu bewältigen ist. In der Transaktionsphase sind nicht nur die vielfältigen Aktivitäten der im Projektteam interagierenden Mitarbeiter des Käuferunternehmens aus verschiedenen Bereichen zu koordinieren, sondern auch externe M&A-Berater, Investmentbanker, Wirtschaftsprüfer und Rechtsanwälte, u.a. in das Team zu integrieren.[239] Von überragender Bedeutung ist darüber hinaus, dass von der ersten Kontaktaufnahme an ein professionelles Management der Beziehung zum Verkäufer und dessen Beratern erfolgt, damit die Käuferseite möglichst großen Einfluss auf die Transaktionsprozesssteuerung nehmen kann.

Die vielfältigen Transaktionsprozessrisiken stellen eine nicht zu unterschätzende Komponente des Akquisitionsrisikos dar.[240] Da die Prozessrisiken mit Eintritt in die Transaktionsphase entstehen, sollte die Steuerung der Transaktionsprozessrisiken als eine den gesamten Transaktionsprozess übergreifende Prozesssteuerungsaufgabe begriffen werden. Dies bedeutet insbesondere, dass ungeachtet der in der Theorie linear verlaufenden Schrittfolge des Risikomanagementprozesses bereits *vor* der Durchführung einer detaillierten Risikoidentifikation und –evaluation mit der Steuerung der Transaktionsprozessrisiken zu beginnen ist.

---

239 Vgl. Hölters (Unternehmenskauf), S. 40-43; Koch/Wegmann (Due Diligence), S. 37f.

240 Vgl. zu dieser Erkenntnis, dass der Transaktionsprozess selbst eine erhebliche Ursache für das Risiko von Unternehmensakquisitionen darstellt, insbesondere die Beiträge von Jemison/Sitkin (Acquisitions) und Jemison/Sitkin (Process) sowie Blex/Marchal (Akquisitionsprozess), S.87ff.

2.1.1. Übersicht über Erwerbswege und typische Transaktionsprozess-risiken

Wie in den folgenden Abschnitten näher auszuführen ist, bestehen in der Transaktionsphase für den Käufer **typische Transaktionsprozessrisiken** insbesondere darin, dass

- unkontrolliert Informationen über die Transaktion an Dritte gelangen,
- der Verkäufer seiner Offenbarungspflichten nur unzureichend nachkommt und die Einsichtnahme in entscheidungsrelevante Unterlagen verweigert,
- die Analyseaktivitäten, die von einem heterogen zusammengesetzten Projektteam durchgeführt werden, ungenügend koordiniert und die Ergebnisse mangelhaft kommuniziert werden,
- kein effizientes Zeitmanagement stattfindet und unnötig hohe Transaktionskosten anfallen.

Für das Risikomanagement ist neben diesen eher operativ zu lösenden Prozessproblemen von entscheidender Bedeutung, dass im Rahmen einer Gesamtprozesssteuerung permanent überprüft wird, ob die Transaktion abgebrochen oder fortgeführt werden soll, um das Entstehen einer gefährlichen Eigendynamik im Transaktionsprozess zu vermeiden.
Diese überblicksartig angeführten Transaktionsprozessrisiken hängen sehr stark vom eingeschlagenen **Erwerbsweg** ab.[241] Denn durch den Erwerbsweg sind sowohl der gesamte Ablauf des Transaktionsprozesses sowie die Möglichkeiten der Einflussnahme seitens des Käufers weitgehend vorgegeben. Da dieser Zusammenhang in einer schematisierten Darstellung des Akquisitionsprozesses (Vgl. Kap. II.2.2.) nicht ausreichend zum Ausdruck kommt, soll kurz ein Überblick über die wesentlichen Erwerbswege gegeben werden:

---

241 Vgl. die Übersicht bei Berens/Mertes/Strauch (Unternehmensakquisitionen), S. 32-41 und Hölters (Unternehmenskauf), S. 9-13 bzw. speziell aus der Sicht des Verkäufers Müller-Stewens/Spickers/Deiss (Mergers & Acquisitions), S. 42

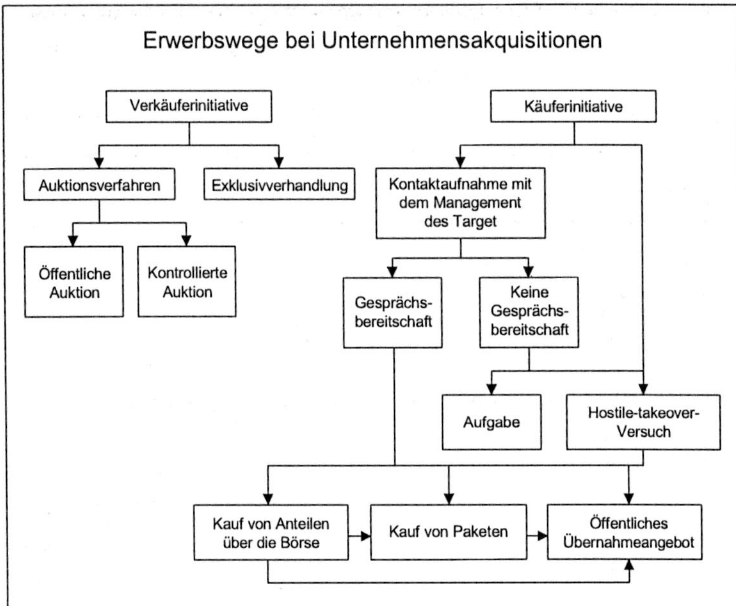

Abb. 29 - Quelle: Berens/Mertes/Strauch (Unternehmensakquisitionen), S. 33

Die **Exklusivverhandlung**, bei der die Initiative entweder vom bisherigen Inhaber oder vom potentiellen Käufer ausgehen kann, stellt tendenziell den Erwerbsweg mit den geringsten Prozessrisiken dar. Dies ist auf folgende Gründe zurückzuführen: erstens kann der Erwerbsprozess vergleichsweise zügig abgewickelt werden. Zweitens kann relativ leicht sichergestellt werden, dass Öffentlichkeit und Mitarbeiter erst dann Kenntnis von dem Verkauf erlangen, wenn dieser beschlossen ist. Drittens können die Übernahmekonditionen individuell ausgehandelt und der Zeitplan flexibel gehalten werden. Viertens kann der Erwerber auch auf den Umfang der bereitgestellten Informationen bzw. der Due-Diligence-Prüfungen Einfluss nehmen.[242]

Im Gegensatz hierzu steht das **Auktionsverfahren**. Dieses beinhaltet in der Regel ein höheres Transaktionsprozessrisiko, weil das Verfahren durch eine Vielzahl dem Käufer exogen vorgegebener Restriktionen geprägt ist. So

242 Vgl. Berens/Mertes/Strauch (Unternehmensakquisitionen), S.34

zeichnen sich die zumeist straff organisierten Auktionsverfahren durch kurze Fristen von oftmals nur wenigen Tagen sowie durch strenge Bedingungen für den Zugang zu Informationen über die Zielgesellschaft aus.[243]

Neben diesen beiden wichtigsten Erwerbswegen ist vor allem die **feindliche Übernahme** zu erwähnen, da sich der Käufer bei dieser Übernahmeform einem besonders hohen Risiko aussetzt. Denn bei dieser Übernahmeform ist die Durchführung einer Due Diligence unmöglich, was zur Folge hat, dass die gesamte Akquisitionsentscheidung allein auf Basis öffentlich zugänglicher Informationen zu treffen ist.[244]

2.1.2. Gesamtprozesssteuerung: Fortsetzung versus Abbruch des Akquisitionsprozesses

Während der Transaktionsphase ist im Rahmen einer Gesamtprozesssteuerung zu entscheiden, ob der Transaktionsprozess weitergeführt bzw. abgebrochen wird. Die Gesamtprozesssteuerung stellt einen zentralen Hebel für das Risikomanagement bei Unternehmensakquisitionen dar, da hierdurch stets sichergestellt werden kann, dass der Transaktionsprozess nur fortgesetzt wird, solange auch die konkrete Aussicht besteht, dass die in der Akquisitionsstrategie festgelegten Wertsteigerungen durch die Akquisition erreicht werden können. Sobald dies jedoch nicht mehr gegeben ist und das Akquisitionsrisiko überhand nimmt, sollte der Transaktionsprozess unverzüglich abgebrochen werden.[245]

---

243 Vgl. Berens/Schmitting/Strauch (Due Diligence), S. 91; Berens/Mertes/Strauch (Unternehmensakquisitionen), S. 36

244 Berens/Mertes/Strauch (Unternehmensakquisitionen), S. 39. Darüber hinaus sind bei feindlichen Übernahmen oftmals höhere Übernahmeprämien zu bezahlen als bei freundlichen Übernahmen. Vgl. hierzu Berens/Mertes/Strauch (Unternehmensakquisitionen), S. 39; Sautter (Strategische Analyse), S. 31

245 Vgl. Eccles/Lanes/Wilson (Acquisition), S. 143. Jemison/Sitkin bemerken hierzu: „Experienced acquirers we interviewed consistently emphasized that it is better to let a deal go than to let momentum sweep a company into a partnership that it has doubts about." Jemison/Sitkin (Acquisitions), S. 113

Bei der Entscheidung über die Fortsetzung der Transaktion sind neben etwaigen kartellrechtlichen Restriktionen[246] vor allem folgende Faktoren zu berücksichtigen:[247]

- **Informationsvorteil**: Inwieweit bietet eine Fortsetzung der Verhandlungen die Möglichkeit, zusätzliche Informationen zu gewinnen und die Unsicherheit über das Wertpotential der Akquisition zu verringern? D.h. es ist zu überlegen, ob bzw. welche wesentlichen Zusatzinformationen über die Zielgesellschaft durch die Fortsetzung des Transaktionsprozesses gewonnen werden können, um hierdurch die erforderliche Sicherheit der Akquisitionsentscheidung zu erreichen.

- **Gestaltungsvorteil**: Welche Einflussmöglichkeiten auf die Gestaltung der Transaktion bestehen bei Fortsetzung der Verhandlungen, um etwa durch Preisabschläge, Zugeständnisse bei Gewährleistungen, o.ä. die Risiken der Akquisition auf ein akzeptables Niveau zu verringern.

- **Gefahr einer verringerten Entscheidungsfreiheit**: Die erzielbaren Informations- bzw. Gestaltungsvorteile sind jedoch gegen die Gefahr einer wachsenden Eigendynamik[248] des Prozesses bzw. die Gefahr einer zunehmenden rechtlichen Bindung an einen Abschluss abzuwägen. Beide Faktoren machen es mit jedem Schritt hin zum Abschluss schwieriger, sich von den Verhandlungen zurückzuziehen und diese für gescheitert zu erklären. Ein zu starkes „Commitment", zu einem positiven Abschluss zu kommen, birgt letztlich die Gefahr in sich, dass der Abbruch des Akquisitionsprozesses ab einem gewissen Stadium faktisch nicht mehr möglich bzw. gewollt ist, auch wenn sich in der Zwischenzeit herausgestellt haben sollte, dass das Akquisitionsobjekt nicht oder nur eingeschränkt die Anforderungen erfüllt.

Um diese diffizile Prozesssteuerungsaufgabe in erfahrungsgemäß hektisch verlaufenden Akquisitionsprozessen zu „institutionalisieren", ist in der folgenden

---

246 Das Kartellrecht stellt eine oftmals unterschätzte „Klippe" beim Unternehmenskauf dar. Die kartellrechtlichen Fragestellungen sollten deshalb frühzeitig geklärt werden, da sich die Zusammenschlusskontrolle nicht nur auf außerordentliche Großakquisitionen bezieht. Vgl. Hölters (Unternehmenskauf), S. 23 sowie die Ausführungen bei Montag (Kartellrecht), S. 725ff.

247 Vgl. zu diesen Überlegungen auch Frühling (Controlling), S. 78f. sowie Steinöcker (Akquisitionscontrolling), S. 69

248 Akquisitionen stellen nach den empirischen Beobachtungen von Jemison/Sitkin bzw. Haspeslagh/Jemison in den seltensten Fällen „sorgfältig kalkulierte Schachzüge" dar. Es handelt sich eher um Prozesse, die nur zum Teil kontrollierbar sind und durch ein ganzes Bündel an Faktoren geprägt sind, die eine Beschleunigung des Prozesses bewirken: zunehmendes Commitment und persönliche Karriereinteressen der Beteiligten, Geheimhaltungserfordernisse, erfolgsabhängige Honorare von Beratern, Überschätzung der eigenen Fähigkeiten bzw. Kontrollillusion. Vgl. Jemison/Sitkin (Process), S. 151-156, insbes. S. 154; Jemison/Sitkin (Acquisitions), S. 110-113; Haspeslagh/Jemison (Akquisitionsmanagement), S. 79-84

Abbildung (Abb. 30) in Anlehnung an Buckley und Haspeslagh/Jemison ein Vorschlag für ein praktikables Prozesssteuerungskonzept dargestellt. Die Idee hierbei ist, dass sich das Akquisitionsobjekt in einem mehrstufigen Prüfungsverfahren „bewähren" muss und in jeder Prozessetappe explizit über die Fortsetzung der Transaktion zu entscheiden ist. Die Entscheidung über den Abschluss der Akquisition wird so bis zum Ende der Transaktionsphase prinzipiell offen gehalten. Der Fokus der Risikosteuerung liegt demnach auf der Aufrechterhaltung der Exit-Option mit dem Ziel die strategische Flexibilität in der Transaktionsphase bis zur endgültigen Entscheidung zu sichern.[249]

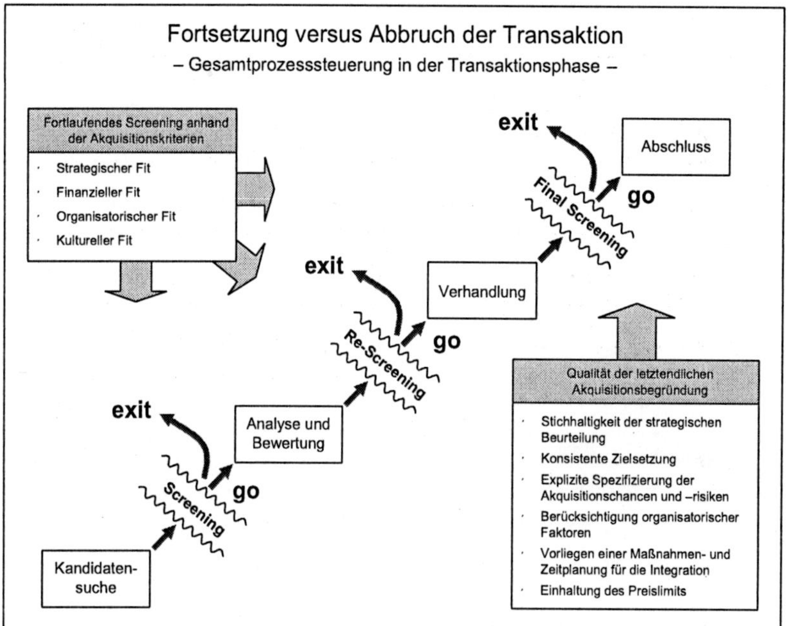

Abb. 30 - Quelle: Eigene Darstellung in Anlehnung an Buckley (Acquisition), S. 56; Haspeslagh/Jemison (Akquisitionsmanagement), S.68

249 Vgl. zur Ausstiegsoption als Typus strategischer Realoptionen Peemöller/Beckmann (Realoptionsansatz), S. 709; Amram/Kulatilaka (Decisions), S. 96f.;Trigeorgis (Real Options), S. 2

Durch das wiederholte **Screening** des Akquisitionskandidaten anhand des im Rahmen der Akquisitionsstrategie definierten Anforderungsprofils ist gewährleistet,[250] dass auch die Informationen, die erst in späteren Phasen des Transaktionsprozesses verfügbar sind, systematisch in die Entscheidungsbildung einfließen. Ferner erhöht das Verfahren die Wahrscheinlichkeit, dass in jeder Prozessstufe das Akquisitionsprojekt im Einklang mit den Zielsetzungen des erwerbenden Unternehmens steht und kein opportunistisches Abweichen von den rationalen Akquisitionsmotiven erfolgt.[251]

Überdies werden durch das Screening-Verfahren frühzeitig sog. **Dealbreaker** aufgedeckt. Diese bezeichnen „Gründe, die wegen ihrer potentiellen Auswirkungen als schwerwiegend zu bezeichnen sind und zum Abbruch der Kaufverhandlungen führen."[252] Um die zügige Identifikation von Dealbreakern zu unterstützen, sollte möglichst schon zu Beginn des Transaktionsprozesses das Entscheidungsproblem ‚Fortsetzung versus Abbruch' durch die Definition von Abbruch- bzw. Exit-Kriterien für die essentiellen Dimensionen des Anforderungsprofils soweit wie möglich operationalisiert werden.[253] Bezüglich dieser Abbruchkriterien erscheint es sinnvoll, eine Sofort-Berichterstattung an die Unternehmensleitung einzurichten, um ein Überspringen der hierarchischen Berichtswege zu ermöglichen, sobald ein Dealbreaker identifiziert wird.[254]

Vor der Abgabe eines verbindlichen Gebotes (Binding Offer) bzw. dem Abschluss der Verhandlungen sind in der Regel die erforderlichen Genehmigungen durch die zuständigen Aufsichtsgremien einzuholen.[255] Im Rahmen derartiger Genehmigungsverfahren ist eine abschließende Qualitätssicherung einzubauen. Dabei kann die Gesamtqualität der **Akquisitionsbegründung** anhand folgender sechs Kriterien von Haspeslagh/Jemison überprüft werden:[256] Für die Akquisition sollten klare strategische Gründe sprechen, d.h. die Akquisi-

---

250 Vgl. Kap. III.1.3.3.1.

251 Vgl. Buckley (Acquisition), S. 55

252 Botta (Due Diligence), S. 286. Einige Beispiele für Dealbreaker finden sich bei Berens/Schmitting/Strauch (Due Diligence), S. 78

253 Vgl. Frühling (Controlling), S. 79

254 Vgl. zur Einrichtung einer Sofort-Berichterstattung die Ausführungen in Kap. III.1.2.4. sowie Vogler/Gundert (Risikomanagementsysteme), S. 2382

255 Vgl. Humpert (Unternehmensakquisition), S. 40; Blex/Marchal (Akquisitionsprozess), S. 101

256 Vgl. nachfolgend Haspeslagh/Jemison (Akquisitionsmanagement), S. 63-67.

tion muss einen deutlich erkennbaren Beitrag zur Unternehmensstrategie leisten. Im Führungsgremium des erwerbenden Unternehmens sollte möglichst weitgehende Übereinstimmung über die inhaltlichen Zielsetzungen herrschen. Die mit der Akquisition verbundenen Unsicherheiten, d.h. Chancen und Risiken, sollten einer gründlichen Analyse unterzogen worden sein. Die Realisierbarkeit der Synergien muss durch die Berücksichtigung der organisatorischen Bedingungen und die Erarbeitung eines Integrationsplanes abgesichert sein. Schließlich darf das Preislimit auf keinen Fall überschritten werden.

Durch die soeben dargelegten prozessualen Vorkehrungen kann das Entstehen einer gefährlichen Eigendynamik des Transaktionsprozesses wirksam verhindert werden. Wichtig ist nun aber, dass die Entscheidungsfreiheit bezüglich des Abbruchs der Verhandlungen nicht nur durch das Problem der Eigendynamik des Transaktionsprozesses erheblich beeinträchtigt werden kann. Auch das unkontrollierte Eingehen **rechtlicher Bindungen durch Vorvereinbarungen** oder eine unprofessionelle Verhandlungsführung kann die Möglichkeit des Verhandlungsabbruchs sehr stark einschränken. Deshalb sollte bei der Erstellung von Verhandlungsprotokollen/Punktuationen und vor allem bei der Abgabe eines „Letter of Intent“, sogenannter „Heads of Agreement“ oder eines „Memorandum of Understanding“ zur Vermeidung von Missverständnissen ausdrücklich unterstrichen werden, dass hierdurch – wie allgemein üblich – keine rechtliche Bindungswirkung bezüglich des Vertragsschlusses ausgelöst wird.[257] Der Abschluss rechtlich verbindlicher Vorvereinbarungen wie Vorverträge oder Optionen ist wegen des entstehenden Bindungsrisikos im Regelfalle nicht empfehlenswert und sollte allenfalls in begründeten Ausnahmefällen erfolgen.[258]

Nur wenn derartige rechtliche Bindungen im Vorfeld vermieden werden können, bleibt prinzipiell das Recht der Verhandlungspartner erhalten, ohne jegliche Rechtsfolgen vom Vertragsschluss Abstand zu nehmen. Allerdings kann es selbst in diesem Fall beim Abbruch der Verhandlungen zu einem **Verschulden bei der Vertragsanbahnung** (culpa in contrahendo) und damit zu Schadensersatzansprüchen des Verkäufers kommen. Wenn nämlich aufgrund einer

---

257 Vgl. Holzapfel/Pöllath (Unternehmenskauf), S. 8; Semler (Unternehmenskaufvertrag), S. 493; Picot (Vertragsrecht), S. 29-31

258 Vgl. Picot (Vertragsrecht), S. 33; Holzapfel/Pöllath (Unternehmenskauf), S. 11

unprofessionellen Verhandlungsführung leichtfertig beim Verkäufer besonderes Vertrauen in den bevorstehenden Vertragsabschluss geweckt wird, so kann dies im Falle eines Abbruchs der Verhandlungen zu Haftungsproblemen aus culpa in contrahendo führen.[259] Hierfür ist mithin nicht erforderlich, dass dieses Vertrauen schuldhaft geweckt wurde. Es reicht aus, wenn das Vertrauen durch ein vorwerfbares Verhalten enttäuscht wurde (z.B. durch einen Abbruch „ohne triftigen Grund")[260].

Auch aus diesem Grund ist im Rahmen der Gesamtprozesssteuerung darauf zu achten, dass in den Verhandlungen bis zum eigentlichen Abschluss die Option zum Ausstieg immer präsent ist.

2.1.3. Operative Steuerung spezifischer Prozessrisiken

2.1.3.1. Geheimhaltungserfordernisse und Informationspolitik

Der Verkäufer ist oftmals in stärkerem Maße von der Geheimhaltungsproblematik bei einer Transaktion betroffen, da der Erwerber im Rahmen des Transaktionsprozesses an zahlreiche interne Informationen über das zum Verkauf stehende Unternehmen gelangt. Das ungewollte bekannt werden der Verkaufsabsicht stellt aber auch für den Käufer ein wesentliches **Geheimhaltungsrisiko** dar.[261] Denn eine Indiskretion im Vorfeld kann einen dauerhaften Reputationsschaden sowie erhebliche ökonomische Verluste für das Kaufobjekt verursachen, wenn Kunden, Lieferanten und Banken aus Misstrauen ihre Geschäftsbeziehungen einschränken oder abbrechen.[262] Das Geheimhaltungsrisiko bezieht sich aber nicht nur auf externe Geschäftspartner und die breite Öffentlichkeit. Auch wichtige Mitarbeiter könnten das Unternehmen, das

259 Vgl. zum Verschulden beim Abbruch von Verhandlungen auch Müller (Verschulden), S. 1905-1910; Semler (Unternehmenskaufvertrag), S. 484-491

260 Vgl. Picot (Vertragsrecht), S. 59

261 Oftmals wird zur Absicherung des Verkäufers eine Geheimhaltungsvereinbarung (Confidentiality Agreement bzw. Statements of Non-disclosure) geschlossen, die zur Präzisierung der vorvertraglichen Geheimhaltungspflichten dient. Der Nutzen derartiger Geheimhaltungsvereinbarungen ist jedoch begrenzt, weil im Streitfall der Verletzungsnachweis nur schwer zu führen sein dürfte. Vgl. Jansen (Mergers & Acquisitions), S. 173f.; Picot (Vertragsrecht), S. 30; Semler (Unternehmenskaufvertrag), S. 486f.

262 Vgl. zum Geheimhaltungsrisiko auch Jansen (Mergers & Acquisitions), S. 173, Botta (Due Diligence), S. 279;

als „Übernahmekandidat" gehandelt wird, aufgrund erwarteter Unsicherheiten und Imageeinbußen verlassen. Schließlich ist aus Käufersicht zu befürchten, dass die Konkurrenten mit gezielten Gegenmaßnahmen oder Abwehrmanövern reagieren könnten, wenn vorzeitig die Nachricht über eine geplante Übernahme durchsickert.[263]

Um das Geheimhaltungsrisiko im Transaktionsprozess zu steuern, ist von entscheidender Bedeutung, dass die Parteien, die hinsichtlich ihrer Geheimhaltungsbedürfnisse gegenüber Dritten aufeinander angewiesen sind, schnell eine tragfähige Vertrauensbasis schaffen[264] und eine möglichst aufeinander abgestimmte **Informationspolitik** entwickeln.[265] Da der Informationsfluss nicht dem Zufall überlassen werden darf, sollte auf beiden Verhandlungsseiten der Personenkreis genau definiert werden, der über die Transaktionsabsicht in Kenntnis gesetzt wird.[266] Im Laufe des Transaktionsprozesses ist dieser Personenkreis planmäßig zu erweitern, wobei stets vor Augen zu führen ist, dass mit steigender Zahl der in den Prozess einbezogenen Personen und mit der zunehmenden Notwendigkeit Untersuchungen vor Ort vorzunehmen, auch die Wahrscheinlichkeit steigt, dass der Unternehmenskauf nicht mehr vertraulich gehalten werden kann.[267]

Steht in der Anfangsphase des Transaktionsprozesses die Geheimhaltung im Vordergrund, so ist rechtzeitig vor dem Vertragsabschluss eine Kommunikationsstrategie für die unterschiedlichen Adressaten zu entwickeln.[268] Hierbei ist insbesondere darauf zu achten, dass der optimale Zeitpunkt sowie die richtige Reihenfolge gewählt wird. Wichtige Kunden, Lieferanten und Banken sollten den Eigentümerwechsel nicht aus der Presse erfahren.[269]

---

263 Vgl. Gösche (Mergers & Acquisitions), S. 40

264 Vgl. Frühling (Controlling), S. 67

265 Wenn trotz aller Vorkehrungen zur Geheimhaltung Gerüchte und Spekulationen auftauchen, dürfen diese nicht unkommentiert bleiben. Es sollte versucht werden, diese durch geeignete Kommunikationsmittel in „rationale Bahnen" zu lenken. Vgl. zur Bekämpfung von Übernahmegerüchten Müller-Stewens (Integration), S. 339; Salecker (Kommunikationsauftrag), S. 147-149

266 Vgl. Holzapfel/Pöllath (Unternehmenskauf), S. 3

267 Vgl. Blex/Marchal (Akquisitionsprozess), S. 97

268 Vgl. im einzelnen hierzu insbes. Salecker (Kommunikationsauftrag), S. 150-164; Müller-Stewens (Integration), S. 339f.; Ashkenas/DeMonaco/Francis (Acquisitions), S. 176

269 Vgl. Humpert (Unternehmensakquisition), S. 41

2.1.3.2. Kooperationsbereitschaft des Verkäufers und Verfügbarkeit entscheidungsrelevanter Informationen

Um eine fundierte Akquisitionsentscheidung treffen zu können, ist der Käufer darauf angewiesen, dass ihm der Verkäufer wesentliche, den Wert des Akquisitionsobjekts bestimmende Informationen bereitstellt. Andererseits hat der Verkäufer das legitime Interesse, die Einsichtnahme in Betriebsgeheimnisse und andere brisante Informationen in engen Grenzen zu halten, solange er das Scheitern des Geschäfts befürchten muss.[270] Dies gilt umso mehr, wenn der potentielle Käufer zugleich ein wichtiger Wettbewerber ist.

Während hinsichtlich der Geheimhaltung gegenüber Dritte in der Regel die Interessen von Käufer- und Verkäuferseite konvergieren, ist bezüglich der Offenlegung von Informationen über das Akquisitionsobjekt eher ein Interessengegensatz zwischen den Verhandlungsparteien zu befürchten.[271] Im Rahmen der Vorbereitung und Durchführung der Due Diligence können unterschiedliche Auffassungen über die Reichweite der Offenbarungspflichten[272] des Verkäufers in der vorvertraglichen Phase durchaus zu Irritationen führen. Aus Käufersicht ist die **Gefahr einer unzureichenden Verfügbarkeit relevanter Informationen** deshalb nicht auszuschließen.[273] Sofern eine sachgerechte Informationsbeschaffung und Due-Diligence-Prüfung aufgrund des restriktiven Zugangs vor Vertragsschluss nicht möglich ist, kann im Extremfall sogar ein Verzicht auf den Unternehmenserwerb angezeigt sein.[274] Der Interessenkonflikt darf aber jedoch nicht überbewertet werden, da auch der Verkäufer ein Interesse daran haben dürfte, dass der Käufer die erforderlichen Informationen erhält, um ein interessantes Angebot zu machen. Denn kann der Käufer wesentliche Unsicherheiten über die Werthaltigkeit des Kaufobjekts nicht durch

---

270 Vgl. Ottersbach/Kolbe (Integrationsrisiken), S. 141; Werner (Haftungsrisiken), S. 993f.; Botta (Due Diligence), S. 279, Holzapfel/Pöllath (Unternehmenskauf), S.12f.

271 Vgl. Holzapfel/Pöllath (Unternehmenskauf), S. 19

272 Vgl. Semler (Unternehmenskaufvertrag), S. 487

273 Wilfert/Ziechmann weisen darauf hin, dass die mangelnde Verfügbarkeit relevanter Daten oftmals auch auf der unzureichenden Dokumentation bei der Zielgesellschaft beruht. Insbesondere das Fehlen einer ausformulierten Unternehmensstrategie sowie eine ungenügende Dokumentation der Unternehmensplanung kann bei der Due Diligence wesentliche Probleme aufwerfen. Vgl. Wilfert/Ziechmann (Due Diligence), S. 284f.

274 Vgl. Werner (Haftungsrisiken), S. 993

Informationen ausräumen, so wird dieser entsprechende Abschläge im Preis vornehmen.[275]

Um das Problem zu lösen, enthält der Letter of Intent häufig Abreden hinsichtlich der an den Käufer zu gebenden Informationen und entsprechende Geheimhaltungsverpflichtungen des Käufers, die die Durchführung einer Due Diligence ermöglichen.[276] Zur Entschärfung eines etwaigen Konflikts kommen weiterhin die Einschaltung eines zur Verschwiegenheit verpflichteten Wirtschaftsprüfers[277] bzw. eine umfangreichere Ausgestaltung der Garantien im Gegenzug zur beschränkten Offenlegung von Informationen in Frage.[278]

2.1.3.3. Koordination der Analyseaktivitäten und Zusammenführung der Ergebnisse

Wie bereits angedeutet, erfordern Akquisitionsprojekte aufgrund der technischen Komplexität der Aufgabenstellungen den Einsatz einer Vielzahl von Spezialisten auf unterschiedlichen Gebieten.[279] Weil die erwerbenden Unternehmen oftmals nicht über die benötigten Spezialkenntnisse und Fähigkeiten verfügen, werden häufig eine große Anzahl externer Berater hinzugezogen, die in der Regel meist einen engen fachlichen Fokus aufweisen und sich deshalb auf begrenzte Teilaspekte konzentrieren.[280] Die hieraus resultierende Segmentierung der Analyseaktivitäten in Verbindung mit den häufig unterschiedlichen Perspektiven und Herangehensweisen der Prozessbeteiligten kann dazu führen, dass die ganzheitliche Perspektive verloren geht und die Einzelergebnisse der involvierten Spezialisten nur unzureichend zu einem aussagekräftigen Gesamtbild integriert werden.[281]

---

275 Vgl. Holzapfel/Pöllath (Unternehmenskauf), S. 13f.

276 Vgl. Koch/Wegmann (Due Diligence), S. 41; Holzapfel/Pöllath (Unternehmenskauf), S. 9; Steinöcker (Akquisitionscontrolling), S. 101; Berens/Mertes/Strauch (Unternehmensakquisitionen), S. 56; Berens/Schmittig/Strauch (Due Diligence), S. 89

277 Vgl. Koch/Wegmann (Due Diligence), S. 41; Semler (Unternehmenskaufvertrag), S. 487

278 In gewissen Grenzen stehen die Due Diligence, die Offenlegung von Unternehmensinformationen sowie die vereinbarten Garantien in einem substitutionalen Verhältnis zueinander. Vgl. hierzu Berens/Schmittig/Strauch (Due Diligence), S. 107

279 Vgl. zu den nachfolgenden Argumenten Jemison/Sitkin (Acquisitions), S. 107-110; Jemison/Sitkin (Process), S. 148-151; Haspeslagh/Jemison (Akquisitionsmanagement), S. 76-79 ; Kirchner (Akquisitionsmanagement), S. 260

280 Vgl. Blex/Marchal (Akquisitionsprozess), S. 98f.

281 Vgl. auch Ottersbach/Kolbe (Integraionsrisiken), S. 141

Diese **Gefahr einer fragmentierten Sichtweise** kann sich letztlich negativ auf die Qualität der Akquisitionsentscheidung auswirken.[282] Aus Sicht des Risikomanagements ist diese Gefahr besonders zu unterstreichen, da eine unzulängliche Koordination der Analyseaktivitäten innerhalb des Untersuchungsteams des Erwerbers verhindert, dass die Gesamtrisikolage des Akquisitionsobjekts bzw. des Akquisitionsprojekts den Entscheidungsträgern ausreichend transparent gemacht werden kann.

Aus diesem Grund wird in den folgenden Kapiteln zur Risikoidentifikation und -evaluation besonderes Augenmerk auf die Integration von isoliert durchgeführten Analysen zu legen sein. Hierbei steht im Vordergrund, dass die Erkenntnisse über Einzelrisiken in einem zentralen Dokument[283] zusammengeführt werden sollten. Im Idealfall sollte ferner die Verantwortung für diese Koordinationsaufgabe sowie für die finanzielle Bewertung an zentraler Stelle im Projektteam gebündelt werden[284], damit sämtliche identifizierte Risiken bei der Bewertung angemessene Berücksichtigung finden. Nur so kann eine Außerachtlassung einzelner wesentlicher Risiken im Bewertungskalkül vermieden werden, die zu schwerwiegenden Fehlsteuerungen bei der Preisfindung führen kann.

2.1.3.4. Zeitmanagement und Überwachung der Transaktionskosten

Für Transaktionsprozesse ist charakteristisch, dass unter außerordentlichem **Zeitdruck** über ein beträchtliches Investitionsvolumen entschieden werden muss.[285] Die schwierigen kompetitiven Bedingungen von Bieterverfahren stellen dabei aber nicht die einzige Ursache eines hohen Zeitdrucks dar. Denn auch im Rahmen einer Exklusivverhandlung, die in der Regel durch eine entsprechende

---

282 Vgl. hierzu insbesondere Jemison/Sitkin (Process), S. 150

283 Vgl. hierzu die Ausführungen zum Risikotableau in den Kapiteln III.2.3. und 2.4.

284 Jemison/Sitkin schlagen vor, dass die Rolle des Integrators auch formell verankert und etwa einem Entscheidungsträger mit der erforderlichen Autorität übertragen werden sollte. Jemison/Sitkin (Acquisitions), S. 109

285 Vgl. Jemison/Sitkin (Acquisitions), S. 110-113; Jemison/Sitkin (Process), S. 151-156 (insbes. Abb. S. 154)

Vereinbarung im Letter of Intent nur zeitlich befristet gewährt wird,[286] kann ein unmittelbarer Entscheidungszwang aufgrund drohender Konkurrenzangebote nach Ablauf der Frist durch den Verkäufer ausgeübt werden.[287] Der Zeitdruck kann jedoch auch durch die Käuferseite mitverursacht werden, wenn das Management des erwerbenden Unternehmens selbst auf einen schnellen Abschluss drängt.[288]

Die Gefahr eines hohen Zeitdruck besteht darin, dass es überstürzt zu einer verbindlichen Angebotsabgabe bzw. einem Vertragsabschluss kommt, ohne dass der strategische, finanzielle und organisatorisch-kulturelle Fit hinreichend geprüft und absehbare Integrationsprobleme ausreichend antizipiert wurden.[289] Weiterhin sind Belastungen für die ohnehin schwierige Integrationsphase vorprogrammiert, wenn vor Vertragsschluss ungelöste Probleme und unklare Erwartungen verdrängt werden bzw. die Einigung über wesentliche Punkte auf einen späteren Zeitpunkt vertagt wird.[290] Daher sollte im Rahmen des extern vorgegebenen Zeitrahmens ein realistischer **Projektzeitplan** erstellt und notwendige Terminveränderungen frühzeitig adressiert werden,[291] um nicht die Investitionsentscheidung auf Basis voreiliger Schlüsse treffen zu müssen. Falls erforderlich und soweit dies die Verhandlungsposition erlaubt, sollte auch die Möglichkeit einer Durchsetzung von Überlegungsfristen bzw. Verhandlungspausen ins Auge gefasst werden, um einen vom Verkäufer verhandlungstaktisch aufgebauten Termindruck zu vermindern.[292]

Eng mit dem Zeitmanagement hängt auch die Überwachung der **Transaktionskosten** zusammen, da einige Aufwandspositionen direkt vom Zeitein-

---

286 Vgl. Berens/Mertes/Strauch (Unternehmensakquisitionen), S. 56; Steinöcker (Akquisitionscontrolling), S. 101

287 Vgl. auch Ottersbach/Kolbe (Integrationsrisiken), S. 141; Werner (Haftungsrisiken), S. 994

288 Hierzu sei auf die Ausführungen zur Gesamtprozesssteuerung in Bezug auf die Problematik einer wachsenden Eigendynamik in Kap. III.2.1.2. insbes. Fn. 111 verwiesen.

289 Vgl. Jemison/Sitkin (Acquisitions), S. 110; Jemison/Sitkin (Process), S. 151; Kirchner (Akquisitionsmanagement), S. 259

290 Vgl. Jemison/Sitkin (Acquisitions), S. 113-115; Jemison/Sitkin (Process), S. 156-159; Haspeslagh/Jemison (Akquisitionsmanagement), S. 84-87

291 Vgl. Wilfert/Ziechmann (Due Diligence), S. 284

292 Vgl. Hölters (Unternehmenskauf), S. 47

satz abhängen. Gösche teilt in diesem Zusammenhang die Kosten von M&A-Transaktionen in drei Gruppen ein:[293]

- Aufwendungen aus eigenen Aktivitäten
- Erfolgsunabhängige Beratungshonorare
- Erfolgsprovisionen im Falle eines Abschlusses

Die in den beiden ersten Gruppen aufgelaufenen Transaktionskosten stellen im Falle eines Abbruchs des Transaktionsprozesses „sunk costs" dar, während die Erfolgsprovisionen, die in der Regel von der Transaktionssumme bzw. dem Objektwert abhängig sind, nur bei einem Abschluss anfallen.[294]

Wesentlich ist hierbei einerseits, dass die Transaktionskosten bereits zu Beginn des Projekts geplant und im späteren Verlauf als negativer Wertbeitrag in das Bewertungskalkül einbezogen werden, da diese aus den akquisitionsbedingten Wertsteigerungen bestritten werden müssen.[295] Andererseits ist der Kostenanfall laufend zu überwachen, um Abweichungen von den geplanten Transaktionskosten frühzeitig zu erkennen. Die Abweichungen können sich insbesondere aus Zeitverzögerungen ergeben, wenn wichtige Ansprechpartner des Zielunternehmens abwesend sind, die zur Verfügung gestellten Unterlagen schlecht aufbereitet wurden oder wesentliche Unterlagen verspätet geliefert werden.[296]

---

293 Vgl. Gösche (Mergers & Acquisitions), S. 30-33

294 Vgl. Gösche (Mergers & Acquisitions), S. 31

295 Vgl. Coenenberg/Sautter (Unternehmensakquisitionen),S. 193

296 Vgl. hierzu Wilfert/Ziechmann (Due Diligence), S. 286

2.2. Risikoidentifikation im Rahmen der Due Diligence

Die Risikoidentifikation bzw. Risikoerkennung kann nach Farny als ein „systematischer, strukturierender und zukunftsbezogener Informationsprozess“[297] gekennzeichnet werden. In dieser Charakterisierung sind wesentliche Aussagen enthalten, die im Folgenden im Hinblick auf die Risikoidentifikation im Akquisitionsprozess auszuarbeiten sind.

Zunächst ist die zentrale Rolle die Due Diligence im Rahmen des Informationsprozesses zur Risikoidentifikation zu unterstreichen (2.2.1.). Der Hinweis auf Systematik und Strukturierung wirft die Frage nach geeigneten Methoden und Instrumenten auf (2.2.2. und 2.2.3.). Schließlich ist zu zeigen, welche spezifischen Prüfungsschwerpunkte sich aus dem Zukunftsbezug der Risikoerkennung ergeben (2.2.4.)

2.2.1. Die Rolle der Due Diligence als kaufvorbereitende Prüfung

2.2.1.1. Begriff und Aufgaben der Due Diligence

Die Due Diligence stellt eine kaufvorbereitende Prüfung dar,[298] bei der die „Zweckmäßigkeit und Wirtschaftlichkeit der Transaktion vor dem Hintergrund des Motivs zum Unternehmenskauf beurteilt sowie Risiken und Schwachstellen im betrachteten Unternehmen aufgedeckt werden sollen.“[299] Die Due Diligence entstammt ursprünglich dem angloamerikanischen Rechtsraum und bezeichnet begrifflich betrachtet eine Untersuchung mit „gebührender und im Verkehr erforderlicher Sorgfalt.“[300] Nach Berens/Schmitting/Strauch erfüllt die Due Diligence bei einem Unternehmenskauf folgende vier **Aufgaben**:[301] Offenlegung von Unternehmensinformationen, Analyse und Prüfung, Entscheidungsgrundlage und Preisfindung, Exkulpation. Zusätzlich zu diesen Aufgaben hat die Due Diligence auch eine wichtige Gewährleistungsfunktion, d.h. die durch die

297 Farny (Risk Management), S. 1752

298 Vgl. Loges (Due Diligence), S. 965; Werner (Haftungsrisiken), S. 989

299 Berens/Schmitting/Strauch (Due Diligence), S.72

300 Vgl. Jansen (Mergers & Acquisitions), S. 176 sowie weiterführend zu Herkunft und Begriff der Due Diligence Berens/Strauch (Begriff), S. 5-13

301 Vgl. Berens/Schmitting/Strauch (Due Diligence), S.71-86

Due Diligence gewonnenen Informationen über Risiken bilden die Grundlage für die im Kaufvertrag einzubeziehenden vertraglichen Gewährleistungsregelungen.[302]

Um diesen verschiedenen Funktionen gerecht zu werden, ist eine „ganzheitliche Betrachtung“[303] des Transaktionsobjekts erforderlich. In der Praxis wird die große Bandbreite der Analysefelder durch einen modularen Aufbau der Due Diligence mit entsprechenden Schwerpunktsetzungen bewältigt. Dabei werden unter anderem folgende **Due Diligence-Arten** unterschieden:[304]

- Strategic Due Diligence
- Commercial Due Diligence
- Financial Due Diligence
- Tax Due Diligence
- Legal Due Diligence
- Environmental Due Diligence
- Human Resources bzw. Management Due Diligence

In Abhängigkeit von den vorhandenen Fachkenntnissen und Erfahrungen im erwerbenden Unternehmen sollten externe Berater, Wirtschaftsprüfer, Rechtsanwälte o.ä. hinzugezogen werden, um so ein **multidisziplinäres Due Diligence-Team** zusammenzustellen, das alle als wesentlich erachteten Untersuchungsfelder abdeckt.[305] Dabei ist zu bedenken, dass das Management des erwerbenden Unternehmens und insbesondere die Führungskräfte, die die spätere Führung und Integration des Akquisitionsobjekts übernehmen werden, eine herausragende Rolle im Due Diligence-Team spielen.[306] Die personelle Kontinuität in der Transaktions- und Integrationsphase erhöht einerseits die Chance, dass die Erkenntnisse aus der Due Diligence von vornherein in die Planung der Post-Merger-Integration einfließen. Andererseits kann so bereits im

---

302 Vgl. Merkt (Gewährleistung), S. 1041; Fleischer/Körber (Due Diligence), S. 842

303 Wegmann/Koch (Due Diligence), S. 1027

304 Vgl. zu den unterschiedlichen Arten der Due Diligence beispielsweise Rockholtz (Akquisitionsmanagement), S. 93ff.; Barthel (Due Diligence), S. 366-376; Koch/Wegmann (Due Diligence), S. 55ff.; Botta (Due Diligence), S. 286-288; Helbling (Due-Diligence-Review), S. 160-162

305 Vgl. Berens/Hoffjan/Strauch (Planung), S. 126; Grafer/Baldasaro (Due Diligence), S.342

306 Vgl. hierzu Ashkenas/DeMonaco/Francis (Acquisitions), S. 169f.; Grafer/Baldasaro (Due Diligence), S.342, Berens/Hoffjan/Strauch (Planung), S. 129

Rahmen der Due Diligence eine konstruktive Beziehung zur Zielgesellschaft aufgebaut werden, die bei der Integration von außerordentlicher Bedeutung ist.

2.2.1.2. Einordnung der Due Diligence in das akquisitionsbegleitende Risikomanagement

Da die Due Diligence als zentrales Instrument zur Risikoidentifikation[307] nur eine Teilfunktion des Risikomanagementprozesses abdeckt, darf diese nicht als ein *isoliert* anzuwendendes Instrument angesehen werden. Es kommt vielmehr entscheidend darauf an, die Bezüge der Due Diligence zu den anderen Risikomanagementfunktionen herauszustellen.[308] Diese Sichtweise der Due Diligence als integraler Bestandteil des akquisitionsbegleitenden Risikomanagements soll im Folgenden kurz konkretisiert werden.

Zunächst ist die Due Diligence in den übergeordneten **Informationsprozess** einzuordnen, der dazu dient, die Informationsasymmetrien zwischen Verkäufer und Käufer vor dem Vertragsabschluss zu verringern.[309] Aus Sicht des Risikomanagements kann die Due Diligence in diesem Zusammenhang einen wesentlichen Beitrag zur Risikodiagnose leisten, die darauf abzielt, durch die systematische Gewinnung und Auswertung risikobezogener Informationen ein Risikoportfolio der Akquisition zu erstellen, auf dessen Basis eine gezielte Risikobeeinflussung erfolgen kann.[310] Dieser Informationsprozess beginnt im Grunde bereits in der Konzeptionsphase bzw. bei der Suche und Auswahl geeigneter Kandidaten, da hier zur Vorsteuerung des Akquisitionsrisikos selektiv einzelne Risikokomponenten betrachtet werden. Auf diese Erkenntnisse über die Risikostruktur der Akquisition kann direkt aufgesetzt werden, wenn im Rahmen der Transaktionsphase eine vertiefende Risikoidentifikation erfolgt. Die Identifikation von Risiken kann hierbei in begrenztem Umfang bereits vor Beginn der Due Diligence erfolgen, wenn etwa neben öffentlich zugänglichen Unternehmensinformationen ein Informationsmemorandum über die Zielgesellschaft vorliegt oder im Gespräch mit der Führung der Zielgesellschaft erste wertvolle Informationen gewonnen werden können. Eine detaillierte

307 Vgl. Helbling (Due-Diligence-Review), S. 159; Botta (Due Diligence), S.281

308 Vgl. hierzu auch Ernst/Thümmel (M&A-Transaktionen), S. 666ff.

309 Vgl. Ernst/Thümmel (M&A-Transaktionen), S. 665; Berens/Strauch (Begriff), S. 5

310 Vgl. hierzu Abb. 16 sowie Abb. 42

Risikoidentifikation wird im Regelfall aber erst im Rahmen der Durchführung einer Due Diligence-Prüfung möglich sein, für die der Verkäufer meist in einem sehr engen zeitlichen Rahmen einen beschränkten Zugang zu sensiblen internen Informationen zulässt.[311]

Um unter diesen Bedingungen die Due Diligence ergebnisorientiert und effizient durchführen zu können, ist von entscheidender Bedeutung, dass sich alle Analyseaktivitäten an den in der Akquisitionsstrategie definierten Akquisitionszielen orientieren. Durch den durchgängigen **Bezug zur Akquisitionsstrategie** kann verhindert werden, dass die Due Diligence als reine Standardprüfprozedur missverstanden wird[312] und wertvolle Zeit mit der Behandlung nachrangiger oder gar unerheblicher Fragen verloren geht. Aus diesem Grund sollten der Untersuchungszweck sowie die Prüfungsschwerpunkte der Due Diligence, die aus der im Einzelfall verfolgten Akquisitionsstrategie und den dabei anvisierten Quellen zur Wertsteigerung abzuleiten sind,[313] allen Mitgliedern des Due Diligence-Teams ausreichend kommuniziert werden.[314]

Mit der Durchführung einer Due Diligence alleine ist indes noch nicht viel gewonnen, wenn die Erkenntnisse nicht systematisch zur Risikosteuerung bei der Preisfindung, Vertragsgestaltung und dem Integrationsmanagement genutzt werden.[315] Deshalb ist unbedingt auch die Verbindung der Due Diligence zur Risikosteuerung im Auge zu behalten, um eine **systematische Verwertung der Ergebnisse** der Due Diligence zu gewährleisten. Für diese Aktivitäten kann

---

311 Allerdings ist stets zu vergegenwärtigen, dass auch die Durchführung einer Due Diligence keinen umfassenden Einblick in unternehmensinterne Informationen ermöglicht und die Informationsasymmetrien zwischen Käufer und Verkäufer daher nur teilweise abgebaut werden können. So sind etwa Befragungen, Besichtigungen oder Organisationsanalysen als gängige Methoden der Informationsgewinnung zur Risikoerkennung beim Unternehmenskauf in nur sehr beschränktem Umfang möglich. Vgl. zu den Informationsgewinnungsmethoden bei der Risikoerkennung beispielsweise Brebeck/Herrmann (Frühwarnsystem), S. 385; Kromschröder/Lück (Grundsätze), S. 1574; Jacob (Risikofrüherkennungssystem), S. 1045

312 Vgl. Achtmeyer (Synergies), S. 108f.

313 Vgl. zu dieser Ableitung von Prüfungsschwerpunkten aus den Akquisitionszielen Berens/Schmitting/Strauch (Due Diligence), S. 77

314 Auf wichtige aus der Akquisitionsstrategie resultierende Prüfungsschwerpunkte wird in Kapitel 2.2.4. eingegangen.

315 Vgl. zur Umsetzung der Due Diligence überblicksartig Koch/Wegmann (Due Diligence), S. 153-156 sowie die späteren Ausführungen in Kapitel III.2.4.

die Due Diligence als Prozessoutput zentrale steuerungsrelevante Informationen liefern.[316]

2.2.2. Methoden der Risikoidentifikation

2.2.2.1. Die Entwicklung eines akquisitionsspezifischen Risikomodells als zentraler Fokus

Die Literatur zur Due Diligence enthält relativ wenige methodische Gestaltungsvorschläge, wie bei der Risikoidentifikation zweckmäßigerweise vorzugehen ist. Zumeist erfolgt der Verweis auf in der Praxis gebräuchliche **standardisierte Checklisten**.[317] Deren Verwendung ist allerdings aus mehreren Gründen kritisch zu beurteilen.[318] Durch Standardchecklisten kann in keiner Weise sichergestellt werden kann, dass alle wesentlichen Risiken entdeckt werden.[319] Denn jede Branche, jedes Unternehmen und auch jede Strategie zur Übernahme und Integration eines bestimmten Unternehmens ist durch spezifische Risiken gekennzeichnet, die durch ein schematisiertes und undifferenziertes Vorgehen nicht erfasst werden können.[320] Ein weiteres Problem besteht darin, dass Checklisten eine Vielzahl an Positionen erfassen, die entweder für das Käuferunternehmen oder die spezifische Übernahmesituation unwesentlich oder unzutreffend sein können, und so zu einer ineffizienten Risikoidentifikation führen.[321] Aus den genannten Gründen geht hervor, dass das „Abklappern" von Checklisten die eigenständige Analyse der Risiken im gegebenen Einzelfall

---

316 Zu diesem Zweck sind die Informationen über die identifizierten Risiken in einem weiteren Schritt entsprechend aufzubereiten und quantitativ sowie qualitativ zu beurteilen. Vgl. hierzu das nachfolgende Kapitel III.2.3. Risikoevaluation

317 Vgl. beispielsweise die Checklisten bei Berens/Brauner (Due Diligence), S. 363-391; Jung (Unternehmenskauf), S. 342ff., Harrer (Due Diligence), S. 1673f.; Hölters (Unternehmenskauf), Rz. 146ff.

318 Auf die mangelnde Eignung von Checklisten zur Risikoidentifikation weisen unter anderen auch Weber/Weißenberger/Liekweg (Risk Tracking), S. 22 und Blankenburg (Risikomanagement), S. 330 hin.

319 In diesem Punkt ist Berens/Hoffjan/Strauch zu widersprechen, die gerade die „Sicherheit, dass keine wesentlichen Aspekte übersehen werden", als Vorzug von Checklisten anführen. Vgl. Berens/Hoffjan/Strauch (Planung), S. 124

320 So erscheint es beispielsweise sehr fraglich, ob anhand einer Standardcheckliste die spezifischen Geschäftsrisiken eines Energieversorgungsunternehmens, einer Leasinggesellschaft oder eines Biotechnologie-Unternehmens treffsicher und effizient identifiziert werden können.

321 Vgl. Werner (Haftungsrisiken), S. 995

nicht ersetzen kann und dass Checklisten allenfalls eine gewisse Orientierungshilfe bieten können.

Um eine möglichst *vollständige* aber dennoch *effiziente* Identifikation aller *wesentlichen* Risiken zu erreichen,[322] sollte statt der Anwendung standardisierter Checklisten eine individuelle Prüfungsstrategie[323] erarbeitet werden, die auf die Besonderheiten des Akquisitionsfalles abgestimmt ist. Dabei steht als Prüfungszweck die **Entwicklung eines akquisitionsspezifischen Risikomodells** im Vordergrund. Das Ziel der Risikoidentifikation ist also eine „Risikoinventur"[324] des betrachteten Akquisitionsobjekts unter Berücksichtigung der durch die Integration geplanten Veränderungen. Im Idealfall wird hierdurch das Risikoportfolio der Akquisition in seiner Gesamtheit abgebildet.

Hierfür ist jedoch zunächst eine **Strukturierungsleistung** zu vollbringen, indem für die betrachtete Akquisition eine systematische Abgrenzung von Risikofeldern erfolgt. Auf diese Weise erscheint der Anspruch auf Vollständigkeit der Risikoerfassung eher erfüllbar. Des weiteren bietet die Abgrenzung von Risikofeldern die Möglichkeit, eine Gewichtung der einzelnen Prüfungsgebiete vorzunehmen und dadurch ein ökonomisches Vorgehen durch die effiziente Allokation der Analysezeit und –ressourcen auf die wesentlichen Risiken zu erreichen.

Im Folgenden werden deshalb alternative Strukturierungsmöglichkeiten für die Risikoidentifikation aufgezeigt.

---

322 Vgl. zu diesen Anforderungen an die Risikoidentifikation Kap. II.2.1.1.

323 Durch Prüfungsstrategien soll „die wirtschaftliche Durchführung von Prüfungen bei vollständiger Erfüllung des Prüfungszwecks unter Berücksichtigung der Besonderheiten des Prüfungsobjektes sichergestellt werden." Peemöller (Prüfungsstrategien), S. 701

324 Lück (Risikomanagementsystem), S. 1926; Füser/Gleißner/Meier (Risikomanagement), S. 754

2.2.2.2. Progressive und retrograde Methoden der Risikoidentifikation

In der Literatur werden im wesentlichen die progressive und die retrograde Methode als grundsätzliche Vorgehensweisen zur Identifikation von Risikofaktoren unterschieden.[325]

Die **progressiven** Ansätze gehen von hypothetischen Risikoursachen aus, deren Wirksamwerden entlang der Kausalkette bis hin zu deren Einfluss auf die Zielerreichung verfolgt wird. Wenn der Ursachenfaktor eine mögliche negative Auswirkung auf die Zielerreichung ausüben kann, so ist ein Risikofaktor gefunden. Als Beispiele für progressive Vorgehensweisen sind neben den bereits angesprochenen *Checklisten* die zahlreichen in der Literatur vorhandenen Systematisierungsansätze zur *Abgrenzung von Risikobereichen* zu nennen. Hierbei werden nach unterschiedlichen Kriterien (z.B. Unternehmensbereiche, Funktionen oder betriebliche Prozesse)[326] potentielle Ursachenfelder für Risiken abgegrenzt und auf Unsicherheitsfaktoren durchleuchtet, die die Zielerreichung in Form der akquisitionsbedingten Wertsteigerung gefährden. Als grobes Strukturierungsraster für die progressive Suche nach Risikofaktoren schlagen etwa Weber/Weißenberger/Liekweg folgende Typen von Einflussfaktoren auf die Unternehmensaktivitäten vor: Generelle externe Einflüsse, Marktveränderungen sowie leistungswirtschaftliche, finanzwirtschaftliche, organisatorische und rechtliche Einflussfaktoren.[327]

Die **retrograden** Ansätze durchdringen das Ursachen-/Wirkungsgeflecht in entgegengesetzter Richtung als die progressiven Ansätze: Sie gehen von den Zielen aus und fragen nach den vorgelagerten Einflussfaktoren, die die Zielerreichung gefährden können.[328] Die gefundenen Risikofaktoren werden

---

325 Vgl. nachfolgend Wolf/Runzheimer (Risikomanagement), S. 23; Imboden (Risikohandhabung), S. 191-193; Fürer (Risk Management), S. 65

326 Vgl. zur institutionellen, funktionalen und prozessorientierten Abgrenzung von Prüfungsfeldern Peemöller/Geiger (Effizienzsteigerung), S. 1093f. bzw. Krey (Interne Revision), S. 116-126

327 Vgl. Weber/Weißenberger/Liekweg (Risk Tracking), S. 22. Eine ähnliche Unterteilung wählt Kless in Anlehnung an den Baseler Ausschuss für Bankenaufsicht. Das Gesamtrisiko eines Unternehmens gliedert sich hier in die fünf Risikobereiche: Marktrisiko, Kreditrisiko, Liquiditätsrisiko, rechtliches Risiko, Betriebsrisiko. Vgl. Kless (Unternehmensrisiken), S. 93f. Vgl. auch die ähnlich gelagerte Darstellung einer „Risikolandschaft" eines Unternehmens bei Nieland (Due Diligence), S. 72 bzw. die Kategorisierung von Risiken bei Diedrichs/Richter (Risikomanagement), S. 138

328 Vgl. Wolf/Runzheimer (Risikomanagement), S. 23f.; Imboden spricht hier von der *regressiven* Methode. Vgl. Imboden (Risikohandhabung), S. 191f.

dann in weiteren Regressschritten auf ihre jeweiligen Einflussfaktoren untersucht. Die in Kapitel II.1.3.3. unternommene analytische Zerlegung des Akquisitionsrisikos anhand der Unsicherheit der einzelnen Wertkomponenten des Wertsteigerungskalküls einer Akquisition stellt beispielsweise einen solchen Regressversuch dar. Eine weitere mögliche Ausgestaltung der retrograden Vorgehensweise besteht in der Anwendung von Werttreibern oder Erfolgsfaktoren, die sich durch einen starken kausalen Einfluss auf die Zielereichung auszeichnen.

Die folgende Abbildung (Abb. 31) veranschaulicht die Vorgehensweise für die *Werttreiber*. Ausgehend von einem Zielunternehmenswert kann durch sukzessive Aufgliederung eine Vielzahl von Werteinflussfaktoren erschlossen werden. Diese „Wertgeneratoren"[329] schlagen dann in Risikofaktoren um, wenn diese einer erheblichen Unsicherheit bezüglich der zukünftigen Entwicklung unterliegen. Das den einzelnen Wertgeneratoren inhärente Risiko ist dabei umso höher, umso stärker der Werteinfluss und umso höher die Unsicherheit ist.

---

329 Vgl. zu den Wertgeneratoren, sog. „Value Driver", Rappaport (Shareholder Value) , S. 39ff.; Peemöller (Controlling), S. 134f.; Günther (Controlling), S. 264. Zum Zusammenhang zwischen Cash Flow-Komponenten, Werteinflussgrößen und strategischen Variablen siehe auch Schmidbauer (Beteiligungs-Controlling), S. 132

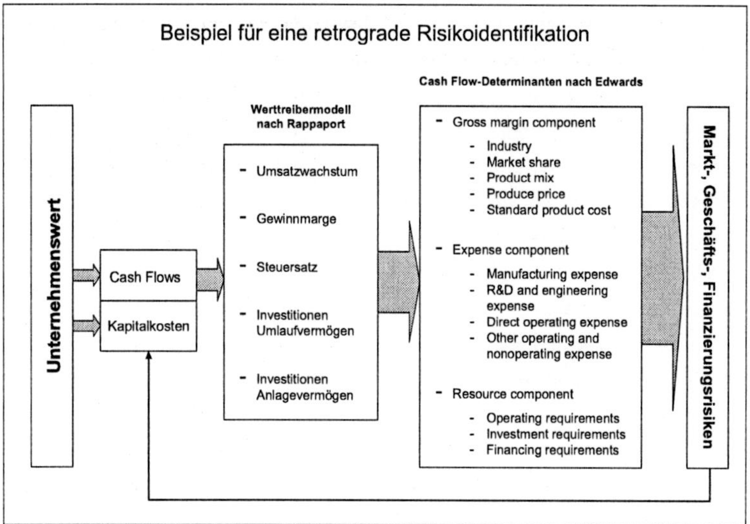

Abb. 31 - Quelle: Eigene Abbildung in Anlehnung an Rappaport (Shareholder Value), S. 68; Edwards (Planning Models), S. 43

Alternativ zur Orientierung an Werttreibern kann bei einer retrograden Risikoidentifikation auch an breiter definierten Erfolgsfaktoren angeknüpft werden. Hierbei bietet sich beispielsweise die Anwendung der *Balanced Scorecard* an, da dieser Ansatz nicht eine ausschließlich finanzielle Perspektive einnimmt, sondern eine „ausgewogene" Suche nach Erfolgsfaktoren anstrebt.[330] Die Erweiterung des Analyseblickwinkels bei der Balanced Scorecard erfolgt dadurch, dass die Ursachen- und Wirkungszusammenhänge auch aus der Kundensicht, der internen Prozessperspektive und der Lern- und Innovationsperspektive betrachtet werden.[331]

Die soeben exemplarisch aufgezeigten methodischen Verfahrensansätze sollten nicht unter dem Gesichtspunkt eines ausschließlichen „Entweder-oder" gesehen werden. Die meisten Autoren schlagen in diesem Zusammenhang die

---

330 Vgl. Kaplan/Norton (Balanced Scorecard), S. 8f.

331 Vgl. Hungenberg (Strategisches Management), S. 204f. Zur Anwendung der Balanced Scorecard im Rahmen der Risikoidentifikation bzw. des Risikomanagements vgl. beispielsweise Pollanz (Risikomanagement), S. 1279-1281; Krey (Interne Revision), S. 133-137.

Kombination unterschiedlicher Vorgehensweisen vor, da alle Perspektiven einen Beitrag zur Risikoidentifikation leisten.[332]
Eine Möglichkeit diesen „multiperspektivischen Ansatzpunkt" weiterzuverfolgen und dabei sowohl progressive als auch retrograde Elemente zu verbinden, bietet die Anwendung der **morphologischen Methode**. Diese Methode zur Informationsgewinnung und –verarbeitung stellt einen kreativen, problemlösenden Analyseansatz dar, der ursprünglich im Bereich der Forschung und Entwicklung bzw. zur Durchführung technischer Voraussagen entwickelt wurde.[333] Hierbei sind zunächst *intensionale Merkmale* zur Beschreibung des betrachteten Objekts oder Problems zu definieren. Im Falle der Analyse des Zielunternehmens können z.B. die bereits dargestellten Komponenten des Akquisitionsrisikos, Geschäftsbereiche und –funktionen oder Bilanz- und GuV-Positionen herangezogen werden. In einem zweiten Schritt sind die dazugehörigen *extensionalen Merkmale,* die die Merkmalsausprägungen der jeweiligen intensionalen Merkmale darstellen, zu bestimmen und in einem sog. Morphologischen Kasten zusammenzustellen (Vgl. Abb. 32). Dies eröffnet die Möglichkeit alle möglichen Merkmalskombinationen, die durch Linienzüge darstellbar sind, durchzuspielen. So ist etwa zu fragen, ob ein Fortführungsrisiko in der Produktion des Geschäftsbereichs II zu sehen ist, das beispielsweise im Zusammenhang mit der Alterstruktur der Anlagenausstattung und den hieraus resultierenden Folgen für zukünftige Investitionen und Abschreibungen besteht.

---

332 Vgl. beispielsweise Imboden (Risikohandhabung), S. 194; Wolf/Runzheimer (Risikomanagement), S. 23ff.; Füser/Gleißner/Meier (Risikomanagement), S. 754

333 Vgl. hierzu und zu den nachfolgenden Darstellungen Staudt (Voraussagen), S. 71-75

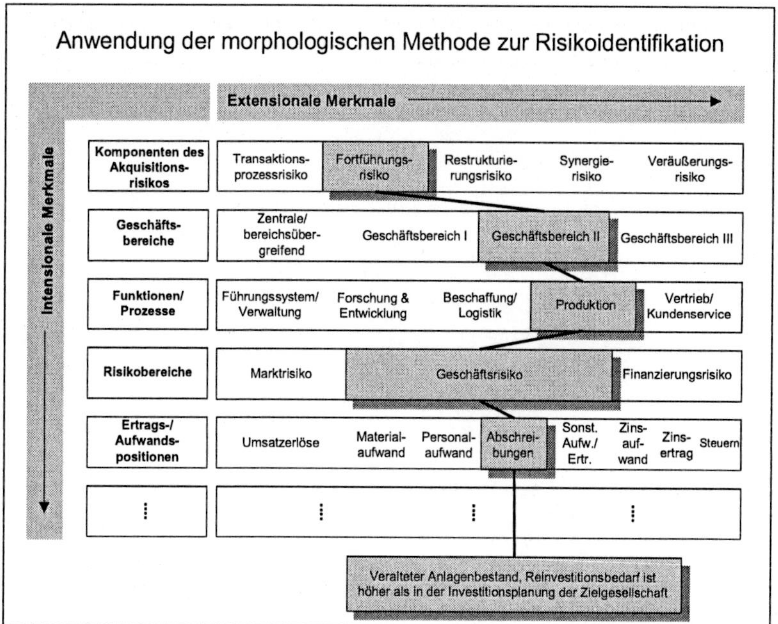

Abb. 32 - Quelle: Eigene Darstellung, Aufbau des morphologischen Kastens nach Staudt (Voraussagen), S. 73

Durch die beliebige Kombination der Einzelelemente des morphologischen Kastens können im konkreten Akquisitionsfall gezielt Fragen gestellt und Risikobereiche über die in Checklisten oder Standardprüfprogramme angeführten Punkte hinaus entdeckt werden. Der Aufbau des morphologischen Kastens ist hierfür stets an die individuellen Bedingungen des betrachteten Unternehmens anzupassen. Zusätzlich zu den angeführten intensionalen Merkmalen könnten u.a. auch geographische Standorte zur expliziten Berücksichtigung einzelner Länderrisiken oder die angesprochenen Werttreiber- bzw. Erfolgsfaktorenmodelle einbezogen werden.

Besonders geeignet erscheint der morphologische Kasten als Diskussionsgrundlage im Due Diligence-Team. Zum einen können anhand des morphologischen Kastens die im Rahmen von Einzelanalysen erarbeiteten Ergebnisse im Team unter einem ganzheitlichen Blickwinkel (betriebswirtschaftlich, rechtlich, steuerlich, technisch, etc.) diskutiert werden. Zum anderen bietet es sich aber auch an, bereits vor dem Eintritt in die Detailanalyse auf Grundlage des morphologischen Kastens ein Brainstorming über mögliche Risikoschwerpunkte durchzuführen und diese in der Prüfungsplanung entsprechend zu berücksichtigen.

2.2.3. Analytische Instrumente zur Unterstützung der Risikoidentifikation

Die soeben dargestellte Risikoerkennung in der Transaktionsphase einer Akquisition kann insbesondere durch Methoden unterstützt werden, wenn diese auf Basis leicht zugänglicher Informationen zu aussagekräftigen Ergebnissen kommen, relativ schnell und ohne großen Aufwand durchgeführt werden können und die Analyseergebnisse leicht kommunizierbar sind. Besonders geeignet erscheinen die Hilfsmittel der strategischen Bilanz sowie Indikatoren bzw. Kennzahlensysteme, die im Rahmen von Frühwarn- bzw. Frühaufklärungssystemen eingesetzt werden.

2.2.3.1. Strategische Bilanz

Neben den bekannten Instrumenten zur Strategieanalyse (z.B. SWOT-Analyse, Branchenstrukturanalyse, Geschäftssystem- bzw. Wertkettenanalyse)[334] kann insbesondere auch auf die von Mann entwickelte strategische Bilanz[335] für den Zweck der Risikoidentifikation im Rahmen einer Due Diligence-Untersuchung zurückgegriffen werden. Dieses Instrument bietet den Vorteil, dass die Ergebnisse aus der Umwelt- und Unternehmensanalyse prägnant einander gegenübergestellt und die zentralen Abhängigkeiten und Engpässe nach ihrer Wichtigkeit geordnet werden können.[336]

Die strategische Bilanz bildet eine Zusammenstellung zentraler Einflussgrößen des Erfolgspotentials eines Unternehmens anhand der Faktoren Kapital, Personal, Material, Absatz und Know-how.

---

334 Vgl. zu den einzelnen Instrumenten für die strategische Analyse Hungenberg (Strategisches Management), S. 71ff.; Peemöller (Controlling), S. 104ff.

335 Vgl. nachfolgend Mann (Strategisches Controlling); S. 70-76; Mann (Praxis), S. 43-56; Mann (Controlling), S. 107f.

336 Vgl. Peemöller (Controlling), S. 113

Strategische Bilanz: Bestimmung von Abhängigkeiten und Engpasssuche

	Aktiva (100 90 80 70 60 50 40 30 20 10 0)	Passiva (100 90 80 70 60 50 40 30 20 10 0)	Abstand	Rang
Kapital	– Gesunde Finanzstruktur – Hoher Aktienkurs – Genehmigtes Kapital – Unausgenutzte Kreditlinien – Kapazitätsreserven für Zusatzgeschäfte	– Überkapazitäten am Markt – Wachsende Fixkostenbelastung – Wenig Ausweichmöglichkeiten durch Spezialmaschinen – Schnelle technische Überholung des Maschinenparks	150	4
Material	– Guter Qualitätsstand Fertigwaren – Spitzenprodukte, Qualitätsvorsprung – Produkte in wachsenden Märkten – Chancen für Kostensenkung – Hoher Fertigwarenumschlag	– Verteuerung der Rohstoffe – Monopolisierung der Rohstofflieferanten – Fehlende Ausweichmöglichkeiten im Rohstoffeinsatz – Abnehmende Rohstoffqualität – Hohe Rohstoffbestände durch Saisoneinkauf	130	3
Personal	– Neues Management – Gute Regelung für Nachfolge/Stellvertretung – Innovationsfreudige Führungskräfte – Kooperativer Führungsstil – Gute Zusammenarbeit mit Arbeitnehmervertretungen	– Facharbeitermangel – Steigende Fluktuation im Produktionsbereich – Zunehmende Kostensteigerung im Ausland – Ungünstige Verkehrsverbindungen zu Arbeitsstätten – Zunehmende Personalbeschaffungskosten	80	1
Absatz	– Steigende Markenprofilierung – Deckungsbeitragsstarke Produkte in wachsenden Märkten – Steigende Distribution im Handel – Abnehmende Konditionsprobleme – Hoher Bekanntheitsgrad des Unternehmens	– Konzentrationsprozess am Absatzmarkt – Steigender Preiswettbewerb – Konjunkturabhängige Nachfrageentwicklung – Imitationsversuche durch Wettbewerber – Steigende Bedeutung der Zweitmarken	170	5
Know-how	– Schubladenpläne für neue Produkte – Bewährte Verfahren zur Krisenbewältigung – Wachsende Lizenzverträge im Ausland – Gute Kenntnis der Bedürfnisse der Zielgruppe – Kreative Entwicklungsabteilung	– Schwierigkeiten bei EDV-Abläufen – Rationalisierungsbedarf in der Verwaltung – Fehlende Automatisierungsverfahren in der Fertigung – Probleme im Auftragsdurchlauf – Steigender Personalkostenanteil	110	2

Abb. 33 - Quelle: Mann (Strategisches Controlling), S. 72f.

Die Faktoren werden nach ihren wichtigsten Abhängigkeiten untersucht, die sowohl positiv als auch negativ sein können – je nach dem, ob andere vom betrachteten Unternehmen abhängig sind oder das Unternehmen von anderen. Positive Abhängigkeiten, die eine Attraktivität für die Umwelt signalisieren, werden auf der Aktivseite, negative Abhängigkeiten auf der Passivseite eingetragen, wobei die Intensität der Abhängigkeiten mit einer Skala von 0% bis 100% zu bewerten ist. Die Faktoren können dann nach ihrem Engpasscharakter eingestuft werden. Der Faktor mit dem geringsten Abstand zwischen den Markierungen auf der Aktiv- und Passivseite ist dabei der dominierende strategische Engpassfaktor. Dies ermöglicht, rasch einen Überblick über wichtige Risken und Schwachstellen des Akquisitionsobjekts zu gewinnen.[337]

2.2.3.2. Frühwarnsysteme

Eine besondere Bedeutung bei der Identifikation von Risiken spielen auch Frühwarnsysteme.[338] Diese stellen Informationssysteme dar, die frühzeitig die Entstehung von Bedrohungen signalisieren und so die Unternehmensführung rechtzeitig in die Lage versetzen, durch geeignete Maßnahmen auf die Bedrohungen zu reagieren.[339] Im Rahmen der Due Diligence können insbesondere Kennzahlen- und Indikatorenanalysen, sog. Frühwarnsysteme der ersten und zweiten Generation,[340] einen wichtigen diagnostischen Beitrag leisten. Bei der Anwendung von Kennzahlen und Indikatoren auf das Akquisitionsobjekt sind in erster Linie Veränderungen in den letzten Jahren (Zeitvergleich) und Unterschiede zur Konkurrenz (Unternehmensvergleich bzw. Benchmarking) zu untersuchen.[341]

Eine **kennzahlenorientierte Bilanzanalyse** hat dabei den Vorteil, dass der Zugang zu den Informationen relativ unproblematisch ist, da unabhängig von der Bereitschaft zur Offenlegung detaillierter unternehmensinterner Informationen die Jahresabschlüsse der vergangenen drei bis fünf Jahre im Regelfall zur Verfügung stehen dürften. Der Informationsgewinn einer Kennzahlenanalyse sollte jedoch keinesfalls überschätzt werden: Das Zahlenmaterial ist oftmals „doppelt veraltet", da sich die Abschlusszahlen zum einen auf

337 Am Rande sei bemerkt, dass die strategische Bilanz auch über die Risikoidentifikation hinaus z.B. zur Beurteilung unterschiedlicher Akquisitionsstrategien angewendet werden kann. Hierzu wäre zu analysieren, wie sich die strategischen Bilanzen des Akquisitionsobjekts sowie des erwerbenden Unternehmens in der Stand-Alone-Betrachtung darstellen und welche positiven/negativen Veränderungen des Profils sich aufgrund der unterschiedlichen Strategien bei dem kombinierten Unternehmen ergeben. Vgl. außerdem zur Anwendung der strategischen Bilanz bei der Bestimmung strategischer Lücken und M&A-Bedarfe in der Konzeptionsphase Jansen (Mergers & Acquisitions), S. 159-161; Steinöcker (Akquisitionscontrolling), S. 30-33

338 Vgl. Krystek/Müller (Frühaufklärungssysteme), S. 177; Gleißner/Füser (Frühwarn- und Prognosesysteme), S. 933

339 Vgl. Krystek/Müller (Frühaufklärungssysteme), S. 177; Peemöller (Controlling), S. 141; Krystek (Früherkennungssysteme), S. 266

340 Vgl. Krystek/Müller (Frühaufklärungssysteme), S. 178

341 Vgl. hierzu Hungenberg (Strategisches Management), S. 107f.; Peemöller (Controlling), S. 112f.

vergangene Geschäftsjahre beziehen, zum anderen der letzte Bilanzstichtag bereits mehrere Monate zurückliegen kann.[342] Des weiteren ist zu vergegenwärtigen, dass der Jahresabschluss eine partielle Abbildung der Unternehmensrealität auf einem sehr hohen Aggregationsniveau darstellt, was ein Vordringen zu den eigentlichen risikobehafteten Einflussfaktoren auf die Geschäftsentwicklung erheblich erschwert.[343] Insgesamt betrachtet können Kennzahlen auf Basis von Jahresabschlüssen des vergangenen Geschäftsjahrs lediglich grobe Indizien für bereits vorhandene Krisen liefern, „eine Frühwarnung im eigentlichen Sinn können sie jedoch nicht leisten."[344]
Neuere Ansätze zur Kennzahlenverdichtung durch **mathematisch-statistische Bilanzanalyseverfahren** auf Basis von Diskriminanzanalysen und neuronalen Netzen bilden zwar eine bedeutsame Weiterentwicklung der Bilanzanalyse.[345] Die genannten Einwände gegen die kennzahlenorientierte Bilanzanalyse treffen aber im Prinzip auch auf diese zu. Als Beispiel sei etwa das Künstliche Neuronale Netz BP-14 angeführt.[346] Hier wird versucht, durch die Verdichtung von 14 Jahresabschlusskennzahlen zu einem Bilanzbonitätsindex eine Quantifizierung von Insolvenzwahrscheinlichkeiten vorzunehmen. Die Auswahl und Gewichtung der einzelnen Kennzahlen erfolgt dabei im Rahmen einer Künstlichen Neuronalen Netz-Analyse, bei der durch statistische Tests die Trennfähigkeit der einzelnen Kennzahlen festgestellt wird, „gesunde" von „kranken" Unternehmen zu unterschieden. Ob der außerordentlich hohe Anspruch, eine zutreffende Insolvenzprognose abzugeben, auf Basis derartiger Bilanzanalyseverfahren vollständig einlösbar ist, erscheint allerdings fraglich. Denn letztlich stellen derartige Insolvenzprognoseformeln nichts anderes als „statistisch optimal

---

342 Küting/Weber (Bilanzanalyse), S. 48

343 Vgl. hierzu Peemöller (Bilanzanalyse), S. 208-210 sowie zu weiteren Problemen der kennzahlenorientierten Bilanzanalyse Küting/Weber (Bilanzanalyse), S. 48-54.

344 Peemöller (Controlling), S. 142. Die Grenzen der Bilanzanalyse zur Risikoerkennung sind besonders bei *Early-Stage-Unternehmen* offenkundig, da diese einerseits Unternehmen „ohne Vergangenheit" darstellen und damit die Verfügbarkeit und Representativität von Vergangenheitsdaten sehr eingeschränkt ist. Andererseits sind die Unternehmen aufgrund des hohen Innovationsgrads der Geschäftsmodelle einer höchst ungewissen Zukunftsentwicklung ausgesetzt, die sich im vorliegenden Zahlenmaterial noch nicht niederschlägt. Vgl. hierzu Peemöller/Geiger/Barchet (Early-Stage-Investments), S. 336; Küting (Möglichkeiten), S. 600-602

345 Zu Verfahren und Vorgehensweisen im Überblick vgl. etwa Peemöller (Bilanzanalyse), S. 219-225; Küting/Weber (Bilanzanalyse), S. 343ff.; Coenenberg (Jahresabschlussanalyse), S. 579ff.

346 Vgl. nachfolgend zum BP-14 als Frühwarninstrument Baetge/Jerschensky (Frühwarnsysteme), S. 173-176 sowie die dort aufgeführte Literatur.

gewichtete Symptombeschreibungen"[347] dar, die aufgrund der Beschränkung auf den Jahresabschluss zu den eigentlichen hinter den finanziellen Kennzahlen stehenden Krisenursachen nicht vordringen.[348] So gibt beispielsweise der beim BP-14 ermittelte summarische N-Wert (Bilanzbonitätsindex) keinerlei inhaltlichen Aufschluss über das komplexe Ursachenbündel einer potentiellen Insolvenz.[349] Freilich ist damit die durch mathematisch-statistische Analyseverfahren zu gewinnende Aussage über die „Insolvenzwahrscheinlichkeit" nicht wertlos, da diese einen wesentlichen Hinweis auf das Niveau des Fortführungsrisikos eines Akquisitionsobjekts in der Stand-Alone-Betrachtung liefert. Ein evtl. Anhaltspunkt für eine erhöhte Insolvenzwahrscheinlichkeit ist aber durch eine fundierte betriebswirtschaftliche Ursachenanalyse zu vertiefen.

Die sachliche Beschränkung auf die finanzielle Dimension sowie die zeitliche Beschränkung auf die Vergangenheit sind zwei Probleme, die im Rahmen von Frühwarnsystemen durch die Anwendung von **Frühwarnindikatoren** behoben werden können. Indikatoren sollen latent bereits vorhandene Bedrohungen anzeigen, die sich aber noch nicht notwendigerweise buchhalterisch niedergeschlagen haben.[350] Die indikatororientierte Frühaufklärung zeichnet sich durch eine konsequente, gerichtete Suche und Beobachtung von Entwicklungen in allen Bereichen des Unternehmens sowie der Umwelt aus. In der Literatur finden sich zahlreiche Indikatorenkataloge mit guten Frühwarneigenschaften.[351] Als Beispiel sei hier eine Auswahl praxisrelevanter Frühwarnindikatoren für unterschiedliche externe und interne Beobachtungsbereiche angeführt:

---

347 Peemöller (Bilanzanalyse), S. 224

348 Aufgrund der im Rahmen der betriebswirtschaftlichen Krisenursachenforschung betonten Multikausalität, Mehrstufigkeit und Multilokalität von Krisenursachen kann bezweifelt werden, ob sämtliche Risikofaktoren, die den Fortbestand gefährden, in der Bilanz – zumal der vom Vorjahr – auftauchen. Vgl. zur Krisenursachenforschung Krystek (Unternehmungskrisen), S. 32-72, insbes. S. 67

349 Vgl. auch die gleichlautende Kritik bei Peemöller (Bilanzanalyse), S. 224 sowie Coenenberg (Jahresabschlussanalyse), S. 584f.

350 Vgl. Krystek/Müller (Frühaufklärungssysteme), S. 179;Krystek (Früherkennungssysteme), S. 267f.; Krystek/Müller (Shareholder Value Reporting), S. 247-249

351 Vgl. beispielsweise Krystek/Müller (Frühaufklärungssysteme), S. 180; Oehler (Alarmkennziffern), S. 149–157; Jacobs/Oestreicher/Piotrowski-Allert (Fehlerrisiko), S. 526-533; IDW (WP-Handbuch), S. 1377; Langenbeck (Früherkennungssystem), S. 883f.; Gomez (Frühwarnung), S. 34-44

Überblick über ausgewählte Beobachtungsbereiche und Frühwarnindikatoren

Beobachtungsbereiche	Frühwarnindikatoren
Konjunkturelle Entwicklung	• (amtliche) Auftragseingänge
Technologische Entwicklung	• Informationen über mögliche Änderung der Verfahrenstechnologie • Informationen über mögliche Änderung der Produkttechnologie
Produkte/Regionen des unternehmungsbezogenen Absatzmarkts	• (eigene) Auftragseingänge • (eigene) Auftragsbestände
Kunden der Unternehmung	• Bestell-/Einkaufsverhalten • Nachfragevolumen wichtiger Kunden • Auftragseingänge wichtiger Kunden
Konkurrenten der Unternehmung	• Preispolitik • Programmpolitik
Lieferanten der Unternehmung	• Preise/Konditionen der Lieferanten
Kapitalmarkt	• Zinsen • Wechselkurse
Produktprogramm	• Anteil der Nachwuchs-, Star-, Cash- und Problemprodukte
Mitarbeiter	• Lohn-/Gehaltszuwächse
Ergebnis- und Finanzlage	• Kalkulatorische Ergebnisse (Hochrechnung) • Bilanzielle Ergebnisse (Hochrechnung) • Cash-flow (Hochrechnung) • Liquiditätsreserve (Hochrechnung)
Forschung und Entwicklung	• F&E-Kosten im Vergleich zur Konkurrenz
Absatz	• Umsätze (Hochrechnung) • Preise (Netto) • Lagerbestände im Vergleich zur Konkurrenz
Produktion und Beschaffung	• Ausstoß (Hochrechnung) • Lohnkosten (Hochrechnung) • Lohnkostenanteil im Vergleich zur Konkurrenz • Beschaffungspreise im Vergleich zur Konkurrenz

Abb. 34 - Quelle: Peemöller (Controlling), S. 144

Die Anwendung von Frühwarnindikatoren für die Risikoidentifikation bei Unternehmensakquisitionen stellt sehr viel höhere Anforderungen an das Informationsniveau als die Analyse von Bilanzkennzahlen, da hier detaillierte interne Informationen beispielsweise bezüglich der Umsatzentwicklung einzelner Kunden bzw. einzelner Positionen der Aufwandsstruktur (z.B. Personalaufwand) benötigt werden.[352] Soweit diese im Rahmen der Due Diligence zugänglich gemacht werden, ist die Suche nach Risikofaktoren anhand von Indikatoren sehr viel erfolgversprechender als eine klassische Bilanzanalyse, insbesondere wenn die Indikatoren speziell auf die betrachtete Branche zugeschnitten sind.[353]

352 Eine besondere Bedeutung kommt bei Unternehmen der New Economy den mitarbeiterorientierten Kennzahlen zu, da hier das Human-Kapital den wesentlichen Werttreiber darstellt. Vgl. hierzu Wullenkord (Valuation), S. 527

353 Vgl. Küting (Möglichkeiten), S. 603

2.2.4. Ausgewählte Problembereiche und Prüfungsschwerpunkte

Die Risikoidentifikation stellt einen zukunftsbezogenen Prozess dar, da Risiken durch die unvollkommene Information bezüglich der zukünftigen Entwicklung entstehen. Bei der Durchführung einer Due Diligence im Rahmen einer strategischen Unternehmensakquisition stellt sich nun dieses **Problem des Zukunftsbezugs** in einer verschärften Form: Bei Durchführung einer strategisch motivierten Unternehmensakquisition wird das Akquisitionsobjekt im Regelfall in der bisherigen Form nicht weiterbestehen, sondern in Abhängigkeit von der Akquisitionsstrategie mehr oder minder stark in das Käuferunternehmen integriert. Deshalb ist eine Abstraktion vom Status Quo des Akquisitionsobjekts vorzunehmen und systematisch nach den Risikopositionen aus Sicht der zukünftigen Struktur zu fragen. Würden die Risiken lediglich aus der Sicht des Akquisitionsobjekts in seiner aktuellen Ausrichtung identifiziert, so würden sämtliche Risiken aus dem Blickfeld fallen, die bei der Realisierung der Wertsteigerungen im Rahmen der Integration des Akquisitionsobjekts entstehen. Die Schwierigkeit, sich von den bestehenden Strukturen bei der Due Diligence zu lösen, wird dadurch erhöht, dass sich sämtliche verfügbaren Informationsquellen (insbesondere auch Jahresabschlüsse und Unternehmensplanungen) auf das Zielunternehmen in seiner aktuellen Struktur beziehen.

Um hinsichtlich dieser Problematik Anhaltspunkte für die im Einzelfall durchzuführende Risikoidentifikation aufzuzeigen, sollen deshalb im Folgenden überblicksartig einige Prüfungsschwerpunkte herausgestellt werden, die unmittelbar aus der Orientierung am anvisierten Soll-Zustand resultieren. Da dieser Soll-Zustand in der Akquisitionsstrategie sowie dem damit verbundenen Wertsteigerungskalkül zum Ausdruck gelangt, bieten sich hierfür die bereits vorgestellten Risikokategorien (Fortführungs-, Restrukturierungs-, Synergierisiko sowie evtl. Veräußerungsrisiko) an. [354]

Fortführungsrisiko

Das Fortführungsrisiko umfasst sämtliche Risiken, die die Erreichung des Stand-Alone-Werts des Akquisitionsobjekts unabhängig von der Realisierung

354 Vgl. zur Ableitung der Risikokategorien im einzelnen Kapitel II.1.3.3.

weiterhin geplanter Wertsteigerungen gefährden. Dieses Fortführungsrisiko kann grob in zwei Bestandteile unterteilt werden: Risiken des laufenden Geschäfts des Akquisitionsobjekts sowie Haftungsrisiken aus der Rechtsnachfolge.[355]

Unter die **Risiken des laufenden Geschäfts** fallen zunächst sämtliche originären Markt-, Geschäfts- und Finanzierungsrisiken des Akquisitionsobjekts[356], die bereits vor Abschluss der Akquisition bestanden haben. Hinzu kommt die Möglichkeit, dass sich zwischen Vertragsabschluss und Vollzug der Unternehmensübertragung bekannte Risiken ausweiten bzw. neue Risiken entstehen können, die den Stand-Alone-Wert des Unternehmens verschlechtern.[357]

Die **Haftungsrisiken aus der Rechtsnachfolge** durch den Erwerber beziehen sich auf Verbindlichkeiten, die vor dem Rechtsübergang im Unternehmen begründet wurden. Sie beruhen im wesentlichen auf folgenden gesetzlichen Bestimmungen:[358]

- Haftung durch Firmenfortführung § 25 HGB
- Haftung durch Vermögensübernahme § 419 BGB
- Haftung für Ansprüche von Arbeitnehmern § 613 a BGB
- Haftung für Steuerschulden § 75 AO

Restrukturierungsrisiko

Das Restrukturierungsrisiko besteht darin, dass die ex post realisierten Wertsteigerungen aus Restrukturierung geringer ausfallen als erwartet. Eine potentielle Unterschreitung des Nettorestrukturierungswerts kann auf zwei Ursachen beruhen: Zum einen könnte aufgrund fehlender Informationen das **Restrukturierungspotential** zu hoch angesetzt worden sein, zum anderen ist

---

355 Vgl. zu dieser Unterteilung Lubos (Übernahme), S. 954

356 Bei der Übernahme eines Early-Stage-Unternehmens, das noch in der Start Up-Phase ist, kann vorgelagert zu diesen drei Risikobereichen zusätzlich ein *Realisationsrisiko* bestehen, wenn die technische, wirtschaftliche oder rechtliche Umsetzbarkeit der Geschäftsidee bzw. des Geschäftsmodells mit Unsicherheiten behaftet ist. Vgl. Peemöller/Geiger/Barchet (Early-Stage-Investments), S. 136

357 Vgl. Holzapfel/Pöllath (Unternehmenskauf), S. 24f.; Picot (Vertragsrecht), RN. 157

358 Vgl. im Überblick Sieben/Sielaff (Unternehmensakquisition), S. 37; Lubos (Übernahme), S. 954 sowie die detaillierten Darstellungen bei Holzapfel/Pöllath (Unternehmenskauf), S. 303ff. und Picot (Vertragsrecht), RN. 107ff. Speziell zu steuerlichen Haftungsrisiken inkl. Außenprüfungsrisiken vgl. Hötzel (Unternehmenskauf), S. 121-135. Zu Problemen der Auslegung des § 25 HGB siehe auch Scherer (Firmenfortführung), S. 2321-2325

aber auch denkbar, dass der **Umstrukturierungsaufwand** (z.B. Investitionsbedarf, Sozialplankosten, o.ä.) unterschätzt oder gänzlich außer Acht gelassen wurde.

Zur Identifikation dieser Risiken bietet es sich an, bei der Identifikation und Bewertung der einzelnen Komponenten der Restrukturierungsmaßnahmen zugleich wesentliche Bewertungsunsicherheiten mitzuerfassen. Die analytische Aufgliederung dieser einzelnen Risiken kann sich an den in der Literatur beschriebenen Ansätzen zur wertorientierten Restrukturierung orientieren.[359]

Synergierisiko

Bei der Identifikation der Synergierisiken kann analog zum Restrukturierungsrisiko vorgegangen werden: Eine mögliche zukünftige Unterschreitung des erwarteten Nettosynergiewerts kann auf einer Fehleinschätzung des Synergiepotentials bzw. auf einem zu hohen Umsetzungsaufwand beruhen.

In der Literatur finden sich zahlreiche ausgearbeitete Vorschläge zur Synergieidentifikation,[360] die deshalb an dieser Stelle nicht weiter vertieft werden. Wichtig erscheint aus der Sicht des Risikomanagements, dass eine rigorose Prüfung des Synergiepotentials, der Umsetzungsbedingungen und der voraussichtlichen Umsetzungskosten durchgeführt wird, um frühzeitig die Erkennung von Synergierisiken zu gewährleisten.[361]

Bei der kritischen Prüfung der **Nachhaltigkeit der Synergievorteile** ist neben den internen Erfolgsbedingungen vor allen Dingen auch die Wettbewerbssituation zu beachten. Denn die durch eine Akquisition gewonnenen Synergievorteile können, wenn sie nicht zu einer dauerhaften Steigerung der Wettbewerbsvorteile oder einer Verringerung der Verwundbarkeit führen, durch

---

359 Vgl. hierzu beispielsweise das Pentagon-Konzept von Copeland/Koller/Murrin (Unternehmenswert), S. 332f. bzw. die VALCOR-Matrix von Gomez/Weber (Akquisitionsstrategie), S. 54 und Weber (Restrukturierung), S. 576. Vgl. zur Identifikation von Restrukturierungspotentialen auch Schmusch (Unternehmensakquisitionen), S. 61-67

360 Vgl. hierzu Coenenberg/Sautter (Unternehmensakquisitionen), S. 200-204; Sautter (Strategische Analyse), S. 210ff.; Eine Darstellung der Methoden der Synergieidentifikation als Baustein der Due Diligence findet sich bei Rockholtz (Due Diligence-Konzeption), S. 183-195; Rockholtz (Akquisitionsmanagement), S. 151ff. sowie Brauner/Grillo (Due Diligence), S. 216-219

361 Vgl. zu dieser Forderung insbesondere auch Rockholtz (Due Diligence-Konzeption), S. 193 sowie S. 223f.

intensive Reaktionen des Wettbewerbs sehr schnell zunichte gemacht werden.[362]

Eine zentrale Rolle bei der Identifikation des Synergierisikos spielt auch die Berücksichtigung der Unsicherheiten bezüglich der Kosten der Synergierealisierung sowie negativer Synergien.[363] Ein oftmals in der Literatur aufgezeigter Systematisierungsversuch für die **Kosten der Synergieerzielung** unterscheidet folgende Kostenkategorien:[364]

- **Koordinierungskosten**: Die Interdependenzen zwischen den Wertketten des Erwerbers und dem Akquisitionsobjekt erzeugen einen zusätzlichen Koordinationsbedarf bei der Planung, Durchführung und Überwachung der Aktivitäten.
- **Kompromisskosten**: Von beiden Geschäftseinheiten genutzte Ressourcen oder Prozesse können sich nicht gleichzeitig an den Anforderungen beider Partner gleichzeitig ausrichten.
- **Inflexibilitätskosten**: Vielfältige Verflechtungen zwischen den Geschäftseinheiten erhöhen die Komplexität und verringern die Anpassungs- bzw. Manövrierfähigkeit des Gesamtunternehmens bzw. erhöhen die Austrittsbarrieren.

Durch die Kategorien werden zwar wesentliche leicht zu übersehende Kostentreiber bei der Synergierealisation genannt, allerdings dürfte die praktische Erfassung dieser Zusatzkosten für die Bewertung des Nettosynergiewerts schwierig sein.[365]

Veräußerungsrisiko

Wird die Weiterveräußerung nicht benötigter Unternehmensteile geplant, so sollte dies nicht zu dem Schluss führen, dass für dies Bereiche nur geringe oder gar keine Prüfungen erforderlich seien. Auch wenn die Prüfungsanforderungen hier niedriger sind, sollten die Risiken aus dem Ergebnisbeitrag weiterveräußerter Bereiche ausreichend geprüft werden.[366]

---

362 Vgl. Sirower (Synergy Trap), S. 25 und Porter (Wettbewerbsstrategie), S. 440.

363 Vgl. Hungenberg (Strategisches Management), S. 371f.

364 Vgl. Porter (Wettbewerbsvorteile), S. 426-432; Huemer (Mergers & Acquisitions), S. 208; Krüger (Management), S. 372

365 Vgl. zu dieser Einschätzung auch Gerpott (Integrationsgestaltung), S. 105

366 Vgl. Berens/Schmitting/Strauch (Due Diligence), S. 77; Blex/Marchal (Akquisitionsprozess), S. 95

So könnten im Rahmen der Due Diligence unerkannte Risiken einer Veräußerungsstrategie hinsichtlich der Höhe des erzielbaren Veräußerungserlöses, dem Veräußerungszeitpunkt sowie eventuell erforderlichen Investitionen, um die Verkaufschancen zu erhöhen, eine empfindliche Werteinbusse für das gesamte Akquisitionsprojekt zur Folge haben.

2.3. Risikoevaluation zur Analyse und Bewertung des Akquisitionsrisikos

2.3.1. Überblick über die Vorgehensweise

An die Identifikation der Risiken schließt sich die Risikoevaluation an. Hierbei sind die Risken der Akquisition qualitativ zu analysieren und quantitativ zu bewerten. Die weitere Vorgehensweise bei der Risikoevaluation ist in folgender Abbildung dargestellt:

Vorgehensweise bei der Risikoevaluation

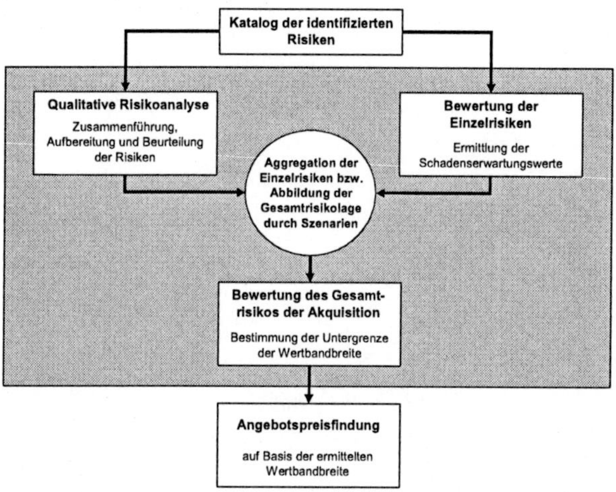

Abb. 35 - Quelle: Eigene Abbildung

In einem ersten Schritt werden die identifizierten Risken und sämtliche risikobezogenen Informationen, die vielfach in verstreuter und unsystematischer Form vorliegen, im Rahmen einer qualitativen Risikoanalyse zusammengeführt und ausgewertet. In einem zweiten Schritt sind die erfassten Risiken einzeln zu bewerten. Auf dieser Basis kann im dritten Schritt eine Bewertung des Gesamtrisikos der Akquisition erfolgen, indem versucht wird, die Risiken zu aggregieren bzw. das mögliche Zusammenwirken der wesentlichen Risiken in unterschiedlichen Bewertungsszenarien darzustellen.

Die Bewertung des gesamten Akquisitionsrisikos zielt auf die Bestimmung und Untermauerung einer Wertuntergrenze ab, die mit großer Wahrscheinlichkeit nicht unterschritten wird. Diese durch die Risikoevaluation zu leistende Begrenzung der Bandbreite möglicher Unternehmenswerte bildet sodann die Entscheidungsgrundlage für die Angebotspreisfindung, in deren Rahmen das Preisrisiko zu steuern ist.[367]

2.3.2. Qualitative Risikoanalyse

2.3.2.1. Aufbereitung und Systematisierung der Risiken anhand eines Risikotableaus

Die Zusammenführung der Prüfungsergebnisse der Risikoidentifikation, die in der Regel – wie soeben aufgezeigt – auf Basis einer Kombination unterschiedlicher Methoden und durch unterschiedliche Projektteilnehmer durchgeführt wird, führt zu einem relativ ungeordneten Risikokatalog. Diese unsystematisierte Ansammlung der identifizierten Einzelrisiken ist zunächst aufzubereiten durch:[368]

- Eliminierung von Doppel- bzw. Mehrfachnennungen
- Zusammenfassung von Risiken
- Konsistenz- und Plausibilitätsprüfungen
- Systematisierung und Kodierung der Risiken

Die Aufbereitung der Risiken erfolgt in einem **Risikotableau**, das ein zentrales Arbeitspapier zur Darstellung der gesamten Risikosituation der Akquisition darstellt. In der Literatur finden sich unterschiedliche Ausgestaltungsvorschläge und Bezeichnungen für eine derartige Aufstellung, in der die Informationen gebündelt werden, so z.B. „Risikoinventar", „Risikotabelle", „Risk-Map", „Risk

367 Vgl. die Ausführungen zur Risikosteuerung bei der Angebotspreisfindung in Kapitel III.2.4.2.

368 Vgl. Füser/Gleißner/Meier (Risikomanagement), S. 754; Bitz (Risikomanagement), S. 27f.

Tracking Sheet", „Risikoerfassungsbogen".[369] Im Rahmen dieser Arbeit werden unterschiedliche Elemente der vorgenannten Risikodarstellungen, die speziell im Hinblick auf das Risikomanagement bei M&A-Prozessen von praktischer Bedeutung sind, übernommen. Das Risikotableau stellt dabei ein integratives Informationsinstrument für das akquisitionsbegleitende Risikomanagement dar, anhand dessen von der Risikoanalyse über die Risikoevaluation und Risikosteuerung bis hin zur Risikokontrolle die jeweils erforderlichen Informationen generiert bzw. bereitgestellt werden können. In den folgenden Kapiteln wird das Instrument in drei Teilen sukzessive entwickelt.[370]
In der Literatur werden die wesentlichen Vorteile einer solchen tabellarischen Zusammenstellung der erfassten Risiken betont:[371]

- Sammlung aller verfügbaren risikorelevanten Informationen zur Verbesserung des Informationsniveaus
- Schaffung eines Gesamtüberblicks über die gesamte Risikosituation vor und nach Risikosteuerung
- Einheitliche Beschreibung der Risiken und Zwang zur Genauigkeit
- Hierarchisierung und Systematisierung der Risiken durch Risikofelder und Risikoarten
- Integration partieller und heterogener Problemsichten
- Gute Kommunizierbarkeit der Risikosituation
- Erfüllung der Dokumentationspflichten

Für den Zweck einer systematischen Risikoerfassung und einer qualitativen Analyse der Risikoursachen kann das Risikotableau beispielsweise als Datenbank aufgebaut werden (Vgl. Abb. 36). Hierbei wird das Risiko zunächst beschrieben und durch die bei der Risikoidentifikation angewandten Beschreibungsmerkmale weiter klassifiziert. Diese Klassifizierung eröffnet in einem späteren Stadium die Möglichkeit, dass flexibel eine große Zahl an Auswertungen für unterschiedliche Risikobereiche durchgeführt werden kann. Die für

---

369 Vgl. Weitekamp (Risikomanagement), S. 1758; Füser/Gleißner/Meier (Risikomanagement), S. 754; Lück (Risikomanagementsystem), S. 1928; Bitz (Risikomanagement), S. 82-87; Hahn/Weber/Friedrich (Risikomanagementsystem), S. 2627; Freidank (Risikomanagement), S. 615; Weber/Weißenberger/Liekweg (Risk Tracking), S. 29; Diedrichs/Richter (Risikomanagement), S. 141

370 Vgl. den Aufbau des Risikotableaus zur Risikoanalyse, Risikobewertung sowie Risikosteuerung und –kontrolle in den Abb. 36,38 und 41

371 Vgl. hierzu beispielsweise Lück (Risikomanagementsystem), S. 1928; Weitekamp (Risikomanagement), S. 1757 u. 1759; Weber/Weißenberger/Liekweg (Risk Tracking), S. 28

die Risikoanalyse angegebenen Felder werden im folgenden Kapitel näher erläutert.

Zusammenführung und Analyse der identifizierten Einzelrisiken in einem Risikotableau (Teil I)*

Risikobeschreibung						Risikoanalyse				
Nr.	Beschreibung	Risikoklassifikation nach unterschiedlichen Merkmalen				Unsicherheitsgrad	Ursachenfaktoren	Grad der Beeinflussbarkeit	Frühwarnindikatoren	pos./neg. Interdependenzen mit anderen Risiken
		Risikoart	GB	Funktion	Ertr./Aufw.					
1	Kundenverlust (X AG)	Fortführungsrisiko	Geschäftsbereich II	Vertrieb/ Marketing	Umsatzerlöse	2	enger persönlicher Kontakt zum derzeitigen Eigentümer	hoch	Entwicklung des kundenspezifischen Auftragseingangs	++ Nr. 15
2	...	...	...	...	...	...	...	...	...	...
3										
4										
5										
...										

Abb. 36 - Quelle: Eigene Abbildung in Anlehnung an Weitekamp (Risikomanagement), S. 1758; Bitz (Risikomanagement), S. 82-87; Weber/Weißenberger/Liekweg (Risk Tracking), S. 29; Hahn/Weber/Friedrich (Risikomanagementsystem), S. 2627; Diedrichs/Richter (Risikomanagement), S. 141

*) Fortsetzung des Risikotableaus in den Abb. 38/40

2.3.2.2. Analyse der Kausalbeziehungen und Interdependenzen einzelner Risiken

Der Sinn einer qualitativen Risikoanalyse besteht darin, durch die Erhöhung des Kenntnisstands bezüglich der Ursachen-/Wirkungszusammenhänge die Unsicherheit der Entscheidungssituation zu reduzieren und hierdurch die Voraussetzungen für eine möglichst fundierte quantitative Bewertung und eine wirksame Steuerung zu schaffen.

Hierzu erfolgt in einem ersten Schritt eine Zuordnung der identifizierten Risiken zu den weiter oben beschriebenen vier **Unsicherheitsstufen**.[372] Ziel ist es, die

372 Vgl. Kapitel II.1.2.2.

Risiken auf ein möglichst geringes Unsicherheitsniveau einstufen zu können.[373] In diesem Zusammenhang ist deshalb auch zu entscheiden, ob die im Rahmen der Risikoidentifikation gewonnen Erkenntnisse bezüglich der Kausalfaktoren ausreichend sind und inwieweit bei einzelnen Risiken eine weitere Informationsbeschaffung erfolgen soll. Die Zuordnung zu den Unsicherheitsstufen erleichtert weiterhin, dass eine bewusste Auswahl einer geeigneten Bewertungsmethode in Abhängigkeit vom jeweiligen Informationsstand getroffen werden kann.[374]

In einem zweiten Schritt sind die wichtigsten ermittelten **Ursachenfaktoren** der Risiken aufzuführen, wobei auch der **Grad der Beeinflussbarkeit** des potentiellen Verlusteintritts einzuschätzen ist.[375] Hieraus können sich erste Anknüpfungspunkte für Maßnahmen zur Risikosteuerung ergeben. Auch sind für möglichst viele Einzelrisiken qualitative oder quantitative **Frühwarnindikatoren** anzugeben, um die Entwicklung der Risiken im weiteren Verlauf überwachen zu können.[376] Für das in der Abbildung angeführte Risiko des Verlusts eines Großkunden sind beispielhaft Ursachenfaktoren, Beeinflussbarkeit und Frühwarnindikatoren dargestellt.

In einem dritten Schritt sind die **Interdependenzen zwischen den Risiken** zu erfassen. Denn dies ist nicht nur unabdingbare Voraussetzung für eine rechnerische Aggregation der Teilrisiken zu einem Gesamtrisiko.[377] Auch für eine Szenarioanalyse sind kumulative bzw. kompensatorische Beziehungen zwischen einzelnen Risiken im Sinne einer ganzheitlichen Erforschung der „Risikoursachensysteme“[378] erforderlich: Das Zusammenspiel verschiedener interdependenter Risiken, denen bei isolierter Betrachtung eine nachrangige Bedeutung zukommt, könnte sich zu einem bestandsgefährdenden Risiko aufschaukeln.[379] Hierbei kann die von Probst/Gomez entwickelte *Methodik des*

---

373 Vgl. hierzu Weber/Weißenberger/Liekweg (Risk Tracking), S. 25

374 Vgl. hierzu die Ausführungen zur Bewertung der Einzelrisiken im folgenden Kapitel 2.3.3.

375 Vgl. Lück (Risikomanagementsystem), S. 1927

376 Vgl. Hahn/Weber/Friedrich (Risikomanagementsystem), S. 2624 u. 2627

377 Vgl. Gleißner/Meier (Risikoaggregation), S. 927

378 Farny (Risk Management), S. 1752

379 Vgl. Kromschröder/Lück (Grundsätze), S. 1574

Vernetzten Denkens[380] hilfreich sein, bei der in einem Netzwerk die wichtigsten Umwelt- und Unternehmungsfaktoren in Beziehung zueinander gesetzt werden. Eine derartige Netzwerkstruktur sei in folgender Abbildung veranschaulicht:

Beschreibung von Wirkungszusammenhängen anhand eines Netzwerks

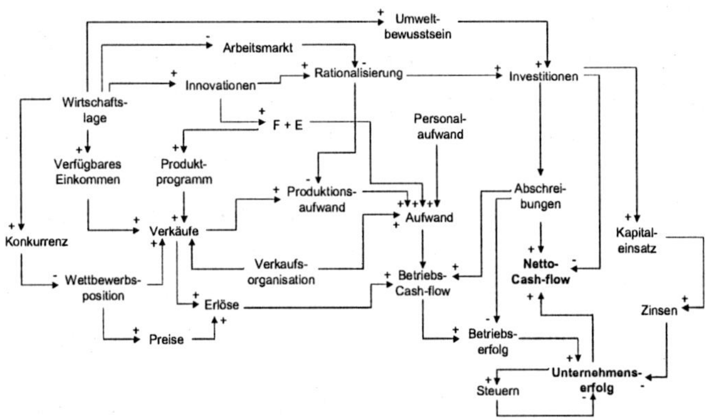

Abb. 37 - Quelle: Gomez/Weber (Akquisitionsstrategie), S. 57

Im Risikotableau können positive bzw. negative Einflussbeziehungen zwischen Risiken durch entsprechende Verweise festgehalten werden. Dabei kann auch die Intensität des Einflusses (+, ++, bzw. +++) abgestuft werden (s. Abb. 36).

2.3.3. Bewertung der Einzelrisiken

2.3.3.1. Schadenserwartungswert und Höchstschadenswert als Risikomaße

Im theoretischen Idealfall wäre für eine Bewertung einzelner Risiken die Kenntnis der Wahrscheinlichkeitsverteilung der möglichen Zielverfehlungen auf

380 Vgl. zur Methode des Vernetzten Denkens Probst/Gomez (Vernetztes Denken), S. 7-18 bzw. zur Anwendung bei der Evaluation von Akquisitionsobjekten Gomez/Weber (Akquisitionsstrategie), S. 57

Basis objektiv bestimmter Wahrscheinlichkeiten erforderlich. In der Praxis sind aufgrund der vielfältigen Quantifizierungsprobleme oftmals erhebliche Abstriche vorzunehmen.

So konzentriert man sich nicht direkt auf die Bestimmung von Verteilungen.[381] Im Vordergrund steht zumeist vereinfachend die Ermittlung des **Schadenserwartungswertes** als zentraler Parameter der Schadenverteilung, wobei unter Schaden eine „ungünstige Abweichung der Realität von Plänen"[382] verstanden wird. Der Schadenserwartungswert kann als *Produkt aus Schadenshöhe und Eintrittswahrscheinlichkeit* definiert werden.[383] Sind mehrere Schadenshöhen und Eintrittswahrscheinlichkeiten möglich, ergibt sich der Schadenserwartungswert aus der Summe der mit ihren Eintrittswahrscheinlichkeiten gewichteten Schadenshöhen.[384] Bezüglich der Aussagekraft des Schadenserwartungswertes als zahlenmäßigem Ausdruck für das Ausmaß des Risikos ist allerdings zu beachten, dass dieser nur eine Aussage über die *durchschnittliche* Ertragsbelastung macht, während aber aus Sicht des Risikomanagements gerade die möglichen Schäden besonders ungünstiger Zukunftsentwicklungen von entscheidendem Interesse sind. Die Problematik des Schadenserwartungswerts zeigt sich insbesondere daran, dass Risiken mit einem hohen, für das Unternehmen existenzbedrohenden Verlust und einer geringen Eintrittswahrscheinlichkeit genauso bewertet werden wie Risiken mit einem geringeren Vermögensverlust und einer höheren Eintrittswahrscheinlichkeit, obwohl beide Risikoarten vollkommen unterschiedlich behandelt werden müssen.[385] Um diesen Mangel zu beheben, sollte ergänzend zum Erwartungswert der Schadenverteilung auch eine Aussage über die mögliche Streuung der Verluste getroffen werden. Hierzu bietet sich die Erfassung eines realistisch zu erwartenden

---

381 Vgl. Farny (Risk Management), S. 1752

382 Farny (Risk Management), S. 1752

383 Vgl. Scharpf/Luz (Risikomanagement), S. 78; Brebeck/Herrmann (Frühwarnsystem), S. 383; Hertel (Risk Management), S. 48

384 Vgl. Hahn/Weber/Friedrich (Risikomanagementsystem), S. 2625. Eine weitere Möglichkeit zur differenzierten Berechnung von Schadenserwartungswerten auf Basis einer Dreipunktschätzung (realisitischer Höchstschaden, mittlerer Schaden, Kleinstschaden) findet sich bei Füser/Gleißner/Meier (Risikomanagement), S. 755

385 Vgl. Lück (Risikomanagementsystem), S. 1927 sowie Hertel (Risk Management), S. 48-51

Höchstschadenswerts an.[386] Neben der Möglichkeit subjektiver Einschätzungen könnte zur Quantifizierung des Höchstschadens beispielsweise auf den sog. *Value at Risk (VaR)* zurückgegriffen werden. Dieses im Finanzbereich verbreitete Risikomaß gibt den Wertverlust einer Einzelposition oder eines Portefeuilles an, der mit einer vorgegebenen, hohen Wahrscheinlichkeit (z.B. 95% oder 99%) innerhalb eines festgelegten Zeitraums nicht überschritten wird.[387] Die Abschätzung der Verlustpotentiale erfolgt dabei in Abhängigkeit von dem verwendeten Modell entweder auf Basis einer historischen Simulation, einer Varianz-Kovarianz-Analyse oder einer Monte-Carlo-Simulation.[388] Die Anwendung des VaR außerhalb des typischen Anwendungsbereichs der Finanzrisiken wie Zins-, Währungs-, Aktien-, Rohstoffpreis- und Kreditrisiken erscheint allerdings schwierig, da hier oftmals keine ausreichende quantitative Datenbasis vorliegt oder diese erst mit sehr großem Simulationsaufwand geschaffen werden muss.

Der Verweis auf die erforderliche Qualität der Ausgangsdaten bezieht sich allerdings nicht nur auf den Value at Risk, sondern kennzeichnet ein generelles Problem der Risikobewertung anhand quantitativer Risikomaße. Denn die **Grenzen der Quantifizierbarkeit** von Schadenshöhen und Eintrittswahrscheinlichkeiten sind bei allen Risikomaßen offenkundig. So ergibt sich aus der stets ‚historisch' einzigartigen sowie außerordentlich komplexen Ausgangskonstellation unternehmerischer Entscheidungsprozesse, dass prinzipiell keine objektiven Wahrscheinlichkeiten ermittelt werden können.[389] Das heißt, dass auf subjektive Wahrscheinlichkeiten ausgewichen werden muss, die jedoch

---

386 Vgl. Füser/Gleißner/Meier (Risikomanagement), S. 755; Gleißner/Meier (Risikoaggregation), S. 926; Farny (Risk Management), S. 1752

387 Vgl. Scharpf/Luz (Risikomanagement), S. 142; Schierenbeck (Bankmanagement), S. 16

388 Vgl. zum Prozess der VaR-Berechnung Jendruschewitz (Value at Risk), S. 23; Keitsch (Risikomanagement), S. 59f.

389 Denn zum einen können die gemäß dem statistischen Wahrscheinlichkeitsbegriff erforderlichen relativen Häufigkeiten für einzelne Schadensereignisse nicht ohne einen problematischen Schluss von vergangenen Daten auf zukünftige Entwicklungen bestimmt werden. Zum anderen kann – wie dies der logische Wahrscheinlichkeitsbegriff erfordern würde – weder der Ereignisraum *sämtlicher* zukünftiger Bedingungskonstellationen abschließend angegeben noch der genaue finanzielle Erfolg jeder einzelnen Bedingungskonstellation zuverlässig a priori bestimmt werden. Vgl. Bretzke (Risiken), S. 816

nicht mehr als „Grade des persönlichen Fürwahrhaltens von Hypothesen“[390] darstellen und mithin in keiner Weise überprüfbar sind. Das Quantifizierungsproblem besteht jedoch nicht selten auch hinsichtlich der Schadenshöhe, da nicht alle Verluste monetär ausgedrückt werden können, ohne Scheingenauigkeiten zu produzieren.[391] Kaum zu quantifizierende Schädigungen in Folge einer Unternehmensübernahme könnten beispielsweise aufgrund unklarer Kompetenzabgrenzungen in der Führungsstruktur oder einer Vernachlässigung des Wettbewerbs während des kräftezehrenden Integrationsprozesses entstehen. Auch wenn derartige Schädigungen nicht quantifizierbar sind, stellen sie bei Unternehmensübernahmen aber dennoch sehr reelle Gefahren dar, die im Rahmen des Risikomanagements unbedingt zu berücksichtigen sind. Allerdings ist für eine gezielte Steuerung derartiger Risiken auch nicht notwendigerweise ein quantitativer Ausdruck für das Risikoausmaß erforderlich.[392]
Wie eine auf diese Problematik abgestimmte praktikable Risikobewertung erfolgen kann, wird im Folgenden dargelegt.

2.3.3.2. Bewertung der Einzelrisiken im Risikotableau

An die Ausgestaltung des Risikotableaus ist die Anforderung zu stellen, dass Risiken auf unterschiedlichsten Informations- und Unsicherheitsniveaus bewertet werden können.[393] Das Ziel besteht also darin, einerseits dem „Bewertungskalkül zuliebe nicht mehr aussagen zu müssen, als man eigentlich weiß“[394], andererseits aber den vorhandenen Informationsgrad maximal zu verarbeiten.

---

390 Bretzke (Risiken), S. 817. Nach Priddat sind subjektive Wahrscheinlichkeiten „keine Form des Wissens, sondern eine Form kalkulabel gemachter Vermutungen über ‚possible worlds.'“ Priddat (Risiko), S. 107

391 Vgl. Scharpf/Luz (Risikomanagement), S. 78; Weber/Weißenberger/Liekweg (Risk Tracking), S. 27

392 Zum gleichen Ergebnis kommt auch Bretzke: „Wenn etwa die Wahrscheinlichkeit, dass ein besonders wichtiger Großkunde oder ein besonders wichtiger Mitarbeiter abspringt, undefinierbar erscheint, besteht der entscheidende Schritt darin, diese Gefahren überhaupt zu sehen und nicht darin, ihnen künstlich einen quantitativen Wert beizumessen.“ Bretzke (Risiken), S. 821. Vgl. auch die kritischen Anmerkungen zu übertriebenen Quantifizierungsbemühungen und Scheinobjektivierungen bei Bernstein (Risk Management), S. 49

393 Vgl. zu dieser Ansicht auch Weber/Weißenberger/Liekweg (Risk Tracking), S. 25-27

394 Bretzke (Risiken), S. 817

Dies kann durch die Differenzierung des Bewertungsinstrumentariums erreicht werden. In Abb. 38 wird exemplarisch aufgezeigt, wie die Bewertung der Risiken anhand dreier Detaillierungsgrade erfolgen könnte. Für Risiken, bei denen aufgrund der hohen Unsicherheit keine quantitative Aussage bezüglich Schadenshöhe und –wahrscheinlichkeit möglich ist, wird eine qualitative Einschätzung bzw. Skalierung vorgenommen. Die Schadenshöhen könnten dabei etwa in die Klassen „gering", „mittel", „schwerwiegend" und „existenzbedrohend" unterteilt werden, die Eintrittswahrscheinlichkeiten in die Klassen „unwahrscheinlich", „möglich", „wahrscheinlich", „sehr wahrscheinlich", „nahezu sicher" eingestuft werden.[395] Risiken mit einem geringeren Unsicherheitsniveau, für die eine monetäre Messung prinzipiell möglich ist, werden anhand der beiden Risikomaße Schadenserwartungswert und Höchstschadenswert grob bewertet. Falls weiterhin die zeitliche Struktur der Verlustentstehung (insbes. Eintrittszeitpunkt und Dauer) bekannt oder hinreichend absehbar ist, sollte diese für eine spätere Berücksichtigung im Rahmen einer ertragsorientierten Unternehmensbewertung detaillierter festgehalten werden.

Bewertung der Einzelrisiken in Abhängigkeit von der Datenlage: Risikotableau (Teil II)*

		Risikobewertung												
		Qualitative Evaluation		Grobe quantitative Evaluation				Exakte quantitative Evaluation						
Nr.	Beschreibung	Eintrittswahrscheinlichkeit	Erwarteter finanzieller Verlust	Eintrittswahrscheinlichkeit %	Erwarteter finanzieller Verlust T€	Schadenerwartungswert T€	Möglicher Maximalschaden T€	Eintrittswahrscheinlichkeit %	Erwartete finanzielle Verluste pro Jahr 2001 T€	2002 T€	2003 T€	2004 T€	2005 T€	Terminal Value T€
1	Kundenverlust (X AG)			30%	2.500	750	2.500							
2	...	...	...	...	...	...		...	...	...	...	...	...	...
3														
4														
5														
...														

Abb. 38 - Quelle: Eigene Abbildung in Anlehnung an Weitekamp (Risikomanagement), S. 1758; Bitz (Risikomanagement), S. 82-87; Weber/Weißenberger/Liekweg (Risk Tracking), S. 29; Hahn/Weber/Friedrich (Risikomanagementsystem), S. 2627; Diedrichs/Richter (Risikomanagement), S. 141
*) Vgl. Teil I und III des Risikotableaus in Abb. 36/40

395 Vgl. Scharpf/Luz (Risikomanagement), S. 135f.

Insbesondere hinsichtlich der Synergie- und Restrukturierungsrisiken erscheint eine möglichst weitgehende Konkretisierung der zeitlichen Parameter erforderlich, da häufig die Zeiträume unterschätzt werden, die bis zur erfolgreichen ergebniswirksamen Ausschöpfung der Wertpotentiale benötigt werden.[396] Bereits geringe zeitliche Verzögerungen bei der Realisierung der Wertsteigerungen erhöhen das Ausmaß der identifizierten Risiken. Denn der Erfolgsdruck für zukünftige Perioden und damit die Messlatte für den Akquisitionserfolg können aufgrund zeitlicher Verzögerungseffekte auf ein unerwartet hohes Niveau ansteigen. Wird der zeitliche Anfall der Erträge und Aufwendungen bei der Risikobewertung nicht entsprechend abgebildet, so kann dies demzufolge zu Fehlbewertungen führen.

Als Zwischenergebnis ist festzuhalten, dass mit der Differenzierung des Bewertungsinstrumentariums sämtliche im Risikotableau aufgeführten Risiken lückenlos bewertet werden können. Damit ist ein wichtiger Zwischenstand erreicht, da nunmehr ein Portfolio aller, auf Basis des gegebenen Informationsstands erkennbaren Risiken der Akquisition vorliegt. Die aufgeführten Risiken können ferner durch einen umfangreichen Datenpool untermauert werden.[397]

2.3.4. Bewertung des Gesamtrisikos der Akquisition

Das Risikomanagement bei Unternehmensakquisitionen kann sich jedoch nicht damit begnügen, die einzelnen Risiken zu bewerten. Denn für die Ermittlung eines Entscheidungswerts bzw. eines subjektiven Grenzpreises im Rahmen der strategischen Unternehmensbewertung[398] ist die Berücksichtigung des Gesamtrisikos der Akquisition von außerordentlicher Bedeutung.

Die **rechnerische Aggregation der Einzelrisiken** mag hierbei auf den ersten Blick als naheliegende Möglichkeit zur Bewertung des Gesamtrisikos erscheinen. Tatsächlich wirft die praktische Ermittlung einer derartigen Aggregatgröße

396 Vgl. hierzu Weber (Synergieeffekte), S. 113; Sirower (Synergy Trap), S. 65 u. 79

397 Eine graphische Darstellung des Risikoportfolios erfolgt im Rahmen der Maßnahmenplanung für die Risikosteuerung. Vgl hierzu Abb. 42 in Kapitel III.2.4.1

398 Vgl. hierzu die Ausführungen zum strategischen Bewertungskalkül in Kapitel II.1.3.2.

jedoch beträchtliche Probleme auf:[399] Erstens ist – wie bereits dargestellt – das zwingende Vorliegen kardinaler Schadenshöhen eine oftmals unerfüllbare Voraussetzung für die Risikoaggregation.[400] Ordinal skalierte Schadensklassen o.ä. spiegeln keine absoluten Größenrelationen wider und sind daher nicht additiv verknüpfbar. Zweitens müssten bei der Aggregation sämtliche Zusammenhänge zwischen den Risiken berücksichtigt werden.[401] Aufgrund der Komplexität der Abhängigkeiten können die kompensierenden und kumulativen Zusammenhänge zwischen allen Risiken allenfalls grob vereinfachend – etwa durch Anwendung der Simulationstechnik – einbezogen werden.[402] Die Methode erscheint insgesamt betrachtet insbesondere bei Akquisitionsprozessen unpraktikabel, weil hier wegen des oftmals stark begrenzten Informationsniveaus bezüglich der Zielgesellschaft die hohen Datenanforderungen für eine Aggregation in der Regel nicht erfüllbar sind. Daher ist zur Evaluation des Gesamtrisikos der Akquisition ein anderer Weg zu wählen. Anstelle der Bestimmung eines direkten zahlenmäßigen Ausdrucks für das Akquisitionsrisiko auf Basis aggregierter Einzelrisiken sollte die Frage im Vordergrund stehen, wie eine angemessene Berücksichtigung des Risikos bei der Unternehmensbewertung erreicht werden kann.

Hierzu werden zunächst überblicksartig die wichtigsten Optionen und Verfahren zur Einbeziehung des Risikos aufgezeigt und im Hinblick auf ihre Eignung für die Bestimmung subjektiver Entscheidungswerte beurteilt (2.3.4.1.). Im Anschluss wird die Bestimmung einer Wertbandbreite als besonders transparente Möglichkeit für die Darstellung des Akquisitionsrisikos näher ausgeführt (2.3.4.2.).

---

399 Vgl. hierzu auch die skeptische Haltung von Farny (Risk Management), S. 1751

400 Vgl. Gleißner/Meier (Risikoaggregation), S. 927

401 Vgl. Scharpf/Luz (Risikomanagement), S. 78; Gleißner/Meier (Risikoaggregation), S. 927

402 Vgl. hierzu beispielsweise den Vorschlag zur Risikoaggregation mit Hilfe der Monte-Carlo-Simulation bei Gleißner/Meier (Risikoaggregation), S. 927-929 sowie Füser/Gleißner/Meier (Risikomanagement), S. 756f.

2.3.4.1. Möglichkeiten zur Berücksichtigung des Risikos in der Unternehmensbewertung

Die Berücksichtigung des Risikos in der Unternehmensbewertung hängt sehr stark vom gewählten Bewertungsverfahren ab. Da das Ertragswertverfahren und die unterschiedlichen Varianten der Discounted-Cash-Flow-Methode (DCF) eine herausragende Stellung einnehmen, werden diese ausführlicher diskutiert.[403] Am Ende des Kapitels wird ergänzend eine kritische Beurteilung der Leistungsfähigkeit des Realoptionsansatzes sowie der marktorientierten Bewertungsverfahren hinsichtlich der Berücksichtigung des Risikos vorgenommen.

In Theorie und Praxis der Unternehmensbewertung wird übereinstimmend davon ausgegangen, dass Investoren die Risiken, die aus der Unsicherheit resultieren, höher gewichten als die entstehenden Chancen (Risikoaversion). Aus diesem Grund verlangen sie für die Übernahme von Risiken entsprechende Risikoprämien.[404] Die unter dieser Prämisse erforderliche Berücksichtigung des Risikos im Rahmen des Ertragswertverfahrens und der Discounted-Cash-Flow-Methoden kann prinzipiell auf zwei unterschiedlichen Wegen erfolgen:[405]

- **Risikozuschlagsmethode**: Die Unsicherheit der Zukunftserwartungen wird durch einen Zuschlag zum Kapitalisierungszinssatz einbezogen, d.h. die erwarteten finanziellen Zuschüsse werden mit einem risikoangepassten Zinssatz diskontiert.

- **Sicherheitsäquivalenzmethode**: Für die einzelnen Erwartungswerte der finanziellen Überschüsse wird durch entsprechende Abschläge das Sicherheitsäquivalent bestimmt. Dabei ist das Sicherheitsäquivalent der

---

403 Die Anwendungshäufigkeit dieser Bewertungsverfahren wird in empirischen Studien mit über 70% angegeben. Vgl. Peemöller/Bömelburg/Denkmann (Unternehmensbewertung), S. 742 sowie Pellens/Tomaszewski/Weber (Beteiligungscontrolling), S. 17. Beide Verfahren können unter dem hier interessierenden Blickwinkel zusammen betrachtet werden, da sie mit der Kapitalwertmethode eine gemeinsame konzeptionelle Grundlage aufweisen. Überdies sind die Verfahren bei konsistenter Anwendung kompatibel. Vgl. Drukarczyk (DCF-Methoden), S. 329-334 und Peemöller/Keller/Rödl (Strategische Unternehmensbewertung), S. 75. Die Grundlagen der kapitalwertorientierten Bewertungsmethoden werden etwa bei Peemöller/Kunowski (Ertragswertverfahren), S. 199ff., Mandl/Rabel (Unternehmensbewertung), S. 28ff. sowie Drukarczyk (Unternehmensbewertung), S. 176ff. dargestellt.

404 Vgl. IDW (Unternehmensbewertungen), Tz. 94

405 Vgl. IDW (Unternehmensbewertungen), Tz. 95; Peemöller/Kunowski (Ertragswertverfahren), S. 233; Mandl/Rabel (Unternehmensbewertung), S. 213; Ballwieser (Kalkulationszinsfuß), S. 125f. Bei DCF-Verfahren werden generell kapitalmarktorientierte Risikozuschläge angewendet.. Vgl. Mandl/Rabel (Unternehmensbewertung), S. 287; Baetge/Niemeyer/Kümmel (DCF-Verfahren), S. 288

Wahrscheinlichkeitsverteilung der sichere Betrag, der nutzenmäßig den in der Wahrscheinlichkeitsverteilung erfassten unsicheren Überschüssen gleichgeschätzt wird. Das Sicherheitsäquivalent wird sodann mit einem risikofreien Zinssatz abgezinst.

Voraussetzung für die Anwendung der Sicherheitsäquivalenzmethode ist die Kenntnis der Risikonutzenfunktionen, die die individuelle Risikoeinstellung des Investors repräsentieren. Da die Ableitung der Risikonutzenfunktionen erhebliche Schwierigkeiten verursacht, ist das Verfahren in der Praxis nicht von großer Bedeutung.[406]

Die Risikozuschlagsmethode ist sowohl die in der Bewertungspraxis dominierende als auch vom Institut der Wirtschaftsprüfer (IDW) präferierte Verfahrensweise.[407] Im Hinblick auf die Bestimmung des relevanten Risikozuschlags wird dabei zwischen dem individualistischen und dem kapitalmarktorientierten Ansatz unterschieden.[408] Der erstgenannte Ansatz geht von den individuellen Risikopräferenzen des Investors aus, wobei hier in gleicher Weise, wie bei der Bestimmung von Sicherheitsäquivalenten, das Problem entsteht, wie der Risikozuschlag willkürfrei quantifiziert werden soll.[409]

Deshalb gewinnt die **kapitalmarktorientierte Vorgehensweise** zunehmend an Bedeutung. Bei dieser werden durch Rückgriff auf das Capital Asset Pricing Model (CAPM) am Markt beobachtbare Risikoprämien zur Bewertung herangezogen.[410] Ziel dieser marktgestützten Vorgehensweise ist es somit, die in der Praxis schwierige Bestimmung von Risikozuschlägen durch Anwendung eines theoretisch geschlossenen Lösungsansatzes intersubjektiv nachprüfbar zu machen. Allerdings werden gegen diese Vorgehensweise auch Bedenken geäußert.[411] So werden u.a. die restriktiven Modellannahmen, die mangelnde Eindeutigkeit bei der Festlegung der Modellparameter (Marktpreis des Risikos,

---

406 Vgl. Peemöller/Kunowski (Ertragswertverfahren), S. 234

407 Vgl. IDW (Unternehmensbewertungen), Tz. 96 und Siepe/Dörschell/Schulte (Grundsätze), S. 950

408 Vgl. Drukarczyk (Unternehmensbewertung), S. 118; Baetge/Niemeyer/Kümmel (DCF-Verfahren), S. 287

409 Vgl. Baetge/Niemeyer/Kümmel (DCF-Verfahren), S. 287

410 An dieser Stelle wird auf eine Darstellung des CAPM verzichtet. Vgl. hierzu beispielsweise Brealey/Myers (Corporate Finance), S. 195-203; Mandl/Rabel (Unternehmensbewertung), S. 289-310; Baetge/Niemeyer/Kümmel (DCF-Verfahren), S. 288-294

411 Vgl. zu den Problemen marktbestimmter Risikozuschläge beispielsweise Ballwieser (Unternehmensbewertung), S. 124ff.; Mandl/Rabel (Unternehmensbewertung), S. 308-310; Peemöller/Keller/Rödl (Strategische Unternehmensbewertung), S. 76

Beta-Faktoren) und die Vergangenheitsorientierung der Kapitalmarktdaten kritisiert.

Auch im Hinblick auf die in dieser Arbeit interessierende Anforderung, eine angemessene Einbeziehung des Risikos bei der Ermittlung subjektiver Entscheidungswerte zu leisten, kann das Kapitalpreisbildungsmodell nicht uneingeschränkte Zustimmung finden. Denn der Zugewinn an Objektivität gelingt nur um den Preis einer **Abkopplung von den individuellen Verhältnissen des Investors**, deren Berücksichtigung jedoch per definitionem für eine subjektive Wertermittlung unabdingbar ist.[412] Diese Abkopplung ist in mehrfacher Hinsicht kritisch zu beurteilen. Bei der Bemessung des Risikozuschlags werden nicht nur der individuelle Informationsstand, die beträchtlichen Einflussmöglichkeiten des übernehmenden Unternehmens[413] sowie die alternativen Investitionsmöglichkeiten[414] ignoriert. Darüber hinaus bedingt die Abstraktion von den individuellen Verhältnissen des Investors auch, dass die subjektiven Risikopräferenzen bei der Entscheidungswertermittlung überhaupt keine Rolle mehr spielen. Auch wenn eine „Mathematisierung" der individuellen Risikoeinstellung des Investors bzw. der Investoren mit den vorhandenen Methoden nicht möglich erscheint, so wäre es doch mehr als zweifelhaft, das Thema mangels Rechenbarkeit aus dem Entscheidungskalkül auszuklammern. Es kann weder aus Sicht der Theorie noch aus Sicht der Entscheidungsträger

---

412 Vgl. zur notwendigen Ausrichtung an den individuellen Verhältnissen des jeweiligen Investors bei der Ermittlung subjektiver Entscheidungswerte IDW (Unternehmensbewertung), Tz. 123

413 Ballwieser weist zu Recht darauf hin, dass die mechanische Übertragung des Modells, das ursprünglich für die Bewertung von Wertpapieren entwickelt wurde, auf die Bewertung von Unternehmensakquisitionen kritisch ist. So ist das CAPM an die Bedingung homogener Erwartungen aller Marktteilnehmer und die Annahme der Informationseffizienz des Kapitalmarkts gebunden. Das Vorliegen dieser Annahmen ist für den Fall des Unternehmenskaufs nicht zutreffend oder zumindest fragwürdig. Bei Anwendung des Ansatzes bleiben nämlich systematisch die besonderen Informationen des Käufers über das Kaufobjekt sowie seine Möglichkeiten zur Einflussnahme auf das Akquisitionsobjekt ausgeblendet, die es dem übernehmenden Unternehmen im Gegensatz zum Käufer einzelner Aktien ermöglichen, aufgrund einer individuellen Übernahmestrategie besondere Entnahmen zu realisieren. Vgl. Ballwieser (Komplexitätsreduktion), S. 175f.

414 Nach Dirrigl bietet die alleinige Erfüllung des Mindestrenditeanspruchs der externen Kapitaleigner noch keine Gewähr dafür, dass die knappen Finanzmittel bei Bestehen mehrerer konkurrierender Investitionsprojekte mit positivem Wertbeitrag in dasjenige Projekt mit dem höchsten zu erwartenden Zielerreichungsgrad fließen. Hierzu wäre gemäß einem Opportunitätskostenkalkül die erwartete Rendite einer Vergleichsinvestition als Kapitalisierungszinsfuß anzusetzen, um die individuellen Investitionsmöglichkeiten des Unternehmens unmittelbar zu vergleichen. Vgl. zu diesem Argument Dirrigl (Strategische Unternehmensbewertung), S. 419f.

befriedigen, riskante Investitionsentscheidungen ohne jeglichen Rekurs auf die Risikopräferenzen der verantwortlichen Akteure zu konzipieren[415] und ausschließlich eine aus historischen Marktdaten gewonnene, *durchschnittliche* Risikoneigung zugrunde zu legen, zumal auch diese Objektivierung aufgrund der nicht unproblematischen Modellannahmen und der erheblichen Spielräume bei der Durchführung der Berechnung nicht unumstritten ist.

Insgesamt gesehen liefert die Ableitung von Risikozuschlägen anhand des CAPM deshalb nicht mehr aber auch nicht weniger als „eine erste marktbezogene Orientierungsgröße"[416]. Diese kann nicht die einzelfallbezogene und unvermeidlich persönliche Risikoeinschätzung des Entscheidungsträgers bzw. die interpersonale Verständigung in den zuständigen Entscheidungsgremien über Chancen und Risiken ersetzen. Die Übernahme unternehmerischer Risiken verlangt deshalb stets einen „act of judgement"[417], den ein Bewertungsmodell für sich alleine nicht leisten kann.

Aufgrund der soeben geschilderten Probleme der Sicherheitsäquivalenzmethode und der Risikozuschlagsmethode äußern einige Autoren prinzipielle **Kritik an einer einwertigen Betrachtungsweise**,[418] die für beide Verfahren charakteristisch ist. Eine einwertige Betrachtungsweise sei nicht geeignet, eine angemessene Berücksichtigung der Bewertungsunsicherheiten zu leisten, da sie zuviel Komplexität reduziert. Das Problem, die vielschichtigen Risiken im Rahmen einer zukunftsorientierten Ertragsprognose abzubilden, wird von den einwertigen Methoden demnach allzu summarisch und damit wenig aussagekräftig behandelt. Deshalb ist fraglich, ob die Verdichtung zu einer Punktschätzung tatsächlich vorgenommen werden sollte, und ob es nicht besser ist, die Unsicherheit der Erwartungen durch Abbildung eines „mehrwertigen Möglichkeitsfelds"[419] beizubehalten und auf diese Weise das Risiko in

---

415 Vgl. hierzu auch Bretzke (Unternehmensbewertung), S. 165

416 Siepe/Dörschell/Schulte (Grundsätze), S. 952

417 Bretzke (Unternehmensbewertung), S. 164

418 Vgl. insbes. Moxter (Grundsätze), S. 116-121 und den dort dargestellten Literaturüberblick

419 Bretzke (Unternehmensbewertung), S. 157

eine handhabbare Form zu überführen.[420] Im folgenden Punkt 2.3.4.2. soll deshalb dieser Weg eingeschlagen und ein Vorschlag zur direkten Abbildung der Unsicherheiten dargestellt werden.

Die Kritik an einem starren Erwartungsszenario in Verbindung mit der Risikoadjustierung im Kalkulationszinsfuß bei den DCF-Verfahren bzw. der Ertragswertmethode wird insbesondere auch von den Vertretern der **realoptionsbasierten Bewertung** geteilt.[421] Hierbei wird darauf verwiesen, dass die Festlegung auf eine feste Ertragsprognose die bestehenden Handlungsspielräume des Managements, die in Form von Realoptionen bestehen, nicht ausreichend zu erfassen vermag.[422] Diese bestehen darin, dass auf in Zukunft eintretende Entwicklungen und verfügbare Informationen reagiert werden kann, mit der Folge, dass positive Entwicklungen genutzt oder negative Entwicklungen in ihrem Ausmaß abgemildert werden können.[423] Dies führt dazu, dass sich aufgrund der einbezogenen Handlungsflexibilitäten ein verbessertes Chancen- bzw. Risikoprofil, also erhöhte Chancen bei begrenzten Risiken, gegenüber dem entsprechenden Profil bei einer traditionellen DCF-Bewertung herausbildet.[424] Hieraus ergibt sich ein um eine Optionsprämie erhöhter Unternehmenswert.[425]

Mit Hilfe dieser Bewertungsmethodik des Realoptionsansatzes, die hier nicht weiter vertieft wird, kann zwar eine bessere Chancenabschätzung vorgenommen werden,[426] was gerade bei der Bewertung strategischer Unternehmensakquisitionen einen unbestrittenen Vorteil gegenüber einer

---

420 Vgl. beispielsweise Ballwieser (Komplexitätsreduktion), S. 161f. u. 177f. Vgl. auch die Aussage von Moxter: „Wird die Mehrwertigkeit von künftigen Erträgen nicht deutlich herausgestellt und wird sie von vornherein verdeckt durch eine einwertige Ertragsprognose, so bleiben Risiken und Chancen des Unternehmens unklar." Moxter (Grundsätze), S. 118

421 Vgl. hierzu Trigeorgis (Real Options), insbes. S. 1-4 u. 121-124; Schäfer/Schässburger (CAPM), S. 85 u. 90; Zu den Grundlagen des Realoptionsansatzes in der Unternehmensbewertung vgl. beispielsweise Peemöller (Realoptionsansatz), S. 699-713; Crasselt/Tomaszewski (Realoptionen), S. 556-559; Löhr/Rams (Realoptionen), S. 19831989; Hommel/Müller (Investitionsbewertung), S. 177-188; Hommel (Realoptionsansatz), S. 22-29; Luehrmann (Real Options), S. 51-67

422 Vgl. etwa Rams (Unternehmensbewertung), S. 349; Kester (Options), S. 155

423 Vgl. Trigeorgis (Real Options), S. 122

424 Vgl. hierzu Peemöller (Realoptionsansatz), S. 701; Löhr/Rams (Realoptionen), S. 1983

425 Vgl. Peemöller (Realoptionsansatz), S. 701; Schäfer/Schässburger (CAPM), S. 93. Die Berechnung des Optionswertes im Realoptionsansatz basiert dabei auf einer Übertragung von Bewertungsmodellen für Finanzoptionen auf realwirtschaftliche Optionsrechte.

426 Vgl. zu dieser Schlussfolgerung auch Hungenberg (Strategisches Management), S. 202.

einwertigen Bewertung auf Basis des Ertragswertverfahrens oder eines DCF-Verfahrens bedeutet. Allerdings ist hiermit für den gegebenen Problemzusammenhang wenig gewonnen, weil die aus Sicht der Risikobewertung im Zentrum stehende Frage, ob und mit welcher Wahrscheinlichkeit der Erwartungswert *unterschritten* wird und wo eine Untergrenze der potentiell realisierbaren Unternehmenswerte liegen könnte, auch mit diesem Bewertungsansatz nicht beantwortet wird. Vielmehr besteht bei Anwendung des Ansatzes die Gefahr, dass die Bewertung von Unternehmensakquisitionen zu einseitig auf den Chancenaspekt fokussiert. Die Übernahme eines Unternehmens eröffnet jedoch nicht nur neue Optionen und Handlungsspielräume, sondern bedingt auch das Eingehen von neuen Restriktionen und Abhängigkeiten, da mit dem Unternehmen auch die bestehenden Markt-, Geschäfts- und Finanzrisiken übernommen werden. Diese Risiken entziehen sich darüber hinaus oftmals dem Einflussbereich des erwerbenden Unternehmens, so dass eine Unternehmensakquisition im Falle einer ungünstigen Zukunftsentwicklung die Handlungsflexibilität sogar drastisch einschränken kann.[427] Deshalb ist bei der Anwendung des Realoptionsansatzes darauf zu achten, dass dieser die Entscheidungsträger nicht „auf einem Auge blind" macht.

Schließlich sei noch kurz auf die Eignung **marktorientierter Bewertungsverfahren** (Vergleichsverfahren bzw. Multiplikatorverfahren)[428] zur Bestimmung subjektiver Grenzpreise eingegangen. Bei diesen Ansätzen wird versucht, „den Wert eines zu bewertenden Unternehmens aus Börsenkurswerten oder (anderen) realisierten Marktpreisen vergleichbarer Unternehmen"[429] abzuleiten. Im Rahmen der marktorientierten Bewertung stehen u.a. der Similar-public-company-Ansatz, der Recent-acquisitions-Ansatz bzw. der Initial-public-offering-Ansatz als Methoden zur Ermittlung von Vergleichspreisen zur Verfügung.[430] Die Vergleichspreise werden in Relation zu bestimmten Performance-Größen (Umsatzerlöse, EBIT, Ergebnis nach DVFA/SG, Cash-flows

---

427 Zu denken ist hier etwa an die spürbare Erhöhung des operating leverage, wenn größere Personal- und Anlagenbestände übernommen werden und diese z.B. im Falle eines Absatzeinbruchs nicht beliebig disponibel sind.

428 Vgl. zur marktorientierten Unternehmensbewertung bzw. zu den Multiplikatorverfahren Löhnert/Böckmann (Multiplikatorverfahren), S. 402-414; Seppelfricke (Multiplikatorverfahren), S. 300-307; Böcking/Nowack (Unternehmensbewertung), S. 169-176

429 Mandl/Rabel (Unternehmensbewertung), S. 42

430 Vgl. hierzu Peemöller/Keller (Unternehmensbewertung), S. 1017-1019; Böcking/Nowack (Unternehmensbewertung), S. 170;

o.ä.) gesetzt.[431] Die hieraus gewonnenen Multiplikatoren können dann auf das zu bewertende Unternehmen angewendet werden.

Bei der Anwendung zum Zweck der subjektiven Entscheidungswertermittlung ist aber Vorsicht angeraten. Unter den Kritikpunkten, die an dem in der Bewertungspraxis weit verbreiteten Multiplikatorverfahren geübt werden,[432] sind an dieser Stelle zwei Punkte von besonderem Interesse: Denn bei genauerer Betrachtung zeigt sich, dass die Anwendung der Methode einen Verstoß gegen die Bewertungsprinzipien des Subjekt- und des Zukunftsbezugs beinhaltet.[433] Die auf einem Markt geforderten oder realisierbaren Preise spiegeln nicht die *subjektiven* Erwartungen, Risikoeinschätzungen und Möglichkeiten eines potentiellen Käufers wider, d.h. die in der Vergangenheit beobachteten Marktpreise vergleichbarer Unternehmen bieten keinerlei Gewähr dafür, dass der Preis aus der subjektiven Sicht des erwerbenden Unternehmens für die gegebene Transaktion Sinn macht.[434] Weiterhin liegt eine Verletzung des Zukunftsbezogenheitsprinzips vor, da bei der Bewertung nicht auf den *zukünftigen* Nutzen abgestellt wird, sondern auf in der Vergangenheit beobachtete oder bestenfalls gegenwärtige Marktpreise.[435] Hieraus folgt, dass die Übertragung der im Multiplikator verpackten Wertrelationen auf das gegebene Projekt eine höchst spekulative Angelegenheit ist, weil die Übertragung völlig unabhängig von einer Analyse der zukünftigen Chancen und Risiken des betrachteten Unternehmens vorgenommen wird.

Schließlich sollte auch vor dem Hintergrund der hohen Misserfolgsraten von Unternehmensakquisitionen bedacht werden, dass die zunehmend verbreitete Bewertung auf Basis von Multiplikatoren ein überzogenes Preisniveau am M&A-Markt perpetuieren kann, weil sich überhöhte Transaktionspreise immer weiter fortpflanzen.[436] Insgesamt gesehen ist die alleinige Anwendung von Multiplika-

---

431 Vgl. Mandl/Rabel (Unternehmensbewertung), S. 261

432 Vgl. die bei Löhnert/Böckmann (Multiplikatorverfahren), S. 403f. zusammengestellten Kritikpunkte an dem Multiplikatorverfahren.

433 Vgl. Peemöller/Keller (Unternehmensbewertung), S. 1018. Vgl. zu den Bewertungsprinzipien Moxter (Grundsätze), S. 23f. u. 116f.

434 Vgl. Böcking/Nowack (Unternehmensbewertung), S. 174f.; Hommel/Braun/Schmotz (Unternehmensbewertung), S. 342; Ruhnke (Unternehmensbewertung), S. 1892

435 Vgl. Böcking/Nowack (Unternehmensbewertung), S. 175

436 Vgl. hierzu auch Aders/Galli/Wiedemann (Multiplikatormethode), S. 204

toren zur Bestimmung von Entscheidungswerten grundsätzlich nicht geeignet.[437] Diese können keine fundierte Unternehmensbewertung ersetzen.[438]

2.3.4.2. Bestimmung einer Wertbandbreite durch die Bewertung alternativer Erfolgsszenarien

Vor dem Hintergrund des beschriebenen Problems einwertiger Unternehmensbewertungen werden in der Literatur unterschiedliche **mehrwertige Verfahren** zur Verdeutlichung von Unsicherheitsstrukturen in Investitions- und Finanzierungsprojekten diskutiert:[439]

- Sensitivitätsanalysen[440]
- Szenariotechnik
- Simulationstechnik[441]

Im Folgenden wird auf die Szenariotechnik weiter eingegangen, da diese ein besonders flexibles Instrument darstellt, das im Prinzip auf jedem Informationsniveau in unterschiedlichen Detaillierungsgraden anwendbar ist. Es ist aber zu beachten, dass über die Auswahl eines Verfahrens oder einer Kombination von Verfahren nur im Einzelfall entschieden werden kann. Bei der Auswahl muss letztlich ein „Kompromiss zwischen theoretisch akzeptabler Genauigkeit und

---

437 Vgl. übereinstimmend Mandl/Rabel (Unternehmensbewertung), S. 274

438 Vgl. Peemöller/Bömelburg/Denkmann (Unternehmensbewertung), S. 747

439 Vgl. Gerke/Bank (Finanzierung), S. 164 sowie Brealey/Myers (Corporate Finance), S. 259-275.

440 Anhand einer *Sensitivitätsanalyse* wird die Reagibilität des Ergebnisses einer Strategiealternative untersucht, wenn die Annahmen über die Entwicklung einzelner Werttreiber bei Konstanz aller übrigen variiert werden (Partialanalyse). Vgl. Rappaport (Sensitivity Analysis), S. 441-455; Hungenberg (Strategisches Management), S. 200f.; Sautter (Strategische Analyse), S. 309f.

441 Bei der *Simulationstechnik* wird der Unternehmenswert als Zufallsvariable aufgefasst. Um die Wahrscheinlichkeitsverteilung des Unternehmenswerts zu errechnen, werden in einem ersten Schritt die Wahrscheinlichkeitsverteilungen sämtlicher Einflussgrößen auf den Unternehmenswert modelliert. Auf dieser Basis werden einzelne Werte der Wahrscheinlichkeitsverteilungen zufällig ausgewählt und für jede generierte Zufallskombination der Einflussgrößen ein Unternehmenswert errechnet. Durch ständige Wiederholung des Verfahrens, kann die Verteilung der Unternehmenswerte angegeben werden. Vgl. Coenenberg (Monte-Carlo-Simulation), S. 798-803; Hertz (Risk Analysis), S. 95-105; Hertz/Thomas (Acquisitions), S. 38-44. Zur Kritik an diesem Ansatz vgl. Hall (Risk Analysis), S. 25-29 und Sautter (Strategische Analyse), S. 313-327. Eine aktuelle Anwendung der Simulationstechnik zur Bewertung eines Biotech-Unternehmens ist bei Moser/Schieszl (Simulationsrechnungen), S. 531-541 dargestellt.

praktischer Anwendbarkeit“[442] gefunden werden, der die subjektiven Restriktionen der Bewertungssituation wie Modellzweck, Verständlichkeit und Verfügbarkeit der Informationen ausreichend beachtet.[443] Aufgrund der transparenten Darstellung des Gesamtrisikos des betrachteten Unternehmens wird die Anwendung der Szenariotechnik insbesondere auch für die Bewertung von Internetunternehmen bzw. Unternehmen in anderen jungen Wachstumsbranchen empfohlen.[444] Viele Autoren sehen in dem Ansatz hingegen eine generell geeignete Methode zur Berücksichtigung des Risikos von Investitionsentscheidungen.[445]

Das **Grundprinzip einer szenariobasierten Bewertung** kann wie folgt dargestellt werden: Im Rahmen eines Ertragswertverfahrens bzw. DCF-Verfahrens wird zunächst eine Reihe unterschiedlich optimistischer bzw. pessimistischer Erfolgs- oder Cash-Flow-Szenarien entwickelt. Die Szenarien stellen hierbei alternative denkbare Zukunftsbilder dar, die aus der gegenwärtigen Situation heraus entwickelt werden und auf einer Reihe logisch konsistenter Annahmen beruhen.[446] Die Szenarien werden sodann einzeln bewertet, wobei die Extremwerte (worst case und best case) ähnlich einem „Trichter“ das Spektrum zukünftiger Entwicklungsmöglichkeiten abbilden und damit die relevante Wertbandbreite für die betrachtete Akquisition konstituieren.[447] Werden die einzelnen Szenarien in einem weiteren Schritt mit subjektiven

---

442 Peemöller (Unternehmensbewertung), S. 415

443 Vgl. Peemöller (Unternehmensbewertung), S. 415f.

444 Vgl. hierzu insbesondere den DCF-Bewertungsansatz auf Basis von „probability weighted scenarios" bei James/Koller (Valuation), S. 80; Desmet et al. (Valuing Dot-Coms), S. 148f.

445 Vgl. beispielsweise Volkart (Unternehmensbewertung), S. 817f.; Schneider (Strategische Unternehmenswerte), S. 528; Helling (Unternehmensbewertung), S. 96; Rockholtz (Akquisitionsmanagement), S. 190. Nach einer Studie von Pellens/Tomaszewski/Weber zum Stand des Beteiligungscontrollings in Deutschland ist die Szenariotechnik mit 62,7% der befragten Unternehmen die am häufigsten verwendete Methode zur Berücksichtigung der Unsicherheit neben der Anwendung von Risikozuschlägen mit einer Anwendungshäufigkeit von 69,5%. Vgl. Pellens/Tomaszewski/Weber (Beteiligungscontrolling), S. 21

446 Vgl. Hungenberg (Strategisches Management), S. 126; Geschka/Hammer (Szenario-Technik), S. 227

447 Vgl. Geschka/Hammer (Szenario-Technik), S. 228 und Hungenberg (Strategisches Management), S. 127. Vgl. zur Darstellung der Wertbandbreite auch Abb. 8 in Kapitel II.1.3.2.

Eintrittswahrscheinlichkeiten gewichtet, so können diese zu einem Erwartungswert verdichtet werden (Abb. 39).[448]

Szenariotechnik als Hilfsmittel zur Bestimmung einer Wertbandbreite

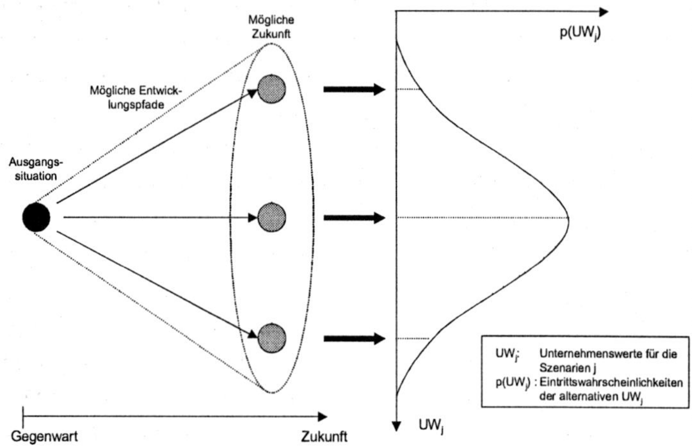

Abb. 39 - Quelle: In Anlehnung an Hungenberg (Strategisches Management), S. 129 und Bretzke (Unternehmensbewertung), S. 155f.

Ziel dieser mehrwertigen Vorgehensweise ist es, die verfrühte Einengung des Wertespektrums auf einen unter Risikogesichtspunkten wenig aussagekräftigen Erwartungswert zu vermeiden. Statt dessen ist durch die Szenariotechnik eine möglichst präzise „Repräsentation des im Bewertungszeitpunkt verfügbaren bewertungsrelevanten Wissens“[449] über die möglichen Zukunftsentwicklungen des Akquisitionsobjekts zu erreichen. Wichtig ist hierbei, dass die Risiken nicht mehr im Kapitalisierungszins „versteckt“ sind, sondern explizit in den alternativen Ertragsentwicklungen, also in der Kapitalisierungsgröße, zum Ausdruck gebracht werden.[450] Deshalb ist auch zu beachten, dass bei der Kapitalisierung

448 Vgl. hierzu Moxter (Multi-Ertragswert-Methode), S. 198f. bzw. Bretzke (Unternehmensbewertung), S. 155-157; Pemöller/Keller/Rödl (Unternehmensbewertung), S. 77 und Hungenberg (Strategisches Management), S. 201

449 Bretzke (Unternehmensbewertung), S. 164; Vgl. auch Van der Heijden (Scenarios), S. 106

450 Vgl. zu den Vorteilen dieser Vorgehensweise auch James/Koller (Valuation), S. 81-83

der Zukunftserfolge oder Cash-flows der einzelnen Szenarien *kein gesonderter Risikozuschlag* zum Kapitalisierungszinssatz vorgenommen wird.[451]

Bei Durchführung einer Bewertung alternativer Szenarien liegt der Fokus also nicht mehr primär auf der direkten Ableitung eines Entscheidungswertes im Rahmen eines Bewertungsmodells.[452] Die Bewertung dient zunächst „nur" dazu, eine für den Entscheidungsträger zweckmäßige und nachvollziehbare Definition des Entscheidungsproblems unter Unsicherheit zu bieten, indem eine Abbildung der möglichen Unternehmenswerte anhand unterschiedlicher Szenarien erfolgt. Auch die Risikopräferenzen der Entscheidungsträger fließen nicht in das Bewertungsmodell selbst ein. Die Festlegung des Entscheidungswertes entsprechend der Risikoeinstellung der Entscheidungsträger erfolgt in einem separaten Schritt auf Basis dieser mehrwertigen Bewertung, wobei der Entscheidungswert durchaus vom errechneten Erwartungswert abweichen kann.[453]

In der Literatur werden eine Großzahl an **Vorgehensweisen zur Formulierung von Szenarien** dargestellt.[454] Als durchgängiges Muster dieser Ansätze lässt sich eine typische Schrittfolge herauskristallisieren:[455] Zunächst werden die wesentlichen Einflussfaktoren der zukünftigen Entwicklung identifiziert. In einem zweiten Schritt werden für diese Faktoren unterschiedliche positive und negative Entwicklungsmöglichkeiten angenommen. In einem dritten Schritt werden die Einflussfaktoren auf Basis konsistenter Annahmenbündel zu stimmigen Szenarien zusammengefügt. Bei der Analyse der wesentlichen Unsicherheitsfaktoren kann direkt auf die Erkenntnisse, die im Risikotableau erfasst sind, zurückgegriffen werden. Dabei ist die Beschränkung auf eine

---

451 Vgl. Moxter (Multi-Ertragswert-Methode), S. 199; Bretzke (Unternehmensbewertung), S. 156

452 Vgl. Bretzke (Unternehmensbewertung), S. 164f. sowie Coenenberg (Monte-Carlo-Simulation), S. 798

453 Da durch die Festlegung des Entscheidungswertes oder Grenzpreises die Höhe des maximal einzugehenden Akquisitionsrisikos bestimmt wird, ist dieser Schritt auch nicht mehr Bestandteil der eigentlichen Risikoevaluation. Die Grenzpreisermittlung als Basis für die Angebotspreisfindung ist materiell der Phase der Risikosteuerung zuzuordnen, die in Kapitel III.2.4.2. ausgeführt wird.

454 Vgl. beispielsweise Geschka/Hammer (Szenario-Technik), S. 229f.; Schwartz (Long View), S. 227-234; Shoemaker (Strategic Vision), S. 69-72. Vgl. außerdem die illustrativen Fallstudien von Wack über die Anwendung der Szenariotechnik bei Shell während der Ölkrisen in den 70er Jahren. Vgl. Wack (Uncharted Waters), S. 73-89 und Wack (Shooting the Rapids), S. 139-150

455 Vgl. Hungenberg (Strategisches Management), S. 128f.; Geschka/Hammer (Szenario-Technik), S. 229

relativ niedrige Zahl an Einflussfaktoren unvermeidlich, da ansonsten die Komplexität der Szenarien nicht mehr bewältigt werden kann. Um schließlich die Voraussetzung für die Bewertung der qualitativ formulierten Szenarien zu schaffen, sind diese in einem vierten Schritt in finanzielle Erfolgs- oder Cash-Flow-Szenarien umzusetzen.

Für die Ableitung einer „realistischen" Wertbandbreite ist unbedingt erforderlich, dass sich die Szenarien nicht nur auf exogene Umwelt- bzw. Brancheneinflussfaktoren beziehen und hierbei implizit eine einseitig gerichtete Kausalbeziehung zwischen Umwelt und Unternehmen unterstellt wird. Auch die durch die Unternehmensführung kontrollierbaren Variablen sind bei den Szenarien abzubilden, da nur so die Auswirkungen von Strategien angemessen einfließen können. Wird etwa in einem relativ pessimistischen Szenario ein nachhaltiger Absatzeinbruch in einem Geschäftsbereich eingeplant, so sind folgerichtig auch die wahrscheinlichen strategischen Anpassungsreaktionen der Unternehmensführung zur Begrenzung der Auswirkungen, wie z.B. Kapazitätsabbau, Preissenkungen bis hin zum Ausstieg aus dem Geschäftsbereich, zu modellieren. Um diese vielfältigen Interaktionen zwischen Unternehmen und Umwelt, Unsicherheitsfaktoren und Handlungsspielräumen bei der Szenarioentwicklung zu berücksichtigen, kann folgender Ansatz zur Strategiefindung unter Unsicherheitsbedingungen genutzt werden:

Integrierte Berücksichtigung von Unsicherheiten und Handlungsspielräumen im Rahmen der Szenarioentwicklung

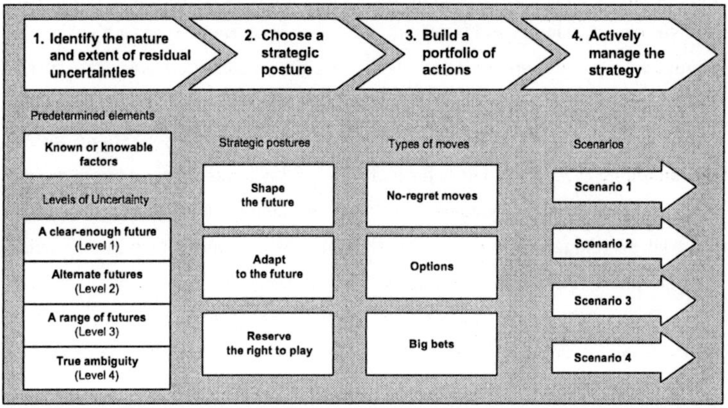

Abb. 40 - Quelle: Eigene Abbildung in Anlehnung an Courtney/Kirkland/Viguerie (Uncertainty), S. 77

Hierbei werden zunächst voraussehbare Einflüsse („predetermined elements") und wesentliche Unsicherheitsfaktoren auf unterschiedlichen Niveaus als Basis für die Szenariobildung unterschieden.[456] Für jedes Szenario ist sodann festzulegen, wie auf die jeweils angenommene Entwicklung zu reagieren ist. Dies erfolgt, indem eine auf die Entwicklung abgestimmte strategische Grundhaltung („strategic posture") und entsprechende Handlungen („moves") zur Ergreifung von Chancen bzw. Steuerung von Risiken eingeplant werden.

Aus Sicht des Risikomanagements kommt der **Definition einer Wertuntergrenze** bei der Anwendung der Szenariotechnik eine besondere Bedeutung zu, da die Differenz zwischen der Wertuntergrenze und dem gezahlten Preis für ein Unternehmen als Maß für das maximale Akquisitionsrisiko angesehen werden kann.[457] Fraglich ist hierbei, was unter dem sog. Worst-Case-Szenario zu verstehen ist. Möglich wäre beispielsweise, dass dieses als die absolute,

456 Vgl. zur Unterscheidung von „predetermined elements" und „critical uncertainties" Schwartz (Long View), S. 113-123; Van der Heijden (Scenarios), S. 83-88. Die Unsicherheitsstufen wurden bereits in Kapitel II.1.2.2. näher erläutert.

457 Vgl. hierzu Kapitel II.1.3.2

denkbare Wertuntergrenze im Sinne eines Katastrophenszenarios aufgefasst wird, dessen Eintritt äußerst unwahrscheinlich ist. Allerdings erscheint zweifelhaft, ob durch eine Orientierung an dieser extremen Darstellung der Wertuntergrenze ein zweckmäßiges Maß für das Akquisitionsrisiko erreicht wird, da hierdurch die Risiken unternehmerischer Entscheidungen wie durch ein Vergrößerungsglas betrachtet werden. In praktischer Hinsicht bietet es sich daher an, das Worst-Case-Szenario als ein repräsentatives Szenario aufzufassen, das stellvertretend für die negativen Entwicklungen stehen kann, die mit einer gewissen realen Wahrscheinlichkeit eintreten können.[458] Hiervon unberührt ist allerdings der anderweitige Nutzen, der aus dem Durchspielen eines Katastrophen- oder Crashszenarios im Rahmen einer Stresssimulation zu gewinnen ist.[459] Insbesondere ist hierbei an die Ausarbeitung eines „Schubladenplans" für ein Exit-Szenario zu denken, das im Falle einer krisenartigen Zuspitzung in der Entwicklung nach der erfolgten Übernahme relevant werden kann.

---

458 Bretzke spricht hier von einem Erwartungswert der negativen Kapitalwerte bei einem gegebenen Kaufpreis. Vgl. Bretzke (Unternehmensbewertung), S. 158

459 Vgl. zu diesen im Finanzbereich gebräuchlichen Crash-Szenarien, die in regelmäßigen Abständen ergänzend zu den Standard-Szenarien zu errechnen sind, beispielsweise Schierenbeck (Bankmanagement), S. 30 sowie Scharpf/Luz (Risikomanagement), S. 145

2.4. Risikosteuerung in der Transaktionsphase

Nachdem in den vergangenen Kapiteln Verfahrensmöglichkeiten zur Risikoidentifikation und –evaluation im Akquisitionsprozess dargestellt wurden, sind nun die relevanten Instrumente zur Risikosteuerung aufzuzeigen, wobei die Steuerung der Transaktionsprozessrisiken bereits in Kapitel III.2.1. behandelt wurde. Die Steuerung des Preis- und Integrationsrisikos von Unternehmensakquisitionen kann im Prinzip auf folgenden drei Ebenen erfolgen:

- Berücksichtigung von Risiken durch Abschläge bei der Preisfindung
- Abdeckung der Risiken durch die Vertragsgestaltung
- Vermeidung bzw. Verminderung der Risiken durch entsprechende Maßnahmen im Rahmen des Integrationsmanagements

Die ersten beiden Punkte, die Gegenstand dieses Kapitels sind, stehen in einem engen zeitlichen und sachlichen Zusammenhang zueinander und werden in der Praxis durch das Schnüren eines sog. **Preis-Methoden-Pakets** im Rahmen der Vertragsverhandlungen ausgehandelt. Dabei geht es darum, durch die kreative Gestaltung sämtlicher Parameter einer Transaktion (Kaufpreis, Umfang der Gewährleistung, Beteiligungsquote, Zahlungsmodus, etc.) eine für beide Seiten gewinnbringende Lösung zu finden.[460]

Die Steuerung von Risiken im Rahmen des Integrationsmanagements ist Thema des Kapitels III.3.1.

2.4.1. Generelle Vorgehensweise bei der Risikosteuerung

Für die identifizierten und bewerteten Risiken sollte zunächst eine Maßnahmenplanung durchgeführt werden. Um sicherzustellen, dass sämtliche wesentlichen Risiken lückenlos gesteuert werden, könnten hierfür folgende Schritte durchlaufen werden:

460 Vgl. Gomez/Weber (Akquisitionsstrategie), S. 71; Jung (Unternehmenskauf), S. 336; Berens/Mertes/Strauch (Unternehmensakquisitionen), S. 58-60

1. Feststellung, ob für das Risiko eine **Steuerungspflicht** besteht[461]
2. Bestimmung der geeigneten **Steuerungsebene**
   (Preisfindung, Vertragsgestaltung, Integrationsmanagement)
3. Festlegung des tolerierten **Restrisikos**
4. Bestimmung geeigneter **Maßnahmen** zur Risikosteuerung
5. Bestimmung von **Verantwortlichen** und **Zeitplanung**

Die geplante Vorgehensweise für die einzelnen Risiken ist im Risikotableau entsprechend zu dokumentieren:

Maßnahmenplanung und Dokumentation der Risikosteuerung und –kontrolle im Risikotableau (Teil III)*

		Risikosteuerung					Risikokontrolle	
Nr.	Beschreibung	Steuerungsebene	Maßnahmen zur Risikosteuerung	Zuständigkeit	Erwartete Schadenminderung durch Risikosteuerung T€	Toleriertes Restrisiko nach Risikosteuerung T€	Eingetretener Schaden T€	Unter-/Überschreitung des Restrisikos T€
1	Kundenverlust (X AG)	Integrationsmanagement	Gezielte Betreuung der X AG nach Übernahme, evtl. Preissenkung	Key Account Manager - (Hr. XY)	-500	250	300	+50
2	...	...	...	...	...	...	...	...
3								
4								
5								
...								

Abb. 41 - Quelle: Eigene Abbildung in Anlehnung an Weitekamp (Risikomanagement), S. 1758; Bitz (Risikomanagement), S. 82-87; Weber/Weißenberger/Liekweg (Risk Tracking), S. 29; Hahn/Weber/Friedrich (Risikomanagementsystem), S. 2627; Diedrichs/Richter (Risikomanagement), S. 141
*) Vgl. Teil I und II des Risikotableaus in Abb. 36/38

Um die unterschiedlichen Maßnahmen im Hinblick auf ihre Effektivität zur Verringerung der Eintrittswahrscheinlichkeit von Verlusten und/oder zur Begrenzung des Verlustausmaßes vergleichen zu können, sollten für diese jeweils die Risikosituationen vor sowie nach Risikosteuerung abgebildet werden. Für einen derartigen Maßnahmenvergleich bietet sich die Darstellung

461 Dies ist anhand der Schwellenwerte zu entscheiden, die im Rahmen der Risikostrategie festgelegt wurden. Vgl. Kap. III.1.2.4.

des gesamten Risikopotentials einer Akquisition in einem **Risikoportfolio** an, in dem die Risiken anhand ihrer Eintrittswahrscheinlichkeiten und Schadenshöhen in unterschiedliche Klassen eingeteilt werden.[462]

Darstellung von Risikosteuerungsmaßnahmen in einem Risikoportfolio

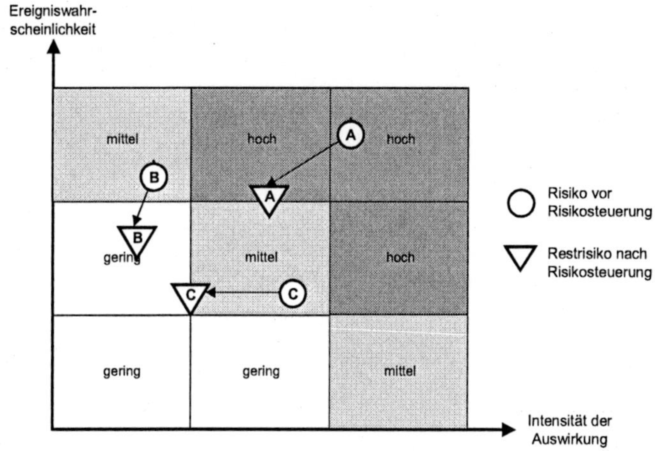

Abb. 42 - Quelle: in Anlehnung an KPMG (Risikomanagement), S. 23; Diedrichs/Richter (Risikomanagement), S. 139

In der Portfoliodarstellung können unterschiedliche Maßnahmen durchgespielt und die Auswirkungen auf die Einzelrisikoposition veranschaulicht werden.[463] Sofern es gelingt, die Wechselwirkungen mit anderen Risiken hinreichend genau zu erfassen, ist prinzipiell auch die durch eine Steuerungsmaßnahme induzierte Veränderung der gesamten Risikoposition darstellbar. Ziel ist hierbei, die durch das erwerbende Unternehmen zu tragenden Akquisitionsrisiken in ihrer Gesamtheit durch geeignete Risikobegrenzungsmaßnahmen („Weg nach links unten") auf ein mit der Risikostrategie in Einklang stehendes Restrisikoniveau abzusenken.

---

462 Alternativ werden auch der Höchstschadenswert und der Gesamterwartungswert als Portfoliodimensionen vorgeschlagen. Vgl. Füser/Gleißner/Meier (Risikomanagement), S. 756

463 Vgl. Füser/Gleißner/Meier (Risikomanagement), S. 756

2.4.2. Angebotspreisfindung und Angebotsgestaltung

Die Höhe des Kaufpreises bestimmt maßgeblich das Risikoniveau, das durch die Akquisition eingegangen wird. Daher stellt die Preisfindung den zentralen Hebel zur Steuerung des Preisrisikos einer Akquisition dar. Im folgenden werden kurz die Ausgangslage und die Einflussfaktoren auf die Ermittlung eines Grenzpreises ausgeführt (2.4.2.1.). Im Anschluss werden unterschiedliche Entscheidungshilfen zur Unterstützung bei der Angebotspreisfindung (2.4.2.2.) sowie Möglichkeiten zur Gestaltung weiterer nicht-finanzieller Parameter von Übernahmeangeboten (2.4.2.3.) vorgestellt.

2.4.2.1. Das Problem: Grenzpreisermittlung auf Basis von Wertbandbreiten

Die Funktion eines Grenzpreises bzw. Entscheidungswertes besteht darin, die Preisgrenze zu signalisieren, bis zu der ein Unternehmenskauf (-verkauf) vorteilhaft für das erwerbende (veräußernde) Unternehmen ist.[464] Die Kenntnis des eigenen Grenzpreises ist somit eine wesentliche Voraussetzung für den Eintritt in Verhandlungen.

Die **Ausgangssituation** für Preisverhandlungen stellt sich – wie in folgender Abbildung aufgeführt – dar:

464 Vgl. Peemöller (Wert), S. 8; Sieben/Sielaff (Unternehmensakquisition), S. 49 u. 52

Verhandlungsbereich von Käufer und Verkäufer im Rahmen der Preisbestimmung

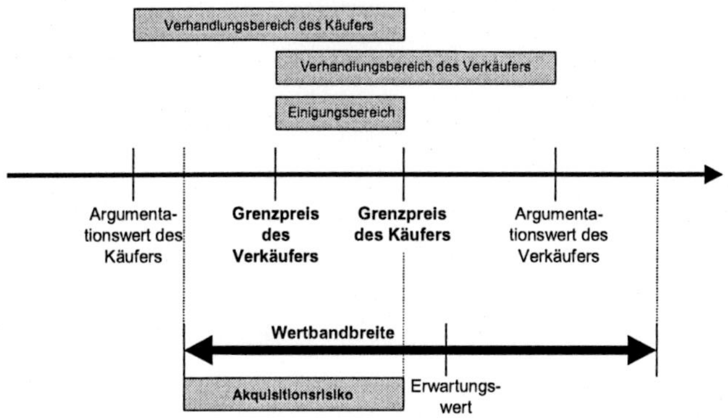

Abb. 43 - Quelle: in Anlehnung an Sieben/Sielaff (Unternehmensakquisition), S. 50

Voraussetzung für einen erfolgreichen Abschluss der Kaufverhandlungen ist das Vorliegen eines Einigungsbereichs, d.h. der Grenzpreis des Käufers muss über dem Grenzpreis des Verkäufers liegen.[465] Daher sollte das erwerbende Unternehmen vor Eintritt in Preisverhandlungen versuchen, die wahrscheinliche Preisuntergrenze des Verkäufers abzuschätzen, um dessen Konzessionsbereitschaft hinsichtlich des Preises möglichst genau antizipieren zu können.[466] Die Hauptaufgabe besteht aber aus Käufersicht in der Bestimmung des eigenen Grenzpreises.

Hierbei ist in einem ersten Schritt sicherzustellen, dass das im Rahmen der Risikostrategie festgelegte *absolute Preislimit* eingehalten wird, das sich als Summe aus der Wertuntergrenze plus dem maximal tolerierbaren Akquisitionsverlust bestimmt.[467] Diese Preisrestriktion, die in Abhängigkeit von der Risikobereitschaft und Risikotragfähigkeit des erwerbenden Unternehmens bestimmt

---

465 Vgl. hierzu Peemöller (Wert), S. 9; Sieben/Sielaff (Unternehmensakquisition), S. 50

466 Vgl. Sieben/Sielaff (Unternehmensakquisition), S. 49f.

467 Vgl. Kapitel III.1.3.2.

wurde, sollte als unumstößliche Grenze angesehen werden, die unabhängig vom erwarteten Ertragspotential des Unternehmens bei der Angebotsabgabe keinesfalls überschritten werden darf.
In einem zweiten Schritt ist die Grenzpreisermittlung als solche durchzuführen. Da im Rahmen der Unternehmensbewertung bewusst auf eine direkte Bestimmung eines Grenzpreises verzichtet wurde, bildet die errechnete Wertbandbreite, die sowohl die Chancen als auch die Risiken der Unternehmensakquisition abbildet, die Grundlage. Die Fragestellung, wie der Übergang von einer mehrwertigen Betrachtung zum Entscheidungswert vollzogen werden kann, wird im nächsten Abschnitt anhand einiger in der Literatur vorgeschlagener Entscheidungshilfen näher dargestellt.
Zuvor sind noch einige weitere **Einflussfaktoren** auf die Angebotspreisfindung anzusprechen, da die Preisfindung nicht in einem „luftleeren Raum", sondern in einer konkreten Verhandlungssituation zu vollziehen ist. Die Verhandlungsstärke des Käufers wird dabei entscheidend von zwei Faktoren geprägt.[468] Zum einen ist die Dringlichkeit des Verkäufers, das Unternehmen zu veräußern, ein wichtiger Einflussfaktor, dem durch eine Analyse der Verkaufsmotive besondere Aufmerksamkeit zu widmen ist.[469] Zum anderen spielen die Anzahl und finanziellen Möglichkeiten eventueller Mitbewerber bzw. die Situation auf dem Markt für Unternehmenskontrolle eine wesentliche Rolle.[470] Wichtig ist in diesem Zusammenhang, dass die Werthaltigkeit des Akquisitionsobjekts stets aus der Sicht des jeweiligen Interessenten zu betrachten ist, und dass demzufolge die subjektiven Grenzpreise der Mitbewerber erheblich von dem eigenen Grenzpreis abweichen können.[471] Besonderes prekär ist diese Situation, wenn der Verkäufer dem Kaufinteressenten keine Exklusivität eingeräumt hat bzw. wenn der Verkaufsprozess als Bieterverfahren ausgestaltet ist und mehrere potentielle Investoren gegeneinander konkurrieren. Denn eine offene Konkurrenzsituation erlaubt es dem Verkäufer, den Verkaufspreis zu maximieren. Im Fall eines Bieterverfahrens müssen daher stets auch die Motive und

---

468 Vgl. Barthel (Due Diligence), S. 369

469 Vgl. Waters/Schwartz (Pricing), S. 196

470 Vgl. zur Funktionsweise des Marktes für Unternehmenskontrolle Günther (Controlling), S. 33-41; Kirchner (Akquisitionsmanagement), S. 35-42

471 Vgl. Eccles/Lanes/Wilson (Acquisition), S. 138

finanziellen Möglichkeiten der anderen Bieter mit in Betracht gezogen werden.[472]

2.4.2.2. Entscheidungshilfen

Im Folgenden werden einige Entscheidungshilfen zur Ableitung des subjektiven Grenzpreises dargestellt. Zugrunde liegt hierbei der bereits bei der Diskussion der Bewertungsverfahren hervorgetretene Gedanke, dass eine eindeutige Entscheidung zur Übernahme von Risiken nicht aus Rechenmodellen alleine deduzierbar ist und dass insofern auch keine Entscheidung unabhängig von der Persönlichkeit des Entscheiders getroffen werden kann.[473]
Die Literatur zur Entscheidungstheorie enthält eine ganze Reihe von Empfehlungen über die rationale Handhabung der Unsicherheiten in Entscheidungssituationen.[474] Im gegebenen Zusammenhang bietet insbesondere die Anwendung der **Risikoprofilmethode** eine anschauliche, in der Praxis jedoch bislang kaum beachtete Möglichkeit, den Grenzpreis unter Einbeziehung der subjektiven Risikopräferenzen der Entscheidungsträger festzulegen.[475] Voraussetzung für die Anwendung der Methode ist allerdings, dass den errechneten Bewertungsszenarien subjektive Wahrscheinlichkeiten zugeordnet werden können. In dem Risikoprofil werden die berechneten Unternehmenswerte und zugehörigen kumulierten Wahrscheinlichkeiten abgebildet.

---

472 Vgl. Waters/Schwartz (Pricing), S .197

473 Rescher begründet die „Unausweichlichkeit" subjektiver Komponenten bei einer Entscheidung unter Unsicherheit wie folgt: „The analysis of risk requires the injection of an element of subjectivity – of personal evaluation or decision – to fill in essential components that are missing in the objectively given structure of the situation." Rescher (Risk), S. 118f.

474 Vgl. hierzu den Überblick bei Kupsch (Risiken), S. 157f. sowie Gerke/Bank (Finanzierung), S. 51ff.

475 Vgl. zur Risikoprofilmethode Peemöller/Kunowski (Ertragswertverfahren), S. 233; Siegel (Unternehmensbewertung), S. 468-471; Coenenberg (Monte-Carlo-Simulation), S. 803 sowie Hertz (Risk Analysis), S. 105

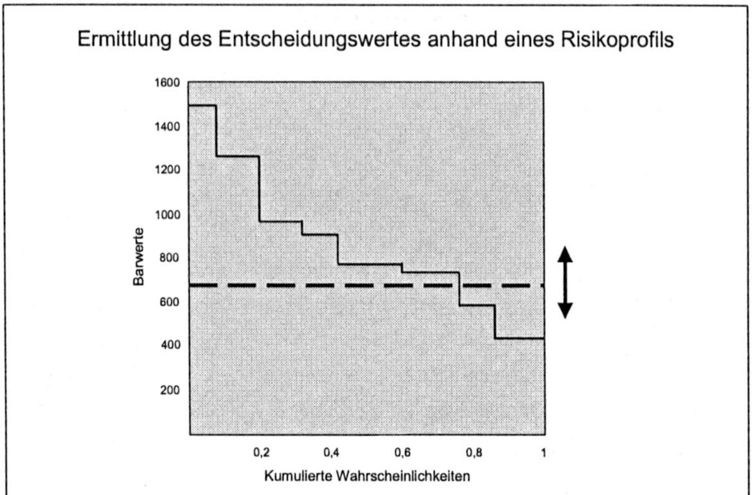

Abb. 44 - Quelle: in Anlehnung an Siegel (Unternehmensbewertung), S. 470, Mandl/Rabel (Unternehmensbewertung), S. 224

Aus dem Risikoprofil kann unmittelbar ein Sicherheitsäquivalent bestimmt werden, indem eine Gerade in das Profil gelegt und so weit nach oben geschoben wird, bis aus der Sicht des Entscheidungsträgers die Chance eines höheren Unternehmenswerts äquivalent mit den Risiken eines niedrigeren Endwerts erscheint.[476] Der Vorteil dieser Methode liegt darin, dass durch das Risikoprofil eine klar strukturierte Abbildung des Bewertungsproblems unter Unsicherheit möglich ist, die den Entscheidungsträger in die Lage versetzt, auch ohne weitere Hilfsmittel einen Grenzpreis gemäß den subjektiven Risikopräferenzen abzuleiten.

Neben dieser quantitativen Unterstützung der Grenzpreisermittlung können auch **qualitative Entscheidungsregeln** zur Anwendung kommen. Als Beispiel hierfür können etwa folgende Regeln von Rescher angeführt werden, die einen „tempered expected-value approach" darstellen.[477]

---

476 Vgl. Siegel (Unternehmensbewertung), S. 469; Mandl/Rabel (Unternehmensbewertung), S. 224f.

477 Vgl. nachfolgend Rescher (Risk), S. 114-119

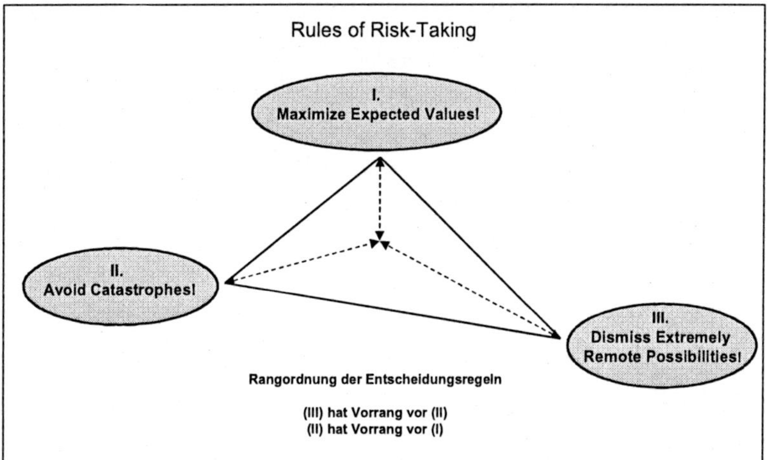

Abb. 45 - Quelle: In Anlehnung an Rescher (Risk), S. 114-117

Hierbei wird davon ausgegangen, dass unterschiedliche Handlungsalternativen (z.B. Akquisition versus interne Entwicklung) zu vergleichen sind. Zur Lösung eines derartigen Entscheidungsproblems können die drei Regeln angewandt werden, wobei diese in einem Spannungsverhältnis zueinander stehen. Die erste Regel besagt, dass die Variante mit dem höheren Erwartungswert vorzugswürdig ist. Da der Erwartungswert einen Durchschnittswert darstellt, kann dieser jedoch nicht immer ausschlaggebend sein. Denn die Mischung positiver und negativer Entwicklungen kann insbesondere die Möglichkeiten extrem negativer Entwicklungen verharmlosen. Deshalb ist zur Relativierung von (I) eine "Katastrophenschwelle"[478] in Form der Regel (II) in das Kalkül einzubauen. Diese bedeutet, dass eine Entscheidungsalternative zu verwerfen ist, sobald nur die Möglichkeit einer Katastrophe besteht, selbst dann, wenn diese Alternative den höchsten Erwartungswert aufweisen sollte.[479] Regel (III) schränkt nun wiederum den Gültigkeitsbereich von Regel (II) für den Fall ein, dass der Katastrophenfall zwar theoretisch denkbar, aber extrem unwahr-

478 Luhmann (Risiko), S. 11

479 Der Wert des Katastrophenszenarios wird hierzu im Rahmen der Erwartungswertberechnung auf $-\infty$ gesetzt.

scheinlich ist. Dies hat zur Folge, dass dieser Katastrophenfall gänzlich aus dem Kalkül herausgenommen werden kann.
Die Regeln sind also insbesondere für die Einschätzung hilfreich, ab welcher maximal möglichen Verlustschwelle von einem Akquisitionsvorhaben gänzlich Abstand genommen werden sollte und ab welcher Mindestwahrscheinlichkeit dieser Katastrophenfall ernsthaft in Betracht zu ziehen ist.[480]

2.4.2.3. Möglichkeiten der Angebotsgestaltung jenseits des Kaufpreises

Der Preis ist jedoch nicht die einzige Bestimmungsgröße der Kauf- oder Verkaufsentscheidung.[481] Deshalb kann versucht werden, den Zwang zu hohen Angebotspreisen dadurch abzumildern, indem auf anderen Ebenen Nutzen für den Verkäufer gestiftet wird. Allerdings sind auch dieser Möglichkeit innerhalb eines Bieterverfahrens relativ enge Grenzen gesetzt, da hier oftmals der Preis die dominante Rolle spielt und standardisierte Vorgaben für den Kaufvertrag geringe Spielräume lassen.[482] Dagegen dürften die Spielräume bei individuellen Vertragsverhandlungen mit Exklusivstatus des Käufers im Regelfall sehr viel größer sein.[483]
Um diese Spielräume preismindernd und damit risikomindernd auszunutzen, sind zunächst die nicht-finanziellen Zielsetzungen des Verkäufers zu analysieren. Als Beispiele für mögliche nicht-finanzielle Ziele könnten etwa ein guter Name bzw. Ruf des Käufers, Beschäftigungs- und Standortgarantien, Zusagen bezüglich der Übernahme des Managements oder Eröffnung interessanter strategischer Entwicklungsmöglichkeiten für beide Seiten, etc. vorliegen.[484] Nach Identifikation der Zielbereiche ist die eigene Konzessionsbereitschaft des

---

480 Derartige Abwägungen sind u.a. im Falle von Venture-Capital-Finanzierungen bei Start Up-Unternehmen von besonderer Relevanz, da hier die Realisierbarkeit der Geschäftsidee aufgrund rechtlicher, technischer oder wirtschaftlicher Risiken nicht gesichert sein kann. Vgl. zur Problematik des Realisierungsrisikos Peemöller/Geiger/Barchet (Early-Stage-Investments), S. 336

481 Vgl. Peemöller (Wert), S. 8; Porter (Wettbewerbsstrategie), S. 439; Waters/Schwartz (Pricing), S. 196

482 Vgl. Hölters (Unternehmenskauf), S. 39

483 Besondere Bedeutung haben nicht-monetäre Ziele bei Eigentümer-Unternehmern, für die auch eine emotionale Bindung an das Unternehmen, die Produkte sowie die Mitarbeiter charakteristisch ist. Vgl. Gomez/Weber (Akquisitionsstrategie), S. 69; Gösche (Mergers & Acquisitions), S. 185

484 Vgl. Porter (Wettbewerbsstrategie), S. 439; Buckley (Acquisition), S. 59

erwerbenden Unternehmens in den relevanten Gebieten zu prüfen. Falls diese gegeben ist, könnten die Punkte in die Angebotsgestaltung eingebracht werden. Hierbei ist allerdings zu bedenken, dass die Handlungsspielräume auch nicht voreilig eingeengt werden. Unbedingt zu vermeiden ist auch die opportunistische Abgabe von Versprechen, die später nicht zu erfüllen sind, da derartige Enttäuschungen zu großen Belastungen im Integrationsprozess führen können.

2.4.3. Vertragsgestaltung

Im Rahmen der Vertragsgestaltung stehen dem erwerbenden Unternehmen unterschiedliche Instrumente zur Absicherung gegen die Risiken der Unternehmensakquisition zur Verfügung.
Zur Verminderung des Akquisitionsrisikos bietet sich die Möglichkeit einer verzögerten Kaufpreisbestimmung an (2.4.3.1.). Die Steuerung einzelner Risiken kann durch die Vereinbarung eines vertraglichen Gewährleistungsregimes als Ersatz oder Ergänzung zur gesetzlichen Gewährleistung erfolgen (2.4.3.2.). Weiterhin sind im Kaufvertrag Sicherungen gegen Wertminderungen in der Übergangsphase zwischen Signing und Closing sinnvoll (2.4.3.3.).

2.4.3.1. Verzögerte Kaufpreisbestimmung durch „Earn-Outs“

Das Earn-Out-Verfahren taucht in der Literatur in unterschiedlichen Varianten unter den Bezeichnungen „verzögerte Kaufpreisbestimmung“[485], „Methode des realisierten Ertragswerts“[486], „ergebnisabhängige Preisvereinbarung“[487] bzw. „Besserungsoption“[488] auf. Das diesen Verfahren gemeinsame **Prinzip eines Earn-Outs** besteht darin, dass das Preisrisiko eines Unternehmenserwerbs mit dem Verkäufer geteilt wird, indem durch eine entsprechende Bestimmung im

---

485 Helbling (Absicherungsstrategien), S. 172

486 Lacher/Poppe (Ertragswert), S. 1762

487 Baums (Earn-outs), S. 1273

488 Delcker (Besserungsoption), S. 2453

Unternehmenskaufvertrag der endgültige Kaufpreis von der künftigen Geschäftsentwicklung des verkauften Unternehmens abhängig gemacht wird.[489] Hierzu ist zunächst ein vorläufiger Preis anhand eines Basiswerts zu ermitteln. Dieser wird nach Ablauf der vereinbarten Bemessungsperiode auf Basis der bis dahin realisierten Geschäftsergebnisse durch einen Korrekturwert nach oben oder unten angepasst.[490]

Als **Einsatzfelder** des Verfahrens kommen insbesondere folgenden Fälle in Betracht:[491]

- Hohe Unsicherheit über die zukünftige Geschäftsentwicklung (z.B. bei Neugründungen oder technologieorientierten Unternehmen)
- Uneinigkeit zwischen den Parteien bezüglich der zukünftigen Geschäftsentwicklung
- Der Verkäufer bleibt weiterhin in der Unternehmensführung tätig bzw. der Geschäftserfolg wird maßgeblich durch Geschäftsbeziehungen zum Verkäufer beeinflusst

Weiterhin ist zu beachten, dass die Weiterführung der zu erwerbenden Gesellschaft als selbständige Betriebseinheit eine wesentliche Anwendungsvoraussetzung für das Earn-Out-Verfahren darstellt.[492] Denn im Falle einer sehr weitreichenden Integration bzw. Reorganisation wäre die Vergleichbarkeit der Ergebnisse nicht mehr gegeben sowie eine Zurechnung bzw. Abgrenzung von Synergieeffekten erheblich erschwert.[493]

Bei geeigneter Ausgestaltung hat das Verfahren für beide Seiten **Vorteile**. Dem *Käufer* bietet das Verfahren den zentralen Vorteil einer effektiven Begrenzung des Akquisitionsrisikos, da der Käufer bei einem ungünstigen Ertragsverlauf eine Kaufpreiskorrektur verlangen kann. Außerdem hat ein Earn-Out für ihn den

---

489 Vgl. Semler (Unternehmenskaufvertrag), S. 513; Baums (Earn-outs), S. 1276. Eine alternative Möglichkeit zur Teilung des Gesamtrisikos mit dem Verkäufer besteht in der bereits dargelegten Ausgestaltung der Transaktion als *„Stock Deal"*, d.h. der Verkäufer erhält keine Barzahlung sondern Anteile am übernehmenden Unternehmen und ist hierdurch auch an den Risiken der Akquisition beteiligt. Vgl. zu den Vorteilen und Problemen dieser Option die Ausführungen in Kapitel II.1.3.4.

490 Vgl. hierzu das Beispiel bei Helbling (Absicherungsstrategien), S. 173f.

491 Vgl. zu den Einsatzfeldern Helbling (Absicherungsstrategien), S. 172; Peemöller (Unternehmensbewertung), S. 415; Baums (Earn-outs), S. 1273; Semler (Unternehmenskaufvertrag), S. 514; Delcker (Besserungsoption), S. 2453;

492 Vgl. Peemöller (Unternehmensbewertung), S. 415

493 Vgl. Lacher/Poppe (Ertragswert), S. 1763; Helbling (Absicherungsstrategien), S. 173; Weismüller (Akquisitionscontrolling), S. 908; Jansen (Mergers & Acquisitions), S. 191

Vorteil, dass der Verkäufer einen finanziellen Anreiz hat, bis zur Übergabe oder gegebenenfalls darüber hinaus das Unternehmen mit Sorgfalt weiterzuführen. Aber auch der *Verkäufer* kann von einem Earn-Out profitieren. So wird sich der Käufer unter Umständen zu einem höheren Kaufpreis (ohne extensive Risikoabschläge) bewegen lassen als dieser ohne Earn-Out zu zahlen bereit wäre.[494] Im Extremfall kann auch das Scheitern der gesamten Transaktion aufgrund von Uneinigkeiten über den Kaufpreis verhindert werden.[495]

Damit die Vereinbarung einer verzögerten Preisbestimmung im Kaufvertrag aus Sicht des Käufers eine effiziente Steuerung des Risikos von Unternehmensakquisitionen erlaubt, ist jedoch zur Vorbeugung späterer Meinungsverschiedenheiten eine klare **Definition der Berechnungsgrundlagen** im Kaufvertrag dringend erforderlich. Folgende Punkte sollten hierzu im Vertrag festgelegt werden:

Checkliste für die vertragliche Umsetzung eines Earn-Out-Verfahrens

- ☐ Wahl einer geeigneten und leicht überprüfbaren **Bemessungsgrundlage** (z.B. Jahresüberschuss, operatives Ergebnis, Umsatzerlöse)
- ☐ Verbindliche Vereinbarung von **Bewertungs- und Bilanzierungsregeln**
- ☐ Fixierung der **Dauer der Bemessungsperiode**
- ☐ Festlegung des **Berechnungsmodus** für die erforderlichen Korrekturzahlungen (z.B. prozentuale Berechnung oder als absolute Beträge bei Überschreiten gewisser Schwellenwerte)
- ☐ Regelung der **Abwicklungskontrolle** und Mechanismen zur **Streitbeilegung** (evtl. Prüfung durch neutralen Dritten, Einsichts- und Prüfungsrechte des Verkäufers, Bestimmung eines Schiedsgutachters oder –gerichts)

Abb. 46 - Quelle: Eigene Abbildung in Anlehnung an Baums (Earn-outs), S. 1275; Delcker (Besserungsoption), S. 2454

Entscheidend ist hierbei, dass das erwerbende Unternehmen keine Regelung unterstützt, die weite Interpretationsspielräume zulässt bzw. bedenkliche Anreizwirkungen für ein strategisches Verhalten des Verkäufers zur Folge hat,

494 Vgl. auch Jansen (Mergers & Acquisitions), S. 189

495 Vgl. Delcker (Besserungsoption), S. 2454

insbesondere wenn dieser weiterhin der Unternehmensführung angehören soll.[496]

2.4.3.2. Vertragliche Regelung von Garantien

Garantien stellen eine weitere risikosteuernde Präventionsmaßnahme zur Begrenzung möglicher Schäden nach Vertragsabschluss dar.[497] Nach herrschender Auffassung wird im Schrifttum die Ansicht vertreten, dass die **gesetzlichen Gewährleistungsregeln** für den Unternehmenskauf ungeeignet sind.[498] Der gesetzliche Schutz trägt einerseits den Besonderheiten des Unternehmenskaufs zu wenig Rechnung, andererseits bestehen erhebliche Unsicherheiten bezüglich der Anwendbarkeit und Reichweite der einzelnen Anspruchsgrundlagen. Die zahlreichen Probleme des deutschen Gewährleistungsrechts im Zusammenhang mit dem Unternehmenskauf können hier nicht weiter vertieft werden.[499] Daher wird in Übereinstimmung mit der Empfehlung des BGH[500] die Ausarbeitung eines vertragsindividuellen Gewährleistungsregimes in Form eines **selbständigen Garantievertrags** gem. § 305 BGB gefordert.[501] Voraussetzung hierfür ist allerdings, dass der Verkäufer bereit ist, im Rahmen eines solchen Garantievertrags über die gesetzliche Gewährleistung hinaus oder als Ersatz für diese für das Vorhandensein bzw. Fehlen bestimmter, im Vertrag festzulegender Umstände *verschuldensunabhängig* einzustehen und den Käufer im Falle des Risikoeintritts schadlos zu halten.[502]

---

496 Vgl. zum Problem des strategischen Verhaltens der Akteure Baums (Earn-outs), S. 1274

497 Vgl. Berens/Schmitting/Strauch (Due Diligence), S. 103

498 Vgl. beispielsweise Semler (Unternehmenskaufvertrag), S. 545; Kiethe (Unternehmenskauf), S. 1757; Merkt (Gewährleistung), S. 1045f.; Loges (Due Diligence), S. 967; Picot (Vertragsrecht), S. 53

499 Beispielhaft sei hier auf die aus Käufersicht viel zu restriktive und deshalb wenig brauchbare Auslegung der relevanten Begriffe „Fehler" eines Unternehmens sowie der zusicherungsfähigen „Eigenschaft" im Sinne des § 459 Abs. 1 u. 2 BGB verwiesen. So werden etwa Umsatzerlöse oder Erträge vergangener Geschäftsjahre in der Rechtsprechung nicht als zusicherungsfähige Eigenschaft anerkannt. Vgl. Semler (Unternehmenskaufvertrag), S. 537-541. Ein Überblick über die umstrittene gesetzliche Lage und die Rechtsprechung zur Gewährleistung des Verkäufers findet sich bei Holzapfel/Pöllath (Unternehmenskauf), S.243-264 sowie Picot (Vertragsrecht),S. 52-71

500 Vgl. beispielsweise BGHZ 65, S. 246f.; BGH, NJW 1977, S. 1538

501 Vgl. hierzu etwa Merkt (Gewährleistung), S. 1046; Loges (Due Diligence), S. 967

502 Vgl. Picot (Vertragsrecht), S. 64

Die vertraglichen Gewährleistungen sollten die im Rahmen der Due Diligence erkannten und wesentlichen Risiken des Zielunternehmens vollständig abbilden, sofern diese nicht bereits durch Preisabschläge berücksichtigt wurden oder durch geplante Maßnahmen im Rahmen des Integrationsmanagements ausreichend gesteuert werden können. Der zu vereinbarende Garantienkatalog stellt insofern ein „Spiegelbild" der wichtigsten Due-Diligence-Findings dar. Im Folgenden werden einige **typische Anknüpfungstatbestände** für Garantien herausgegriffen:[503]

- Bilanzgarantie
- Vertragsbeziehungen zu Dritten
- Zusicherung sonstiger Ertragsfaktoren und stiller Reserven
- Altlasten

Bilanzgarantie

Da die Jahresabschlüsse des Akquisitionsobjekts und die darin ausgewiesenen Ergebnisse eine wichtige Basis für die Wertermittlung darstellen, empfiehlt es sich aus Käufersicht, eine Garantieübernahme des Verkäufers für die Richtigkeit der Bilanzangaben anzustreben.[504] Eine Bilanzgarantie kann sich dabei zum einen auf die Übereinstimmung zwischen dem Bilanzausweis und dem tatsächlichen Sachverhalt erstrecken („Garantie der objektiven Richtigkeit").[505] Der Verkäufer haftet in diesem Fall z.B. für eine unterlassene Rückstellungsbildung auch dann, wenn er den Sachverhalt zum Zeitpunkt der Bilanzerstellung noch nicht kennen konnte.[506] Deshalb wird sich in der Regel nur die weichere „Garantie der subjektiven Richtigkeit" durchsetzen lassen, die garantiert, dass „die Bilanz nach den Grundsätzen ordnungsmäßiger Buchführung (GOB) und unter Anwendung der gebotenen Sorgfalt nach dem damaligen Kenntnisstand richtig war."[507] Wichtig für die Ausgestaltung der Bilanzgarantie ist insbeson-

---

503 Vgl. Grabowski/Harrer (Unternehmenskauf), S. 20-22

504 Vgl. Grabowski/Harrer (Unternehmenskauf), S. 20; Semler (Unternehmenskaufvertrag), S. 546f.; Picot (Vertragsrecht), S. 66

505 Holzapfel/Pöllath (Unternehmenskauf), S. 273; Grabowski/Harrer (Unternehmenskauf), S. 21

506 Vgl. Holzapfel/Pöllath (Unternehmenskauf), S. 273

507 Holzapfel/Pöllath (Unternehmenskauf), S. 273

dere, dass sich diese auch ausdrücklich auf die Frage erstreckt, wie Bilanzierungs- und Bewertungswahlrechte ausgeübt worden sind und ob das Prinzip der Bilanzkontinuität eingehalten wurde.[508]

Als Ersatz oder ergänzend zur Bilanzgarantie können die Vertragsparteien ferner eine Eigenkapitalgarantie in den Vertrag aufnehmen, wodurch der Verkäufer das Vorhandensein eines bestimmten Eigenkapitals in bestimmter Höhe zu einem bestimmten Zeitpunkt (meist zum Übergangsstichtag) anhand einer Abrechnungsbilanz garantiert.[509]

Vertragsbeziehungen zu Dritten

Die Bilanz- oder Eigenkapitalgarantie erfasst nur Umstände, die direkt bilanziell wirksam sind. Deshalb sollten darüber hinaus die Faktoren, die die Ertragsfähigkeit wesentlich beeinflussen, aber nicht unmittelbar aus der Bilanz ersichtlich sind, durch eigenständige Garantien berücksichtigt werden. Ein wesentlicher Anknüpfungspunkt sind hierbei die Vertragsbeziehungen zu Dritten.[510] Der Verkäufer sichert das Bestehen sowie Umfang bestimmter vertraglicher Rechte und Verpflichtungen zu. Bei wesentlichen Rechten aus Verträgen sollte sich der Käufer weiterhin zusichern lassen, dass keine Vertragsklauseln bestehen, die den Vertragspartner bei einem Gesellschafterwechsel zu einer vorzeitigen Kündigung berechtigen. Bei Verpflichtungen wird oft auch eine maximale Gesamthöhe oder deren Nichtbestehen garantiert. Als Beispiele für vertragliche Beziehungen zu Dritten, die durch eine Garantie abgedeckt werden können, sind etwa Produkthaftungs- und Garantieverpflichtungen, Lizenzverträge, Kreditzusagen, günstige Bezugskonditionen bei Lieferanten, Abfindungsverpflichtungen, Umsatz- und Gewinnbeteiligungen der Arbeitnehmer, o.ä. zu nennen.

Zusicherung sonstiger Ertragsfaktoren und stiller Reserven

Das Ertragspotential eines Akquisitionsobjekts kann beispielsweise auch sehr stark von öffentlich-rechtlichen Genehmigungen (z.B. Baugenehmigungen, Genehmigung zum Betrieb einer Anlage) oder Konzessionen abhängig sein.

---

508 Vgl. Semler (Unternehmenskaufvertrag), S. 547

509 Vgl. hierzu Picot (Vertragsrecht), S. 66; Semler (Unternehmenskaufvertrag), S. 547

510 Vgl. nachfolgend Grabowski/Harrer (Unternehmenskauf), S. 21

Auch in diesem Fall bietet sich die Absicherung durch eine eigenständige Garantie an.[511] Sofern stille Reserven bei der Kaufpreisermittlung explizit berücksichtigt wurden, sollte das Bestehen und die Werthaltigkeit der stillen Reserven in ihrer Quantität und Qualität zum relevanten Übergangsstichtag zugesichert werden.

Altlasten

Ein besonderes zum Erwerbszeitpunkt häufig weitgehend unabsehbares Problem können mögliche Umwelt- und Altlasten darstellen.[512] Für bekannte Altlasten kann durch die Übernahme der Sanierungsverpflichtung und die Abgabe einer Freistellungserklärung für eventuelle Verbindlichkeiten durch den Verkäufer eine relativ einfache Lösung gefunden werden.[513] Sind allerdings keine Altlasten bekannt, so wäre ein umfassender Gewährleistungsausschluss sicherlich die Optimallösung aus Käufersicht. Allerdings dürfte in der Praxis hiervon der Verkäufer nicht zu überzeugen sein. Um unüberschaubare Risiken für beide Seiten zu vermeiden, empfiehlt sich daher die gemeinsame Beauftragung zur Erstellung eines Umwelt- und Altlastengutachtens, aufgrund dessen die Risken z.B. durch Kostenfreistellungen o.ä. geteilt werden können.

Zusammenfassend sind in folgender Abbildung einige Beispiele für Sachverhalte, die typischerweise über Garantiezusagen abgesichert werden können, aufgeführt:[514]

511 Vgl. Grabowski/Harrer (Unternehmenskauf), S. 21

512 Vgl. Holzapfel/Pöllath (Unternehmenskauf), S. 274;

513 Vgl. nachfolgend Grabowski/Harrer (Unternehmenskauf), S. 22

514 Vgl. zu möglichen weiteren Umständen oder Eigenschaften, die sich für eine selbständige Garantiezusage eignen, Gellert (Akquisitionsrisiken), S. 137; Helbling (Absicherungsstrategien), S. 174f. sowie die ausführliche Checkliste bei Holzapfel/Pöllath (Unternehmenskauf), S. 275ff.

Beispiele für Garantien

Garantien hinsichtlich des Bestehens und des Inhalts von Rechten

- Gesellschaftsanteile bestehen und unterliegen keinen Beschränkungen
- Verträge gemäß Anlagen bestehen und haben den wiedergegebenen Inhalt
- Auftragsbestand
- Rechte an Grundstücken
- Gewerbliche Schutzrechte, Urheber- und Verlagsrechte
- Genehmigungen und Konzessionen vorhanden und nicht gefährdet
- Alle öffentlich-rechtlichen Sicherheits- und sonstigen Vorschriften erfüllt

Garantien hinsichtlich Belastungen und Verpflichtungen

- Keine Anstellungs- oder Dienstverträge über DM ... p.a.
- Keine Versorgungszusagen außer gemäß Bilanzrückstellung
- Keine Miet-, Pacht- und andere Dauerschuldverhältnisse außer ...
- Keine Wettbewerbsverbote
- Keine Wettbewerbsverstöße
- Keine Eventualverbindlichkeiten, Bürgschaften, Umwelt- und Altlasten
- Keine Rechtsstreitigkeiten

Sonstige Garantien

- Keine Umstände gegeben, die das Ergebnis des laufenden Geschäftsjahres gegenüber dem Vorjahr um mehr als ... % verschlechtern
- Schwebende Geschäfte
- Selbstgeschaffene immaterielle Wirtschaftsgüter
- Keine offenen Spekulations-, Devisen- oder Warentermingeschäfte
- Unternehmensverträge steuerlich anerkannt
- Risiken aus Produzentenhaftung

Abb. 47 - Quelle: Berens/Schmitting/Strauch (Due Diligence), S. 105; Holzapfel/Pöllath (Unternehmenskauf), S. 276-281

In gleicher Weise wie bei dem Earn-Out-Verfahren hängt die Effektivität der Schutzwirkung vertraglicher Garantien von einer klaren Fixierung der Gewährleistungsregeln ab. Für die **praktische Ausgestaltung der einzelnen Garantiezusagen** kann folgende Checkliste dienen, die die wichtigsten im Vertragswerk ausdrücklich zu vereinbarenden Punkte aufführt.

Wichtige Regelungsinhalte bei Garantiezusagen im Kaufvertrag

1.	**Soll das Vorhandensein positiver oder das Fehlen negativer Faktoren vereinbart werden?**
2.	**Soll die Haftung des Verkäufers tatsächlich vollkommen verschuldensunabhängig sein?** Welcher Grad des Verschuldens soll gegebenenfalls haftungsauslösend sein? Soll Kenntnis oder verschuldete Unkenntnis des Käufers haftungsmindernd oder haftungsausschließend wirken?
3.	**Welche Verjährungsfrist soll gelten?**
4.	**Welche Rechtsfolgen soll die Abweichung von der Garantiezusage auslösen?** - Soll der Käufer den Kaufpreis *mindern* dürfen – wenn ja, nach welcher Berechnungsmethode? - Soll er *zurücktreten* können – mit welchen Folgen in bezug auf die in der Zwischenzeit eingetretenen Veränderungen, insbes. Gewinne und Verluste? - Soll *Schadensersatz oder Entschädigung* geleistet werden – ausschließlich oder neben anderen Folgen und nach welcher Berechnungsmethode?
5.	**In welchem Verhältnis sollen die vereinbarten Garantiezusagen zur gesetzlichen Gewährleistung stehen?** Soll Letztere verdrängt werden oder in allen Fällen subsidiär gelten?

Abb. 48 - Quelle: Merkt (Gewährleistung), S. 1046

Regelungsbedürftig sind insbesondere die **Rechtsfolgen**, da die gesetzliche Rechtsfolge eines selbständigen Garantieversprechens primär im Erfüllungsanspruch des Käufers besteht, d.h. der Verkäufer hat den Zustand herzustellen, der bestehen würde, wenn das Garantieversprechen erfüllt worden wäre. Schadensersatz ist nur dann zu leisten, wenn die Herstellung des garantierten Zustands nicht möglich ist.[515] Dieser Ansatz ist jedoch in der Praxis des Unternehmenskaufs oftmals weder praktikabel noch interessengerecht.[516] Deshalb empfiehlt es sich, für die einzelnen Garantiezusagen unterschiedliche Rechte des Käufers zu kombinieren bzw. Wahlrechte zu vereinbaren.[517]

515 Vgl. Semler (Unternehmenskaufvertrag), S. 548; Picot (Vertragsrecht), S. 67

516 Vgl. Semler (Unternehmenskaufvertrag), S. 548; Picot (Vertragsrecht), S. 67

517 Vgl. Picot (Vertragsrecht), S. 67. Wird eine *Ratenzahlung* für die Begleichung des Kaufpreises vereinbart, können Minderungsansprüche besonders effektiv durchgesetzt werden, wenn vor der Bezahlung der letzten Rate Mängel auftreten. Vgl. Semler (Unternehmenskaufvertrag), S. 515

2.4.3.3. Absicherung gegen Wertminderungen zwischen Vertragsabschluss und Übergangsstichtag

Da der Wert eines Unternehmens in einer Wettbewerbswirtschaft sehr großen und mitunter auch abrupten Schwankungen unterliegen kann, ist die Bestimmung eines **Closing**, d.h. eines Übergangsstichtags, von besonderer Bedeutung.[518] Bis zu diesem Stichtag liegen die Unternehmensführung und das wirtschaftliche Risiko beim Verkäufer, der auch nach Maßgabe der vertraglichen Garantien eventuelle Veränderungen in der Werthaltigkeit des Akquisitionsobjekts zu vertreten hat.[519] Am Übergangsstichtag gehen aber nicht nur die Leitungsgewalt und die unternehmerische Verantwortung auf den Erwerber über.[520] Verbunden mit dem Closing sind weiterhin – je nach konkreter Ausgestaltung – eine ganze Reihe von Rechtshandlungen: Besitzwechsel, Eigentumsübertragungen, Zug-um-Zug-Abwicklungen, Feststellungen von Bilanzen und Ergebnissen, Kaufpreiszahlung, u.v.m.[521]

Neben der Vereinbarung eines Closing stehen **weitere Absicherungsmöglichkeiten** zur Verfügung, um möglichen negativen Wertveränderungen für den Käufer in der Übergangsperiode zwischen Vertragsabschluss und –vollzug entgegenzuwirken:

Erstens ist – soweit keine anderweitigen Gründe dagegen sprechen (z.B. steuerliche oder kartellrechtliche Gründe) – die Übergangsphase *möglichst kurz* zu gestalten.[522] Zweitens ist aus Käufersicht anzustreben, dass der Verkäufer nach Vertragsabschluss keine für die Übernahme nachteiligen Geschäfte unternimmt. Dies kann etwa durch die vertragliche Vereinbarung von *Zustimmungs- oder Konsultationspflichten* für bestimmte Geschäfte, die über den gewöhnlichen Geschäftsbetrieb hinausgehen (z.B. Abschluss von Dauerschuldverhältnissen, Anstellung oder Freisetzung von Personal, o.ä.), erreicht werden.[523] Drittens ist aber auch die vertragliche *Verpflichtung zur Vornahme*

---

518 Vgl. Peemöller (Unternehmensbewertung), S . 415; Semler (Unternehmenskaufvertrag), S. 503; Picot (Vertragsrecht), S. 48

519 Vgl. Picot (Vertragsrecht), S. 99

520 Vgl. Holzapfel/Pöllath (Unternehmenskauf), S. 21

521 Vgl. Holzapfel/Pöllath (Unternehmenskauf), S. 21

522 Vgl. Holzapfel/Pöllath (Unternehmenskauf), S. 24; Grabowski/Harrer (Unternehmenskauf), S. 22;

523 Vgl. Semler (Unternehmenskaufvertrag), S. 519; Holzapfel/Pöllath (Unternehmenskauf), S. 24

gewisser Geschäftshandlungen (z.B. Abbau von Personal, Schließung unrentabler Geschäftsbereiche) denkbar. Viertens, sollten die *Entnahmerechte* des Verkäufers in der Zeitspanne zwischen Vertragsabschluss und –vollzug sowie die Abgrenzung der Gewinnansprüche vertraglich geregelt werden.[524]

524 Vgl. Picot (Vertragsrecht), S. 52 u. S.101; Semler (Unternehmenskaufvertrag), S. 506f.

3. Integrationsphase – Realisierung des Wertpotentials

3.1. Risikosteuerung im Rahmen des Integrationsmanagements

Der Integrationsprozess umfasst sowohl „die strategiekonforme Anpassung des einzelnen Akquisitionsobjekts und/oder auch des erwerbenden Unternehmens als auch seine Einbindung in den Unternehmensverbund des Käuferunternehmens."[525]

Aus Sicht des Risikomanagements steht die Steuerung der Integrationsrisiken im Vordergrund. Die Maßnahmen zur Vermeidung bzw. Verminderung der Integrationsrisiken beziehen sich dabei auf die *Optimierung der Erfolgsbedingungen*[526] im Integrationsprozess. Dazu gehört insbesondere die reibungslose Übernahme der Geschäftstätigkeit, die erfolgreiche Fortführung der laufenden Aktivitäten sowie die effiziente Umsetzung der in der Akquisitionsstrategie anvisierten Restrukturierungs-, Synergie- und Veräußerungspotentiale.

Da die sorgfältige Vorbereitung der Integration eine wesentliche Voraussetzung für die gezielte Steuerung der Integrationsrisiken bildet, ist zunächst kurz auf die Planung und Organisation der Integration einzugehen (3.1.1.). Im Anschluss wird dargestellt, wie in einigen zentralen Gestaltungsbereichen des Integrationsmanagements typische Integrationsrisiken bereits im Rahmen der Umsetzung der Maßnahmen vorausschauend gesteuert werden können (3.1.2.).

---

525 Weismüller (Integration), S. 582. Für eine vertiefte Diskussion des Integrationsbegriffs siehe weiterhin Jansen (Mergers & Acquisitions), S. 213f. sowie Gerpott (Integrationsgestaltung), S. 114ff.

526 Vgl. Weber (Synergieeffekte), S. 108

3.1.1. Planung und Organisation der Integration

„The work starts well before the ink is dry."[527]

Auch wenn die Integration faktisch erst nach erfolgtem Signing und Closing durchgeführt werden kann, ist zu empfehlen, mit der Integrationsplanung möglichst frühzeitig, auf jeden Fall vor Vertragsabschluss, zu beginnen. Diese übereinstimmend in der Literatur vertretene Vorgehensweise weist eine Reihe von nicht zu unterschätzenden Vorteilen für die proaktive Steuerung des Preis- und Integrationsrisikos auf.[528] So zwingt die **parallel mit der Transaktionsphase vollzogene Integrationsplanung** dazu, dass sich die beteiligten Akteure frühzeitig mit den Erfordernissen und möglichen Problemen im Integrationsprozess beschäftigen, was zum einen zu einer realistischeren Einschätzung der Synergiepotentiale beitragen kann, weil die oftmals sehr groben Synergieerwartungen aus dem Bereich der „Spekulation" geführt und auf Basis konkret geplanter Wertsteigerungsprojekte fundierter bewertet werden können. Zum anderen ermöglicht die frühzeitige Planung aber auch eine erhebliche Verkürzung der kritischen Übergangsphase und eine schnellere und effektivere Durchführung der gesamten Integrationsphase, da bereits unmittelbar nach Vertragsschluss mit der Umsetzung der Integrationsmaßnahmen begonnen werden kann.

Zusätzlich zur Integrationsplanung ist aus Sicht des Risikomanagements nach Abschluss der Transaktionsphase besonderer Wert auf die **Gewinnung zusätzlicher Informationen** über das Akquisitionsobjekt zu legen, da nach dem Erwerb erstmals ein unbeschränkter Zugang zu den Führungs- und Informationssystemen möglich ist und hierdurch das bisher gewonnene Bild des Akquisitionsobjekts verifiziert und vervollständigt werden kann.[529] Die neuen Erkenntnisse sind sodann in der Integrationsplanung zu berücksichtigen. Falls unerwartet neue Risiken bekannt werden sollten, ist das Risikotableau um diese

527 Ashkenas/DeMonaco/Francis (Acquisitions), S. 165

528 Vgl. zu dieser Forderung beispielsweise Weismüller (Integration), S. 583; Ashkenas/DeMonaco/Francis (Acquisitions), S. 168; Feldmann/Spratt (Postmerger Integration), S. 410f.; Clever (Post-Merger-Management), S. 126; Jansen (Mergers & Acquisitions), S. 212

529 Vgl. Buckley (Acquisition), S. 59; Weismüller (Integration), S. 585

neu auftretenden bzw. erkannten Risiken zu erweitern und durch die Einleitung entsprechender Gegenmaßnahmen zu reagieren.

Folgende Punkte sollten die wesentlichen **Bestandteile der Integrationsplanung** bilden: [530]

- Wahl des Integrationsansatzes und Integrationsgrads
- Bestimmung der zu integrierenden Bereiche
- Festlegung der Integrationsmaßnahmen nach Prioritäten
- Erstellung eines flankierenden Kommunikationsplanes für die externe und interne Kommunikation
- Ernennung eines verantwortlichen Integrationsmanagers und „transition teams"
- Bestimmung der Integrationsgeschwindigkeit und Zeitplanung

Bezüglich der Entscheidung für einen **Integrationsansatz** stehen im Prinzip folgende Optionen zur Verfügung:

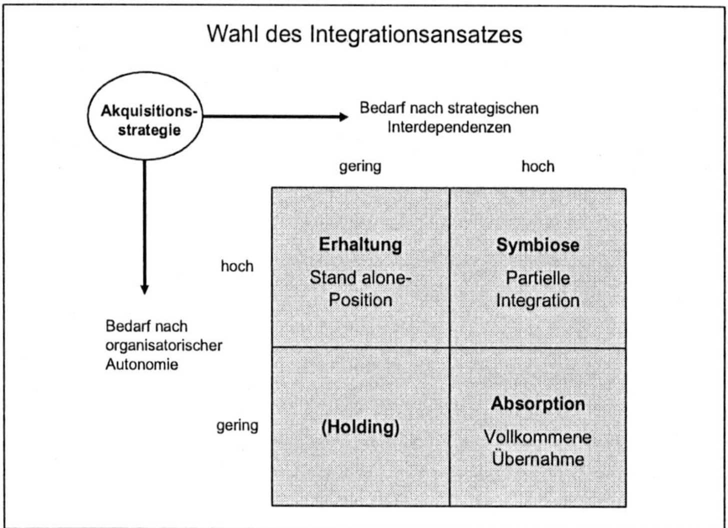

Abb. 49 - Quelle: in Anlehnung an Haspeslagh/Jemison (Akquisitionsmanagement), S. 174; Jansen (Mergers & Acquisitions), S. 218; Steinöcker (Akquisitionscontrolling), S. 106

530 Vgl. Buckley (Acquisition), S. 58f.; Clever (Post-Merger-Management), S. 125; Jansen (Mergers & Acquisitions), S. 212; Ottersbach/Kolbe (Integrationsrisiken), S. 148f.; Gösche (Mergers & Acquisitions), S. 93; Ashkenas/DeMonaco/Francis (Acquisitions), S. 167

Die Grundidee ist, dass die Akquisitionsstrategie und die relevanten Wertschöpfungsmechanismen das erforderliche Maß an strategischer Interdependenz zwischen dem erwerbenden und dem erworbenen Unternehmen und den möglichen Grad an organisatorischer Autonomie bestimmen.[531] Hierbei ist unmittelbar einsichtig, dass der Integrationsprozess umso tiefgreifender und damit sowohl anspruchsvoller als auch riskanter ist, umso höher die strategische Interdependenz und umso geringer die organisatorische Autonomie ist.
Die Integrationsbereiche, Integrationsmaßnahmen sowie Aufgaben der Kommunikationspolitik werden im folgenden Kapitel vertieft.
Im Hinblick auf die Minimierung organisatorischer Risiken im Integrationsprozess spielen die Besetzung des **Integrationsteams bzw. „transition teams"** sowie die Regelung der Verantwortlichkeiten der Teammitglieder eine große Rolle.[532] In diesem Zusammenhang ist auf eine möglichst weitgehende personelle Kontinuität in der Transaktions- und Integrationsphase zu achten, da die Teammitglieder, die im Rahmen der Due Diligence bereits beträchtliche Informationen über die Zielgesellschaft erworben haben, ihr Wissen auch bei der Bewältigung der komplexen Integrationsaufgaben zur Verfügung stellen sollten.[533] Auch haben die Mitglieder des Due Diligence-Teams oftmals wertvolle Kontakte zur Führung und evtl. wichtigen Mitarbeitern der Zielgesellschaft aufgebaut.
Um eine effiziente Führung des Integrationsprozesses zu fördern, empfehlen Ashkenas/De Monaco/Francis die Einführung eines **Integrationsmanagers**, der sich von anderen Aufgaben vollständig entlastet ausschließlich der Integration widmen kann.[534] Dies bietet die Möglichkeit, dass der Integrationsprozess mit der erforderlichen Konzentration vorangetrieben wird, ohne dass die ursprüngliche Geschäftstätigkeit des erwerbenden Unternehmens vernachlässigt wird. Denn aus der Umlenkung von Aufmerksamkeit und finanziellen sowie personellen Ressourcen auf das Integrationsobjekt erwächst die Gefahr

---

531 Vgl. Haspeslagh/Jemison (Akquisitionsmanagement), S. 181-183; Sieben/Sielaff (Unternehmensakquisition), S. 42f.; Gerpott (Personalmanagement), S. 323

532 Vgl. Weismüller (Integration), S. 583. Zur möglichen Zusammensetzung des Integrationsteams vgl. Ottersbach/Kolbe (Integrationsrisiken), S. 148.

533 Vgl. Ashkenas/DeMonaco/Francis (Acquisitions), S. 169; Frank (Probleme), S. 143

534 Vgl. zur praktischen Ausgestaltung der Rolle eines Integrationsmanagers Ashkenas/DeMonaco/Francis (Acquisitions), S. 169-172

von Wertminderungen des erwerbenden Unternehmens, die streng genommen auch als Integrationskosten interpretiert werden müssen.[535] Nichtsdestotrotz wird von mehreren Autoren die **Zugehörigkeit eines Topmanagers** zum Integrationsteam als unbedingt notwendig erachtet, damit im Konfliktfalle schnell Entscheidungen getroffen werden können.[536]

Im Hinblick auf die **Integrationsgeschwindigkeit** und Zeitplanung einzelner Maßnahmen ist zu beachten, dass in der Anfangsphase der Integration einschneidende Änderungen von Mitarbeitern und anderen betroffenen Akteuren eher akzeptiert bzw. sogar erwartet werden.[537] Deshalb sollten tiefgreifende Veränderungen schnell vorgenommen werden. Die Verschleppung von größeren Integrationsmaßnahmen zögert nicht nur die Realisierung der Synergien hinaus,[538] sondern verlängert auch die schwierige Unsicherheitsphase für die Beschäftigten. Deshalb erscheint eine nach zeitlichen Prioritäten abgestufte Integrationsplanung z.B. für die ersten 100 Tage, das erste Halbjahr und das erste Jahr sinnvoll. Allerdings darf die hohe Integrationsgeschwindigkeit auch nicht übersteigert werden. Denn auch wenn es anfangs gilt, schnell Sicherheit zu schaffen und Zukunftsperspektiven zu eröffnen, so bedarf die Einleitung von Veränderungen dennoch eines außerordentlichen Fingerspitzengefühls, um nicht aufgrund mangelnder Sensibilität das im Umgang mit den Mitarbeitern erworbene Vertrauen gleich wieder zu verspielen.[539]

535 Auf diese Gefahr haben Rappaport/Sirower (Stock or Cash), S. 149 hingewiesen.

536 Vgl. Ottersbach/Kolbe (Integrationsrisiken), S. 148; Frank (Probleme), S. 143

537 Vgl. Feldmann/Spratt (Postmerger Integration), S. 410; Achtmeyer (Synergies), S. 110; Buckley (Acquisition), S. 58; Ashkenas/DeMonaco/Francis (Acquisitions), S. 172

538 Dies führt dazu, dass die für eine Wertsteigerung erforderlichen Synergieeffekte mit zunehmender Dauer des Integrationsprozesses überproportional zunehmen. Vgl. Berger (Unternehmensfusionen), S. 23 sowie Sirower (Synergy Trap), S. 65

539 Vgl. Ashkenas/DeMonaco/Francis (Acquisitions), S. 172

3.1.2. Gestaltungsbereiche des Integrationsmanagements als Ansatzpunkt zur Steuerung der Integrationsrisiken

Da – wie bereits gezeigt wurde – Art und Ausmaß der Integration bei unterschiedlichen Unternehmensakquisitionen erheblich differieren können, gestaltet es sich schwierig, allgemeingültige Gestaltungsvorschläge für die Steuerung von Integrationsrisiken abzuleiten. Dennoch können im Folgenden Handlungsvorschläge für einige *typische* Aktionsfelder des Integrationsmanagements erarbeitet werden, die bei allen Akquisitionen von Bedeutung sein dürften. Die hier unterschiedenen Gestaltungsbereiche des Integrationsmanagements bewegen sich zunächst auf den drei entscheidenden Ebenen der Führung, der Mitarbeiter und der Wertschöpfung.[540] Weiterhin werden die Harmonisierung der Reporting- und Informationssysteme sowie die Zusammenführung der Unternehmenskulturen als wesentliche Gestaltungsbereiche hervorgehoben.

3.1.2.1. Etablierung der Führungsstrukturen

Bevor die Realisierung der Wertsteigerungsstrategien angegangen werden kann, ist zunächst eine erfolgreiche Übernahme der Führung des erworbenen Unternehmens zu erreichen.[541] Das wesentliche Problem besteht hierbei in dem **Risiko eines Führungsvakuums**, das in der Übergangsphase bzw. direkt nach der Übernahme zu entstehen droht.[542] Dies kann zum einen darauf zurückzuführen sein, dass der Alteigentümer bzw. die bisherige Geschäftsführung, sofern diese das Unternehmen nach dem Erwerb nicht weiterführt, in der Übergangsphase merklich „die Zügel schleifen lässt" und nur noch das Geschäft verwaltet. Auf der anderen Seite ist die zukünftige Führungsmannschaft oftmals noch nicht zusammengestellt oder hat vor dem formalen Übergang der Geschäfte auch noch keine Eingriffsbefugnisse.[543]

---

540 Vgl. zu den Integrationsebenen Hungenberg (Strategisches Management), S. 373

541 In der von Jansen/Körner durchgeführten Studie zu Unternehmenszusammenschlüssen wurde die schnelle Entscheidung über die künftige Führungsstruktur von einer deutlichen Mehrheit der Befragten als wichtigste Aufgabe bei Unternehmenszusammenschlüssen eingestuft. Vgl. Jansen/Körner (Fusionsmanagement), S. 7

542 Vgl. Haspeslagh/Jemison (Akquisitionsmanagement), S. 159f.; Blex/Marchal (Akquisitionsprozess), S. 101

543 Vgl. zu den Möglichkeiten, im Rahmen des Unternehmenskaufvertrags die Risiken der Übergangsphase zu minimieren, die Ausführungen in Kapitel III.2.4.3.3.

Das Problem verschärft sich oftmals durch die Gefahr, dass eine **Abwanderung der fähigsten Führungskräfte** aufgrund der drohenden Unsicherheiten im Zuge der Übernahme eintreten könnte.[544] Dies würde den Erwerber umso härter treffen, umso knapper die eigene Managementkapazität ist. Gerade in expansionsorientierten Unternehmen stellt der Faktor „Führung" auch ohne die Durchführung von Unternehmensakquisitionen oftmals den zentralen Engpassfaktor dar. Die erfolgreiche Durchführung einer Akquisition bedeutet eine zusätzliche Strapazierung dieser Führungsfähigkeiten. Der Zusammenhang kann nach Kitching auf folgende einfache Formel gebracht werden: Die Integration bzw. Akquisition ist zum Scheitern verurteilt, wenn die Managementkompetenz des Erwerbers plus die des Akquisitionsobjekts in Summe nicht den enormen Anforderungen genügen, die die Wertrealisierung im Rahmen der Integration stellt. [545]

Aus diesem Grund ist im Rahmen der Integrationsplanung vorrangig die **Auswahl der zukünftigen Führungsmannschaft** vorzunehmen, um so möglichst früh die besten Köpfe an das Unternehmen zu binden und um eventuelle Engpassbereiche möglichst schnell aufzudecken. Des weiteren sollten die benötigten Führungskräfte so früh wie möglich, d.h. kurz vor bzw. unmittelbar nach Abschluss der Transaktion, angesprochen und die Führungsstruktur im Unternehmen kommuniziert werden.[546]

Das Auswahlproblem, das sich auf allen Führungsebenen stellt, bezieht sich im wesentlichen auf die Wahl zwischen der Übernahme des bisherigen Managements und dem Transfer eigener Manager in das übernommene Unternehmen. Man bewegt sich hierbei in dem Spannungsfeld „einerseits ein Mindestmaß an Kontinuität, andererseits ein Höchstmaß an Richtungsstabilität, was die mit der Akquisition verfolgten Ziele angeht,"[547] zu gewährleisten. Ein Vorschlag zur praktischen Handhabung der Thematik ist in folgender Abbildung dargestellt:

---

544 Vgl. Kay/Shelton (People Problem), S. 27; Feldmann/Spratt (Postmerger Integration), S. 413

545 Vgl. Kitching (Mergers), S. 91 u. 94f.

546 Vgl. Ashkenas/DeMonaco/Francis (Acquisitions), S. 172; Träm (Post-Merger-Integration), S. 300

547 Sieben/Sielaff (Unternehmensakquisition), S. 41

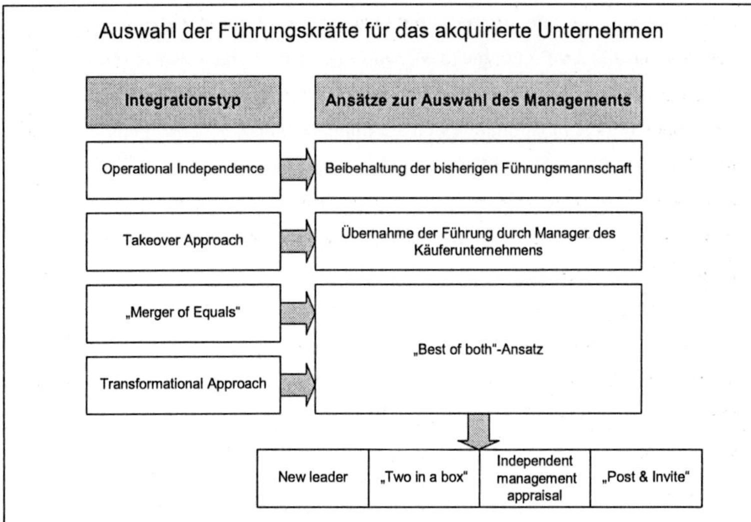

Abb. 50 - Quelle: Eigene Abbildung in Anlehnung an Kay/Shelton (People Problem), S. 28f.

Soll das Akquisitionsobjekt weiterhin relativ eigenständig operieren, so bietet es sich an, einen möglichst großen Anteil der bisherigen Führungskräfte zu übernehmen.[548] Bei einer vollständigen Übernahme im Sinne einer Absorptionsakquisition ist sicher die Entsendung eigener Führungskräfte durch das erwerbende Unternehmen zu bevorzugen. In Fällen, in denen die Sachlage weniger eindeutig ist, so etwa bei einem „merger of equals" oder dem „transformational approach"[549], sollte nach Kay/Shelton ein „Best of both"-Ansatz angewendet werden, d.h. es werden für die relevanten Stellen jeweils die geeigneteren Personen aus dem erwerbenden bzw. erworbenen Unternehmen ausgewählt. Für das hierzu erforderliche Auswahlverfahren im „Best of both"-Ansatz wird vorgeschlagen, entweder eine Führungskraft für einen Bereich zu ernennen, die wiederum selbstverantwortlich alle weiteren Kräfte aus dem Mitarbeiterpool auswählt („new leader"), oder jeweils einen Vertreter

548 Eine Übernahme der gesamten Unternehmensführung ohne jede Änderung dürfte bei strategischen Akquisitionen allerdings die Ausnahme sein. Vgl. auch Freund (Integration), S. 347

549 Dieser Ansatz bedeutet, dass sich durch das Zusammengehen der beiden Partner das entstehende Unternehmen in seiner Organisationsstruktur zu etwas vollständig Neuem entwickelt. Kay/Shelton (People Problem), S. 28

des erwerbenden und erworbenen Unternehmens zu ernennen, die sich gemeinsam auf die Führungscrew einigen („two in a box"). Weiterhin besteht die Möglichkeit einer Auswahl durch einen unabhängigen Dritten, z.B. einen Personalberater („independent management appraisal"), oder einer offenen Ausschreibung sämtlicher Führungspositionen in beiden Unternehmen („post & invite"). Alle Verfahren haben offensichtlich spezifische Vor- und Nachteile.[550] Über die am besten geeignete Methode bzw. Methodenkombination kann nur im Einzelfall entschieden werden.

3.1.2.2. Mitarbeiterorientierte Integrationsgestaltung

Die Integrationsphase stellt für die Mitarbeiter sowohl des akquirierten als auch des erwerbenden Unternehmens eine Phase außerordentlicher Unsicherheit und Belastung dar.[551] Die Unsicherheit ist in der kritischen Phase direkt nach der Übernahme besonders hoch, da zu diesem Zeitpunkt noch keine definitiven Entscheidungen über die zukünftige Organisationsstruktur, einen eventuell erforderlichen Personalabbau und andere karrierebeeinflussende Faktoren getroffen und kommuniziert werden können.[552] Die **Gefahr von Demotivation und Kündigungen** in der Postmerger-Phase wird dabei umso größer, umso länger die persönlichen Konsequenzen der Akquisition für die Mitarbeiter unabsehbar sind. Da die potentiellen Auswirkungen einer verfehlten personellen Integration auf den Akquisitionserfolg unmittelbar einsichtig sind, sollten deshalb neben den rechtlichen, finanziellen und zahlreichen operativen Elementen des Integrationsmanagements die personellen Fragen eine herausragende Rolle spielen.[553] Um die Mitarbeiter für die Akquisition zu gewinnen

---

550 Vgl. zu den Vor- und Nachteilen Kay/Shelton (People Problem), S. 29-32

551 Vgl. Müller/Stewens (Integration), S. 334-336; Salecker (Kommunikationsauftrag), S. 161; Hungenberg (Strategisches Management), S. 374

552 Vgl. Ashkenas/DeMonaco/Francis (Acquisitions), S. 172;

553 Die Studie von Jansen/Körner kommt zu dem Ergebnis, dass eine unzureichende Einbeziehung der Mitarbeiter und unzureichende Kommunikationsstrategien die wichtigsten Fehlerquellen im Integrationsprozess darstellen. Vgl. Jansen/Körner (Fusionsmanagement), S. 11

und die Unsicherheiten zu minimieren sind eine ganze Reihe von Maßnahmen zu ergreifen, die im Folgenden überblicksartig skizziert werden.[554]

Ein erstes wesentliches Instrument zur Reduktion personeller Risiken ist die gezielte Information der Belegschaft, sobald Entscheidungen getroffen wurden, da sich Unsicherheit, Angstgefühle und oftmals haltlose Gerüchte aus dem Mangel an Information über die weitere Entwicklung speisen. Im Rahmen einer internen **Informations- bzw. Kommunikationspolitik** sind hierfür Inhalte, Adressaten, Zeitpunkte und Medien zu bestimmen.[555] Die Ziele einer integrationsbegleitenden Kommunikationspolitik bestehen darin, durch Kommunikation Vertrauen zu schaffen und den Mitarbeitern den Sinn der Akquisition zu vermitteln.

Eine zweite Möglichkeit, Mitarbeiter zu binden und für die neue Ausrichtung zu gewinnen, besteht in der Vereinbarung **monetärer Anreize**. Diese sollten allerdings nicht als reine „retention incentives" sondern als „value creation incentives" ausgestaltet sein,[556] damit nicht ausschließlich der Verbleib der Mitarbeiter belohnt wird. Vielmehr bietet es sich an, die finanziellen Anreize an die im Integrationsprozess zu erzielenden Wertsteigerungen zu knüpfen und nach einer festgelegten Periode in Abhängigkeit von der tatsächlichen Wertsteigerung auszubezahlen.[557]

Allerdings darf die Reichweite monetärer Anreize auch nicht überschätzt werden, da wichtige Mitarbeiter nicht allein mit Geld zu halten sind.[558] Deshalb sind Schlüsselpersonen darüber hinaus auch konkrete **Karriereperspektiven** aufzuzeigen. Hierbei kann auf die neuartigen Entwicklungsmöglichkeiten verwiesen werden, die sich durch die Übernahme für viele Mitarbeiter eröffnen.

Sollte ein **Personalabbau** im Rahmen der Integration erforderlich sein, wird in der Literatur empfohlen, diesen möglichst frühzeitig umzusetzen, da ein

---

554 Einen Überblick über die wichtigsten Aufgabenbereiche des Personalmanagements im Vorfeld bzw. nach der Übernahme bietet Gerpott (Personalmanagement), S. 325 u. 327

555 Vgl. zur Ausarbeitung einer Kommunikationsstrategie Salecker (Kommunikationsauftrag), S. 176ff.; Müller/Stewens (Integration), S. 339f.; Ashkenas/DeMonaco/Francis (Acquisitions), S. 176

556 Feldman/Spratt (Postmerger Integration), S. 414

557 Vgl. Kay/Shelton (People Problem), S. 35; Feldman/Spratt (Postmerger Integration), S. 414. Auch unabhängig vom Einsatz derartiger finanzieller Anreize dürfte die Vereinheitlichung der Vergütungssysteme von erwerbendem und erworbenem Unternehmen unabdingbar sein, wobei im Normalfall nur eine Angleichung der Standards nach oben durchsetzbar ist.

558 Vgl. Feldman/Spratt (Postmerger Integration), S. 415

Hinauszögern dieser Maßnahme den gesamten Integrationsprozess nicht nur kostenmäßig sondern auch motivational dauerhaft belasten würde.[559] Dabei sollte bedacht werden, dass „dem Bereich ‚Outplacement' sowohl aus einer moralischen, gesetzlichen wie aus einer pragmatischen Perspektive höchste Bedeutung beizumessen ist."[560] Da die verbleibenden Mitarbeiter die Behandlung der vom Abbau betroffenen Mitarbeiter sehr genau beobachten werden, empfiehlt sich alleine aus diesem Grund eine großzügige Vorgehensweise bei der Umsetzung eines Personalabbaus.[561]

Für die konkrete Umsetzung der soeben genannten Maßnahmen im Personalbereich schlagen Kay/Shelton folgende „Re-Recruiting Matrix" vor, anhand derer die Mitarbeiter, deren Verbleiben von besonderer Bedeutung für den Akquisitionserfolg ist, identifiziert und entsprechende Maßnahmen geplant und überwacht werden können.

Re-Recruit your employees

	Impact of loss	Message to deliver (financial and nonfinancial)	Date message delivered	Person responsible	Follow-up required
Key individuals					
Key groups					

Abb. 51 - Quelle: Kay/Shelton (People Problem), S. 28f.

3.1.2.3. Strategiekonforme (Re-)Konfiguration der Geschäftsprozesse und externe Integration

Die Festlegung der künftigen Führungsstruktur sowie die mitarbeiterorientierte Integrationsgestaltung fokussieren auf die Abwendung von Risiken, die sich aus

559 Vgl. Ashkenas/DeMonaco/Francis (Acquisitions), S. 174

560 Salecker (Kommunikationsauftrag), S. 174

561 Vgl. Salecker (Kommunikationsauftrag), S. 174; Kay/Shelton (People Problem), S. 36

der reinen Fortführung des erworbenen Unternehmens in der akuten Übergangsphase ergeben.

Im Falle einer strategisch motivierten Unternehmensakquisition ist es mit diesen beiden Maßnahmenkomplexen jedoch noch nicht getan. Denn die bezahlte Übernahmeprämie muss durch die Realisierung von Wertsteigerungen aus Restrukturierung, Synergien bzw. Teilveräußerungen verdient werden. Dies bedeutet, dass auf der Ebene der Wertschöpfung zusätzlich eine **Rekonfiguration der Geschäftsprozesse** sowie eine gezielte externe Integration stattfinden muss, wobei hier die spezifischen Risiken der Akquisitionsstrategie im Mittelpunkt der Risikosteuerung stehen. In diesem Zusammenhang besteht eine wesentliche Aufgabe nach Übernahme der Kontrolle über das Akquisitionsobjekt zunächst darin, eine kritische Überprüfung der Integrationsplanung bezüglich der anvisierten Wertsteigerungsmaßnahmen vorzunehmen und gegebenenfalls die bisherige Akquisitionsstrategie zu ergänzen oder zu modifizieren.[562] Insbesondere ist zu prüfen, ob die Restrukturierungs-, Synergie- und Veräußerungspotentiale vor der Übernahme richtig eingeschätzt bzw. ob wesentliche Potentiale übersehen wurden.[563] Die Durchführung der wertsteigernden Integrationsmaßnahmen selbst ist sehr stark vom Einzelfall abhängig. Die Maßnahmen werden in der Regel ein sehr weites Spektrum umfassen: die Zusammenlegung und Bereinigung des Produktprogramms des erwerbenden und akquirierten Unternehmens, die Schließung unrentabler Teilbereiche, die Zusammenführung und Verschlankung zentraler Funktionen, der Transfer von Fähigkeiten zwischen den Partnern, das Pooling finanzieller Mittel, etc.

Neben dieser Verknüpfung der Wertschöpfungsaktivitäten ist jedoch auch der Prozess der **externen Integration** von Kunden, Zulieferern, Shareholdern und anderen Stakeholdern als weiterer Bestandteil des Integrationsmanagements voranzutreiben.[564] Denn Unternehmensakquisitionen bergen stets die Gefahr, dass sich die beteiligten Unternehmen während des Integrationsprozesses zu

562 Vgl. Buckley (Acquisition), S. 59

563 Wichtig ist, dass nicht ein zu enger Fokus auf Kostensynergien gelegt wird. Träm bemerkt hierzu, dass oftmals wertvolle Wachstumssynergien nicht oder zu spät erkannt werden. Ein Beispiel für diese These liefern Marn et al., die anführen, dass die Preisgestaltung nach erfolgter Übernahme einen wesentlichen, aber oft vernachlässigten Wachstumshebel darstellen kann, wenn der Kundennutzen durch die Akquisition gesteigert wird. Vgl. Träm (Post-Merger-Integration), S. 292f.; Marn et al. (Postmerger Pricing), S. 39

564 Vgl. Jansen (Mergers & Acquisitions), S. 213

sehr mit internen Reorganisations- und Personalproblemen beschäftigen und die externen Beziehungen und hierbei insbesondere die Kunden bzw. den Wettbewerb aus den Augen verlieren.[565] Eine wesentliche Dimension der externen Integration stellt die Kommunikation mit wesentlichen Geschäftspartnern (insbes. Kunden, erfolgskritische Lieferanten, Banken, etc.) sowie den Aktionären und Kapitalmärkten dar, da auch hier nach der Übernahme ein großes Informationsbedürfnis bezüglich der zukünftigen Geschäftspolitik besteht.[566]

3.1.2.4. Harmonisierung der Reporting- und Informationssysteme

Aus Sicht des Risikomanagements ist eine zügige Einbindung des Akquisitionsobjekts in die Reporting- und Informationssysteme des erwerbenden Unternehmens zu fordern,[567] da diese eine notwendige Voraussetzung für ein effektives Akquisitionscontrolling und ein gezieltes Risikomanagement im Integrationsprozess sind.[568] Vorrangig ist hierbei, dass die markt- und finanzbezogenen Komponenten des Berichtswesens integriert werden, damit eine effektive Erfolgskontrolle gewährleistet werden kann und Fehlentwicklungen hinsichtlich der Realisierung der einzelnen Wertkomponenten der Akquisition zeitnah erkannt werden.[569] Um rechtzeitig korrigierend eingreifen zu können, ist außerdem die Einbindung in die strategische Planung genauso erforderlich wie eine operative Jahresplanung und eine gut ausgebaute monatliche Berichterstattung.[570] Weiterhin sollte möglichst frühzeitig eine Umstellung auf konzerneinheitliche Kennzahlen und Berichtsformate erfolgen.[571]

---

565 Vgl. Rappaport/Sirower (Stock or Cash), S. 149

566 Zur Ausarbeitung einer externen Kommunikationsstrategie vgl. die Verweise auf die Kommunikationspolitik unter Punkt 3.1.2.3.

567 Vgl. hierzu auch Hungenberg (Strategisches Management), S. 373; Frank (Probleme), S. 142; Buckley (Acquisition), S. 58

568 Besonders schwierig und aufwendig dürfte sich die Einbeziehung gestalten, wenn ein kleines Unternehmen mit einem unterentwickelten Berichtswesen übernommen wurde und keine geeigneten Basissysteme vorliegen. Vgl. hierzu Sieben/Sielaff (Unternehmensakquisition), S. 42

569 Vgl. Weismüller (Akquisitionscontrolling), S. 908; Frank (Probleme), S. 142

570 Vgl. Weismüller (Akquisitionscontrolling), S. 908

571 Vgl. Weismüller (Integration), S. 588

3.1.2.5. Zusammenführung der Unternehmenskulturen

In der Literatur wird immer wieder auf die Rolle unternehmenskultureller Einflussfaktoren auf den Akquisitionserfolg hingewiesen.[572] Dabei wird argumentiert, dass das Bestehen schwer zu überbrückender Kulturdifferenzen zwischen erwerbenden und erworbenen Unternehmen den Integrationsprozess in nicht unerheblichem Maße verlangsamen oder unmöglich machen kann.[573] Die kulturellen Anpassungsprozesse in der Integrationsphase, d.h. die sog. Akkulturationsprozesse, können dabei zu unterschiedlichen Ergebnissen führen, die sich zwischen den Polen einer totalen Kulturaufgabe und einer völligen Kulturbewahrung bewegen:[574]

- **Integration**: ideale Form der Akkulturation, d.h. Fließgleichgewicht zwischen hoher eigener Kulturbewahrung und Anpassung an die übernehmende Gesellschaft

- **Assimilation**: erfolgreich verlaufende Akkulturation mit geringerer Kulturbewahrung bei der übernommenen Gesellschaft

- **Segregation**: negativ verlaufende Akkulturation mit hoher eigener Kulturbewahrung

- **Dekulturation**: erfolglos verlaufende Akkulturation mit einem geringen Maß an Kulturbewahrung der akquirierten Unternehmung

Die Integration im oben beschriebenen Sinne dürfte indes bei strategischen Unternehmensakquisitionen die Ausnahme darstellen, da sich ein wirtschaftlich beherrschender Einfluss entsprechend auch auf den kulturellen Bereich auswirken wird. Die Assimilation bildet daher eher das Szenario einer erfolgreichen Kulturadaption ab,[575] wobei hier stets die Gefahr eines Abgleitens in einen unreflektierten „Kulturimperialismus" der übernehmenden Gesellschaft akut ist. Zum Risikofaktor für den Integrationsprozess wird die Unternehmungskultur in jedem Fall, wenn es zur Segregation bzw. Dekulturation kommt. In diesen Fällen entwickelt sich keine gemeinsame kulturelle Basis zwischen den

572 Vgl. den Literaturüberblick zu diesem Forschungszweig bei Gerpott (Integrationsgestaltung), S. 7 sowie Haspeslagh/Jemison (Akquisitionsmanagement), S. 379

573 Vgl. Krystek (Unternehmungskultur), S. 546 bzw. Bühner (Fusionen), S. 10

574 Vgl. Krystek (Unternehmungskultur), S. 550

575 Vgl. Bühner (Fusionen), S. 10f.

beiden Unternehmen. Dies kann zu persönlichen und sachlichen Widerständen gegen die Integration führen, wobei der zunächst immaterielle Schaden dann meist auch einen finanziellen Schaden nach sich zieht.[576]

Die Steuerung dieser kulturellen Risiken würde die Einflussnahme auf den Verlauf des Akkulturationsprozesses erfordern. Da sich jedoch die Werthaltungen und Normen der Mitarbeiter einer *direkten Beeinflussung* durch das Management weitgehend entziehen, kann unabhängig von der ethischen Wertung derartiger Eingriffe bereits die Machbarkeit von Kulturinterventionen stark in Zweifel gezogen werden. Insofern verbleibt in diesem Bereich nur der Versuch, *Impulse* zu geben bzw. die *Bedingungen* für einen erfolgreichen Akkulturationsprozess herzustellen. Krystek führt hierzu u.a. folgende Gestaltungsmöglichkeiten an, die eine positive Kulturevolution unterstützen können: Erneuerung der Unternehmensphilosophie, Einführung neuer Führungsgrundsätze bzw. einer neuen Informationspolitik.[577] Eine besondere Bedeutung spielt in diesem Zusammenhang jedoch das Human-Resources-Management. Durch die Besetzung von Schlüsselpositionen mit Personen, die die angestrebte Kultur repräsentieren, durch die Anpassung der Anreizsysteme sowie durch eine gezielte Personalentwicklung und -rekrutierung können entsprechende Impulse gegeben werden.[578] Allerdings darf auch die Reichweite dieser Maßnahmen nicht überschätzt werden. Deshalb wird von einigen Autoren gefordert, dem „Kulturmanagement“ keine zu hohe Bedeutung beizumessen und stattdessen durch die Zusammenführung von Mitarbeitern und Führungskräften beider Unternehmen im Rahmen konkreter Projekte kulturelle Austauschprozesse und ein gegenseitiges Kennenlernen zu fördern.[579]

---

576 Vgl. Gerpott (Integrationsgestaltung), S. 61; Hungenberg (Strategisches Management), S. 368

577 Vgl. Krystek (Unternehmungskultur), S. 556

578 Vgl. Krystek (Unternehmungskultur), S. 556-558

579 Vgl. die hiermit übereinstimmenden praktischen Erfahrungen von Ashkenas/DeMonaco/Francis (Acquisitions), S. 177 sowie Haspeslagh/Jemison (Akquisitionsmanagement), S. 217

3.2. Risikokontrolle als Bestandteil der Kontrolle des Akquisitionserfolgs

Spätestens mit Eintritt in die Integrationsphase sollte mit der Durchführung eines **Akquisitionscontrolling** begonnen werden. Die Hauptaufgabe des Akquisitionscontrolling besteht in einem „Vergleich von Plan- und Istdaten des Akquisitionsobjekts und der es umgebenden Konzernwelt mit dem Ziel, (...) den Akquisitionserfolg und seine Bestimmungsfaktoren herauszuarbeiten."[580] Dies erfordert, dass die Fortschritte bei der Realisation der Chancen und die Wirksamkeit der Steuerung der Risiken in regelmäßigen Abständen überprüft werden und Abweichungen zwischen der angestrebten Chancen- bzw. Risikolage und der tatsächlichen festgestellt werden.[581] Wichtig ist, dass im Rahmen des Akquisitionscontrolling nicht nur Realisationskontrollen (Ex-Post-Kontrollen) zum Einsatz kommen, sondern dass ergänzend auch Vorwarnkontrollen (Ex-Ante-Kontrollen) durchgeführt werden, da nur durch das frühzeitige Erkennen von Abweichungen ein Gegensteuern mit entsprechenden Maßnahmen möglich ist.[582]

Es bietet sich an, die Beobachtung von Abweichungen im Risikoportfolio der Akquisition auf zwei Ebenen zu vollziehen: Zunächst ist die Entwicklung *einzelner* Risiken sowie das Hinzutreten neuer, bisher nicht erfasster Risiken zu überwachen (III.3.2.1.). Um nicht die Entwicklung der gesamten akquisitionsbedingten Risikolage aus dem Auge zu verlieren, sollte darüber hinaus auch das Gesamtrisiko der Akquisition einen wesentlichen Gegenstand der Risikokontrolle bilden (III.3.2.2.).

---

580 Baetge (Akquisitionscontrolling), S. 450. Vgl. zu den einzelnen Aufgaben des Akquisitionscontrolling auch Weismüller (Akquisitionscontrolling), S. 899-910. Interessant ist, dass nach der Studie von Pellens/Tomaszewski/Weber nur 40,7% der befragten Unternehmen ein derartiges „post acquisition controlling" vornehmen. Vgl. Pellens/Tomaszewski/Weber (Beteiligungscontrolling), S. 25

581 Vgl. Weber/Weißenberger/Liekweg (Risk Tracking), S. 35; Lück (Risikomanagementsystem), S. 1928; Bitz (Risikomanagement), S. 61; Scharpf (Sorgfaltspflichten), S. 741

582 Vgl. Baetge (Akquisitionscontrolling), S. 451

3.2.1. Controlling der Einzelrisiken im Risikotableau

Grundlage für die Abweichungsanalyse einzelner Risiken bildet das Risikotableau (Vgl. Teil III des Risikotableaus in Abb. 41). Hierin wurde für jedes identifizierte und bewertete Risiko bei der Planung der Risikosteuerung ein maximal toleriertes Restrisiko festgelegt. Diesen Restrisiken sind nun im Rahmen der Risikokontrolle entweder die tatsächlich eingetretenen oder die konkret absehbaren Schäden im Sinne negativer Planabweichungen gegenüberzustellen.[583] Im Falle einer wesentlichen Überschreitung des tolerierten Restrisikos, die beispielsweise durch außerplanmäßig hohe Kosten der Synergierealisierung entstehen könnte, sollten unverzüglich Maßnahmen zur Gegensteuerung ergriffen werden.[584]

3.2.2. Controlling des Gesamtrisikos der Akquisition

3.2.2.1. Nachrechnungen als Instrument zur Ermittlung der Gesamtinvestitionsabweichung

Die Messung des Akquisitionserfolges erfordert die Berechnung einer Gesamtinvestitionsabweichung. Diese gibt an, ob die Investition in das Akquisitionsobjekt aus der Sicht des erwerbenden Unternehmens zu einer Wertsteigerung geführt hat, d.h. ob die Auszahlungen für den Erwerb geringer sind als die auf den Bewertungsstichtag diskontierten Einzahlungsüberschüsse, die dem erwerbenden Unternehmen durch den Erwerb des Akquisitionsobjekts zufließen.[585]

Um eine derartige nachträgliche Beurteilung des Gesamterfolgs der Akquisition vorzunehmen, wird in der Literatur die Durchführung einer Nachrechnung vorgeschlagen, d.h. eine Unternehmensbewertung, die „strukturgleich“[586] mit

583 Vgl. Wolf/Runzheimer (Risikomanagement), S. 54f.

584 Vgl. Weismüller (Integration), S. 592; Scharpf (Sorgfaltspflichten), S. 741; Weber/Weißenberger/Liekweg (Risk Tracking), S. 35

585 Vgl. Baetge (Akquisitionscontrolling), S. 457

586 Pellens/Tomaszewski/Weber (Beteiligungscontrolling), S. 25

der Unternehmensbewertung ist, die vor dem Erwerb in der Transaktionsphase durchgeführt wurde. In folgender Abbildung ist in einem einfachen Beispiel die **Systematik der Nachrechnung** widergegeben:

Nachrechnung zur Ermittlung der Gesamtabweichung der Akquisition

Unternehmenswert zum Erwerbszeitpunkt

	Plan 0	Plan 1	Plan 2	Plan 3	Plan 4
Umsatzerlöse	15,4	19,5	21,5	24,6	25,3
Jahresüberschuss	2,1	2,8	2,9	3,1	3,3
Zinsergebnis	-0,2	-0,1	-0,1	-0,1	-0,1
Ertragsteuern	-2,3	-3,0	-3,1	-3,4	-3,6
EBIT	4,6	5,9	6,1	6,6	7,0
Synergieeffekte	0,4	0,5	0,4	0,3	0,3
Free Cash-flows	**3,7**	**3,0**	**5,0**	**5,6**	**5,9**
Abzinsungsfaktor 10%	0,91	0,83	0,75	0,68	6,83
Barwert der Free Cash-flows	3,4	2,5	3,8	3,8	40,3
Unternehmenswert	**53,7**				

Gesamtabweichung: -28,1

Unternehmenswert zum Nachrechnungszeitpunkt

	Ist 0	Ist 1	Plan 2	Plan 3	Plan 4	Plan 5
Umsatzerlöse	15,2	16,1	18,0	19,2	21,2	21,2
Jahresüberschuss	2,1	2,3	2,4	2,4	2,8	2,8
Zinsergebnis	-0,2	-0,1	-0,1	-0,1	-0,1	-0,1
Ertragsteuern	-2,3	-2,5	-2,6	-2,6	-3,0	-3,0
EBIT	4,6	4,9	5,1	5,1	5,9	5,9
Synergieeffekte	0,2	0,3	0,2	0,3	0,3	0,3
Free Cash-flows	**1,7**	**0,1**	**2,5**	**2,3**	**3,0**	**3,0**
Abzinsungsfaktor 10%	0,91	0,83	0,75	0,68	0,62	6,21
Barwert der Free Cash-flows	1,5	0,1	1,9	1,6	1,9	18,6
Unternehmenswert	**25,6**					

Abb. 52 - Quelle: Weismüller (Integration), S. 599

Man sieht, dass die Nachrechnung auf einem Soll-Ist-Vergleich basiert.[587] Die Sollwerte ergeben sich hierbei aus der Unternehmensplanung, die der zum Erwerbszeitpunkt durchgeführten Bewertung ursprünglich zugrunde gelegt wurde. Die Istwerte ergeben sich einerseits aus den bis zum Nachrechnungszeitpunkt tatsächlich eingetretenen Werten und andererseits aus den aktualisierten Planansätzen, die auf dem Kenntnisstand basieren, der zum Nachrechnungszeitpunkt verfügbar ist. Unter der Bedingung, dass der vor Abschluss der Transaktion errechnete Entscheidungswert mit dem Preis identisch ist, würde die Differenz zwischen den beiden auf denselben Stichtag errechneten Unter-

587 Vgl. nachfolgend Weismüller (Integration), S. 593f.

nehmenswerten den negativen bzw. positiven Akquisitionserfolg darstellen. Im Regelfall dürfte jedoch der tatsächlich gezahlte Preis vom Entscheidungswert abweichen. Deshalb ist zur **Bestimmung der Gesamtinvestitionsabweichung** auf die Differenz zwischen dem gezahlten Kaufpreis und dem aus der Nachrechnung resultierenden Unternehmenswert abzustellen.

Um frühzeitig sich abzeichnende Abweichungen des teilweise realisierten Wertes vom gezahlten Kaufpreis aufzudecken, sollte die Nachrechnung nicht einmalig nach Abschluss des Integrationsprozesses erfolgen, sondern in regelmäßigen Abständen (z.B. jährlich) während der gesamten Dauer des Integrationsprozesses durchgeführt bzw. wiederholt werden.[588] Eine mögliche Schwierigkeit bei der Durchführung von Nachrechnungen kann daraus erwachsen, dass das Akquisitionsobjekt oftmals sehr stark in das erwerbende Unternehmen integriert wird. Dies führt dazu, dass keine mit der Vergangenheit des Akquisitionsobjekts vergleichbaren und wirtschaftlich abgrenzbaren Strukturen und Daten vorliegen.[589] Das Argument ist allerdings auch zu relativieren. Denn die Unternehmensplanung und die darauf fußende strategische Unternehmensbewertung, die vor Abschluss der Transaktion durchgeführt wurde, stellt im Regelfall zumindest teilweise eine Bewertung dar, die an den zukünftigen Wertschöpfungsstrukturen ausgerichtet ist, da nur auf diese Weise die Werteffekte, die aus der Realisation der Akquisitionsstrategie resultieren, angemessen abgebildet werden können.

3.2.2.2. Analyse von Teilabweichungen

Die Bestimmung der Gesamtinvestitionsabweichung für sich allein hat einen relativ geringen Erklärungswert, da diese nichts über die möglichen Ursachen aussagt.[590] Hierfür ist eine weitergehende Aufgliederung der Gesamtabweichung in folgende Teilabweichungen sinnvoll:[591]

---

588 Vgl. Weismüller (Integration), S. 593

589 Vgl. zu diesem Argument Sieben/Sielaff (Unternehmensakquisition), S. 45 sowie Weismüller (Akquisitionscontrolling), S. 910

590 Vgl. Weismüller (Integration), S. 602f.

591 Vgl. Baetge (Akquisitionscontrolling), S. 454f.

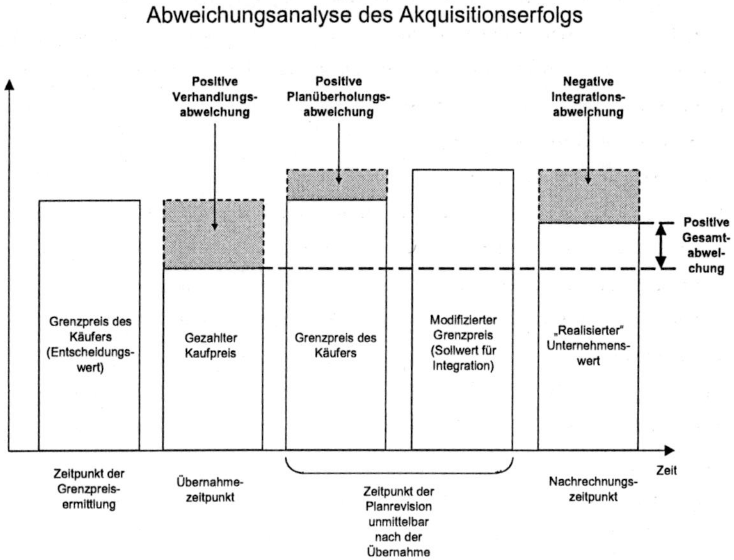

Abb. 53 - Quelle: Baetge (Akquisitionscontrolling), S. 456

- **Verhandlungsabweichung**: Diese zeigt den Einfluss der Kaufverhandlungen auf den Akquisitionserfolg. Der Erfolgsbeitrag ergibt sich als Differenz zwischen Grenzpreis des Käufers und dem gezahlten Kaufpreis. Die Gefahr einer negativen Verhandlungsabweichung, d.h. dass ein Kaufpreis bezahlt wird, der über dem Grenzpreis liegt, besteht insbesondere im Rahmen eines Bieterverfahrens, in dem verschiedene Unternehmen um die Akquisition konkurrieren.

- **Planüberholungsabweichung**: Diese entspricht der Zunahme bzw. Abnahme von Wertpotentialen, die sich nach der Übernahme im Vergleich zur ursprünglichen Planung während der Kaufverhandlungen ergibt. Hierzu wird die Differenz zwischen dem Entscheidungswert und einem modifizierten Grenzpreis, der auf dem Informationsstand nach erfolgter Übernahme beruht, berechnet.

- **Integrationsabweichung**: Diese gibt an, wie erfolgreich die Integration verlaufen ist, d.h. ob der auf Basis der nach der Übernahme angepasste Soll-Wert für die Integration im Rahmen des Integrationsprozesses über- oder unterschritten wurde. Als Vergleichsmaßstab wird der im Rahmen der Nachrechnung bestimmte Unternehmenswert herangezogen, da dieser den zum Nachrechnungszeitpunkt realisierten Unternehmenswert darstellt.

Anhand dieser drei Abweichungskomponenten für den Akquisitionserfolg kann eine fundierte Ursachenanalyse erfolgen. Ein besonderes Gewicht kommt in diesem Zusammenhang der Integrationsabweichung zu, weil hier in der Integrationsphase noch Einflussmöglichkeiten bestehen und wichtige Steuerungsinformationen abgeleitet werden können.[592] Im Gegensatz hierzu kann die Verhandlungs- und Planüberholungsabweichung nach Abschluss des Vertrages nur ex post registriert werden. Um die Problemquellen, auf die eine mögliche negative Integrationsabweichung zurückzuführen ist, genauer lokalisieren zu können, ist aus Sicht des Akquisitionscontrolling eine weitergehende Aufgliederung in Einzelabweichungen wünschenswert. So könnte die Integrationsabweichung analog zu den bereits dargestellten Komponenten des Integrationsrisikos in einzelne Teilabweichungen bezüglich der Erreichung des Stand-Alone-Werts, des Restrukturierungswerts, des Synergiewerts bzw. des (Teil-)Veräußerungswerts aufgespalten werden. Allerdings steigt mit zunehmender Ausdifferenzierung der Abweichungsanalyse auch die Schwierigkeit, im Einzelfall eine trennscharfe Separierung und Zurechnung einzelner (Miss-) Erfolgskomponenten auf unterschiedliche Teilabweichungen durchzuführen. Dies beruht darauf, dass sich in der Post-Merger-Phase die Ergebniseinflüsse aus der Umsetzung der Akquisitionsstrategie mit vielfältigen anderen „akquisitionsunabhängigen" Einflüssen vermischen, so dass eine isolierte Betrachtung relativ große Probleme aufwirft.[593]

Als Ergebnis ist festzuhalten, dass die Risikokontrolle, sofern diese – wie soeben beschrieben – als Früherkennungsinstrument ausgestaltet wird, einen wichtigen Beitrag zur Offenlegung möglicher Schwachstellen im Integrationsmanagement und damit zur effektiven Steuerung des gesamten Integrationsprozesses leisten kann.

592 Vgl. Baetge (Akquisitionscontrolling), S. 459

593 Vgl. Sieben/Sielaff (Unternehmensakquisition), S. 45

VI. Zusammenfassung

Die vorangehenden Ausführungen zielten darauf ab, konzeptionelle Grundlagen sowie wesentliche Elemente eines Instrumentariums für ein akquisitionsbegleitendes Risikomanagement aus der Sicht des erwerbenden Unternehmens zu erarbeiten. Um dieses Ziel zu erreichen, war es erforderlich, eine systematische Synthese der wichtigsten in Theorie und Praxis vorzufindenden Ansätze zum Risikomanagement beim Unternehmenskauf vorzunehmen.

Der Gedankengang sowie die wichtigsten Aussagen dieser Arbeit lassen sich in einem komprimierten Überblick wie folgt zusammenfassen:

- Das **Akquisitionsrisiko** besteht darin, dass sich der Unternehmenswert des erwerbenden Unternehmens durch die Akquisition verringert. Im Hinblick auf die möglichen Ursachen des Scheiterns von Unternehmensakquisitionen kann das Akquisitionsrisiko zunächst analytisch in ein Preisrisiko und ein Integrationsrisiko unterschieden werden. Ersteres birgt die Gefahr, dass ein überhöhtes Angebot abgegeben wird bzw. dass eine Fehleinschätzung des Wertpotentials vorliegt (Prognoserisiko). Letzteres beinhaltet die Gefahr, dass die Realisierung des an sich vorhandenen Wertpotentials mangelhaft vollzogen wird (Realisierungsrisiko).

- Strategisch motivierte Unternehmensakquisitionen sind dabei im Regelfall durch eine sehr komplexe Risikostruktur gekennzeichnet. Um das **Risikoprofil einer Unternehmensakquisition** analytisch schärfer erfassen zu können, wurden im Rahmen dieser Arbeit unter Bezugnahme auf das Wertsteigerungskalkül eines strategischen Investors mehrere Risikokomponenten abgeleitet. Dabei ergab sich die Unterscheidung in originäre Risiken des Akquisitionsobjekts, die sich aus der Fortführung der Geschäftstätigkeit ergeben, und in einzelne Risikokomponenten der wertorientierten Akquisitionsstrategie (Restrukturierung, Synergieerzielung, Teil- bzw. Weiterveräußerung).[594] Zusätzlich sind oftmals nicht unerhebliche Transaktionsprozessrisiken zu beachten.

- Vor dem Hintergrund dieser schwierigen Ausgangslage war im Rahmen dieser Arbeit zunächst ein **akquisitionsbegleitender Risikomanagementprozess** zu konzipieren, der sämtliche Grundfunktionen des Risikomanagements unter Beachtung der Besonderheiten eines Akquisitionsprozesses abdeckt. Hierzu wurde eine Prozessarchitektur aufgezeigt, die die jeweiligen Risikomanagementaktivitäten in der Konzeptions- und Analysephase, Transaktionsphase sowie Integrationsphase des Akquisitionsprozesses verankert.[595]

---

594 Vgl. hierzu Abb. 8, 9 und 10

595 Vgl. Abb. 16 und 17

Auf Basis dieser konzeptionellen Grundüberlegungen wurden im folgenden Teil wesentliche Bausteine eines integrierten Risikomanagementinstrumentariums dargestellt:

- In der Konzeptions- und Analysephase sind einige wesentliche **risikostrategische Weichenstellungen** vorzunehmen. Dabei ist insbesondere eine grundsätzliche Abstimmung der Akquisitionstätigkeit mit den risikopolitischen Grundsätzen des erwerbenden Unternehmens von Bedeutung. Denn hieraus ergeben sich weitreichende Schlussfolgerungen für das Akquisitionsmanagement: Zum einen ist bereits in diesem frühen Stadium die Fixierung einer absoluten Preisobergrenze anhand der gegebenen finanziellen Risikotragfähigkeit sowie der Risikobereitschaft der Unternehmensführung sinnvoll. Zum anderen kann auf Grundlage einer derartigen Begrenzung des maximal tolerierten Akquisitionsverlusts eine Vorsteuerung des Akquisitionsrisikos anhand der wichtigsten strategischen finanziellen, organisatorischen und kulturellen Einflussfaktoren des Akquisitionserfolgs durchgeführt werden. In diesem Zusammenhang ist die Definition eines Anforderungsprofils anhand der Vorgabe operationaler Ausschluss- sowie Sollkriterien für die Suche und Auswahl des Akquisitionskandidaten zu empfehlen. Weiterhin sollten auf Grundlage der risikostrategischen Grundsätze Berichts- und Interventionspflichten festgelegt werden.

- Der Eintritt in die Transaktionsphase erfordert aus der Sicht des Erwerbers zugleich auch die **Steuerung der Transaktionsprozessrisiken**. Typische Risiken im Transaktionsprozess beziehen sich insbesondere auf die mögliche Verletzung von Geheimhaltungsanforderungen, den unzureichenden Zugang zu Informationen über die Zielgesellschaft und die vielfältigen Koordinationsprobleme innerhalb eines heterogenen Akquisitionsteams. Außerdem besteht oftmals die Schwierigkeit, unter hohem Zeitdruck zu einer fundierten Akquisitionsentscheidung zu gelangen, ohne dabei unverhältnismäßig hohe Transaktionskosten zu verursachen. Es wurden einige Maßnahmen zur Steuerung dieser Prozessrisiken aufgezeigt. Eine besondere Bedeutung aus Sicht des Risikomanagements kommt der fortlaufend im Transaktionsprozess zu treffenden Entscheidung über die Fortsetzung bzw. den Abbruch der Transaktion zu. Hierzu wurde ein Prozesssteuerungskonzept vorgestellt, anhand dessen frühzeitig potentielle Dealbreaker identifiziert werden können. Auch kann mit dessen Hilfe über Fortsetzung oder Abbruch der Verhandlungen entschieden werden.

- Neben dieser den gesamten Transaktionsprozess übergreifenden Notwendigkeit zur Steuerung der Transaktionsprozessrisiken, ist in der Transaktionsphase zunächst eine systematische **Risikoidentifikation** zu leisten. Ein wesentliches Instrument hierfür stellt die Durchführung einer Due Diligence, d.h. einer kaufvorbereitenden Untersuchung des Akquisitionsobjekts, dar. Ziel der Risikoidentifikation sollte die Ausarbeitung eines akquisitionsspezifischen Risikomodells sein, das explizit die Risiken der gewählten Akquisitionsstrategie erfasst. In methodischer Hinsicht können im Rahmen der Risikoidentifikation progressive und retrograde Ansätze miteinander kombiniert werden. Eine Möglichkeit, den Prozess der

Risikoerkennung auf diese Weise zu strukturieren, stellt die Anwendung der morphologischen Methode dar. Weiterhin wurden die Strategische Bilanz sowie die Anwendung von Frühwarnsystemen als Möglichkeiten zur analytischen Unterstützung der Risikoidentifikation dargestellt.

- Die identifizierten Risiken sind sodann im Rahmen einer **Risikoevaluation** quantitativ sowie qualitativ zu beurteilen. Im Rahmen einer qualitativen Risikoanalyse wird zunächst versucht, die einzelnen erfassten Risiken zu ordnen, die relevanten Informationen festzuhalten und wichtige Verknüpfungen zwischen den Risiken herzustellen. Diese Aufgabe kann anhand eines Risikotableaus erfolgen. In einem zweiten Schritt werden die Einzelrisiken bewertet. Hierzu wurde ein differenziertes Instrumentarium auf Basis von Schadenserwartungswerten bzw. Höchstschadenswerten dargestellt. In einem dritten Schritt erfolgt die Bewertung des Gesamtrisikos der Akquisition. Da eine eigenständige Abbildung des Akquisitionsrisikos auf Basis einer rechnerischen Aggregation der einzelnen Risiken praktisch nur mit großen Abstrichen durchführbar ist, sollte die Berücksichtigung des Akquisitionsrisikos im Rahmen der Unternehmensbewertung im Vordergrund stehen. Hierzu wurden die gängigsten Bewertungsverfahren einer kritischen Analyse unterzogen. Es wurde festgestellt, dass insbesondere die explizite Abbildung des Akquisitionsrisikos anhand der Berechnung unterschiedlicher Bewertungsszenarien eine sowohl praktikable als auch aussagekräftige Methode zur Berücksichtigung von Risiken im Rahmen der Unternehmensbewertung darstellt. Ziel dieser szenariobasierten Bewertung ist es, eine Bandbreite möglicher Unternehmenswerte zu bestimmen, wobei die einzelnen Unternehmenswerte mit ihren jeweiligen Eintrittswahrscheinlichkeiten gewichtet werden können.

Nach erfolgter Risikoidentifikation und -evaluation sind die Akquisitionsrisiken zu steuern, wobei auf die Steuerung der Transaktionsprozessrisiken bereits eingegangen wurde. Für sämtliche Risiken sollte eine Maßnahmenplanung durchgeführt werden, bei der u.a. neben der Steuerungsebene auch die Steuerungsmaßnahmen sowie die Verantwortlichkeiten zu definieren sind. Die Steuerung der Akquisitionsrisiken kann im Rahmen von M&A-Prozessen im Prinzip auf folgenden drei Ebenen erfolgen: Angebotspreisfindung, Vertragsgestaltung, Integrationsmanagement.

- Die **Risikosteuerung im Rahmen der Preisfindung** muss dem Umstand Rechnung tragen, dass mit der Bezahlung eines bestimmten Kaufpreises ein unsicherer Gegenwert in Form des Akquisitionsobjekts erworben wird. Um dieses Preisrisiko zu steuern, waren Methoden aufzuzeigen, wie angesichts der bereits bestimmten Wertbandbreite ein subjektiver Grenzpreis bzw. Entscheidungswert abzuleiten ist. Hierbei spielen auch die Risikopräferenzen der Entscheidungsträger eine wichtige Rolle. Als Entscheidungshilfen wurden die Risikoprofilmethode und qualitative Entscheidungsregeln unter Unsicherheit angeführt.

- Die **Risikosteuerung im Rahmen der Vertragsgestaltung** bezieht sich auf die unterschiedlichen Regelungsoptionen in Unternehmenskaufverträgen, die zur Absicherung gegen die Risiken des Unternehmenskaufs dienen können. Zunächst sind hierbei Earn-Out-Verfahren zu nennen, bei denen der letztendlich zu bezahlende Kaufpreis von der tatsächlichen Entwicklung des Akquisitionsobjekts nach dem Erwerb abhängig gemacht wird. Weiterhin bietet die Vereinbarung eines vertraglichen Gewährleistungsregimes eine große Palette an Gestaltungsmöglichkeiten, um sich gegen einzelne Risiken durch entsprechende Garantiezusagen abzusichern. Schließlich wurden Möglichkeiten zur weiteren Absicherung gegen Wertminderungen zwischen dem Vertragsabschluss und dem Übergangsstichtag diskutiert.

- In der Post-Merger-Phase ist eine **Risikosteuerung im Rahmen des Integrationsmanagements** vorzunehmen. Ein wesentlicher Ansatzpunkt zur Vermeidung bzw. Verminderung der Integrationsrisiken ist in der Durchführung einer frühzeitigen Integrationsplanung zu sehen. Diese beinhaltet die Festlegung folgender Punkte: Integrationsansatz, zu integrierende Bereiche, Kommunikationserfordernisse, Integrationsmanager und Integrationsteam, Integrationsgeschwindigkeit. Weiterhin wurde aufgezeigt, wie auf unterschiedlichen Gestaltungsebenen des Integrationsmanagements systematisch typische Integrationsrisiken gesteuert werden können. Hierzu zählt die Etablierung von Führungsstrukturen, die Behandlung sämtlicher personalbezogener Fragestellungen nach der Übernahme und die (Re-) Konfiguration der Geschäftsprozesse im erworbenen und erwerbenden Unternehmen gemäß den Vorgaben des Integrationsplans. Darüber hinaus wurde die Notwendigkeit hervorgehoben, die Harmonisierung der Reporting- und Informationssysteme zügig voranzutreiben, um ein effektives Controlling des Integrationsmanagements zu ermöglichen. Auch galt es, den unternehmenskulturellen Aspekt der Integration zu beleuchten, da dieser einen gewichtigen Erfolgs- bzw. Risikofaktor für das Gelingen der Integration darstellen kann.

- Schließlich wurden die Möglichkeiten zur Ausgestaltung der **Risikokontrolle** ausgeführt. Diese sollte schwerpunktmäßig in der Integrationsphase durchgeführt werden, da hier Fehlentwicklungen durch frühzeitige Reaktionen im Prinzip noch korrigierbar sind. Hierzu ist in regelmäßigen Abständen im Integrationsprozess eine Gesamtinvestitionsabweichung zu bestimmen. Als Instrument steht die Durchführung einer Nachrechnung zur Verfügung, bei der der bis zum Nachrechnungszeitpunkt tatsächlich realisierte Unternehmenswert mit den Werterwartungen zum Zeitpunkt des Vertragsabschlusses verglichen wird. Zur Ableitung weiterer Steuerungsinformationen bietet es sich weiterhin an, die Gesamtinvestitionsabweichung in weitere Teilabweichungen zu differenzieren und so die Ursachen von Kursabweichungen genauer zu identifizieren. Auf Basis der bestimmten Abweichungen können sodann Gegensteuerungsmaßnahmen eingeleitet werden.

Insgesamt betrachtet zeigt sich, dass sowohl die inhaltliche Komplexität des Risikopotentials von Unternehmensakquisitionen als auch die prozessuale Komplexität von Akquisitionsprozessen ein sehr differenziertes zugleich aber auch flexibles Instrumentarium für das Risikomanagement bei Unternehmensakquisitionen erfordern. Angesichts dieses Spannungsfelds wurde im Rahmen dieser Arbeit ein pragmatischer Ansatz gewählt, in dem unterschiedlichste Instrumente ihren Platz finden und in dem diese je nach Bedarf miteinander verknüpft werden können. Bei alledem darf jedoch nicht übersehen werden, dass auch durch ein systematisches Risikomanagement die Unsicherheiten von Akquisitionsentscheidungen nicht beseitigt werden können. Vielmehr geht es darum, Risiken transparent zu machen und hierdurch eine „kontrollierte Extension des Bereichs rationalen Handelns“[596] in Betätigungsfelder zu ermöglichen, die sich durch große Chancen und Risiken auszeichnen.

---

596 Luhmann (Risiko), S. 22

Abkürzungsverzeichnis

Zeitschriften

AMR	Academy of Management Review
BB	Betriebs-Berater
BBK	Buchführung, Bilanz und Kostenrechnung
BFuP	Betriebswirtschaftliche Forschung und Praxis
DB	Der Betrieb
DBW	Die Betriebswirtschaft
DStR	Deutsches Steuerrecht
DStZ	Deutsche Steuerzeitung
FB	Finanz Betrieb
HBR	Harvard Business Review
LRP	Long Range Planning
SMJ	Strategic Management Journal
ST	Der Schweizer Treuhänder
WiSt	Wirtschaftswissenschaftliches Studium
WISU	Wirtschaftsstudium
WPG	Die Wirtschaftsprüfung
ZfB	Zeitschrift für Betriebswirtschaft
ZfbF	Zeitschrift für betriebswirtschaftliche Forschung
ZfO	Zeitschrift für Organisation
ZIP	Zeitschrift für Wirtschaftsrecht

Literaturverzeichnis

Achtmeyer, W.F. (*Synergies*): Strategic synergies: fact or fiction?, in: Rock, M.L./Rock, R.H./Sikora, M. (Hg.): The Mergers & Acquisitions Handbook, 2.Aufl., New York et al. 1994, S. 107–111

Aders, C./Galli, A./Wiedemann, F. (*Multiplikatormethode*): Unternehmenswerte auf Basis der Multiplikatormethode, in: FB 4/2000, S. 197–204

Alvano, W. (*Kooperationen*): Kooperationen auf der Basis von Kapitalverflechtungen, in: Frank, G.M./Stein, I. (Hg.): Management von Unternehmensakquisitionen, Stuttgart 1993, S. 99–107

Amram, M./Kulatilaka, N. (*Decisions*): Disciplined Decisions – Aligning strategy with the financial markets, in: HBR Jan.-Feb. 1999, S. 95–104

Ansoff, I. (*Strategy*): The new corporate strategy, New York et al. 1988

Ansoff, I. (*Weak Signals*): Managing Surprise and Discontinuity – Strategic Response to Weak Signals; in: ZfbF 1976, S. 129–152

Ashkenas, R.N./DeMonaco, L.J./Francis, S.C. (*Acquisitions*): Making the deal real: How GE Capital integrates acquisitions, in: HBR Jan.-Feb. 1998, S. 165–178

Baetge, J. (*Akquisitionscontrolling*): Akquisitionscontrolling: Wie ist der Erfolg einer Akquisition zu ermitteln?, in: Claussen, C.P./Hahn, O./Kraus, W. (Hg.): Umbruch und Wandel – Herausforderungen zur Jahrhundertwende, München 1997, S. 448–468

Baetge, J./Jerschensky, A. (*Frühwarnsysteme*): Frühwarnsysteme als Instrumente eines effizienten Risikomanagement und –Controlling, in: Controlling 4-5/1999, S. 171–176

Baetge, J./Krumbholz, M. (*Akquisition*): Überblick über Akquisition und Unternehmensbewertung, in: Baetge, J. (Hg.): Akquisition und Unternehmensbewertung, Düsseldorf 1991, S. 1–30

Baetge, J./Niemeyer, K./Kümmel, J. (*DCF-Verfahren*): Darstellung des Discounted-Cashflow-Verfahrens (DCF-Verfahren) mit Beispiel, in: Peemöller, V.H. (Hg.): Praxishandbuch der Unternehmensbewertung, Herne/Berlin 2001, S. 263–360

Ballwieser, W. (*Kalkulationszinsfuß*): Die Wahl des Kalkulationszinsfußes bei der Unternehmensbewertung unter Berücksichtigung von Risiko und Geldentwertung, in: Busse von Colbe, W./Coenenberg, A.G. (Hg.): Unternehmensakquisition und Unternehmensbewertung – Grundlagen und Fallstudien, Stuttgart 1992, S. 121–136

Ballwieser, W. (*Komplexitätsreduktion*): Unternehmensbewertung und Komplexitätsreduktion, 3. Aufl., Wiesbaden 1990

Ballwieser, W. (*Unternehmensbewertung*): Aktuelle Aspekte der Unternehmensbewertung, in: WPG 4-5/1995, S. 119–129

Banse, G. (*Risikoforschung*): Herkunft und Anspruch der Risikoforschung, in: Banse, G. (Hg.): Risikoforschung zwischen Disziplinarität und Interdisziplinarität, Berlin 1996, S. 15–72

Barthel, C. (*Due Diligence*): Unternehmenswert- und Kaufpreisfundierung mittels Schwerpunktanalysen im Rahmen einer Due Diligence, in: DStZ 10/1999, S. 365–376

Barthel, C. (*Unternehmenswert*): Unternehmenswert: Die zuschlagsorientierten Verfahren – Vom Buchwertzuschlagsverfahren zur strategischen Unternehmensbewertung, in: DB 1996, S. 1349–1358

Baums, T. (*Earn-Outs*): Ergebnisabhängige Preisvereinbarungen in Unternehmenskaufverträgen, in: DB 25/1993, S. 1273–1276

Berens, W./Brauner, H.U. (Hg.), (*Due Diligence*): Due Diligence bei Unternehmensakquisitionen, 2. Aufl., Stuttgart 1999

Berens, W. /Hoffjan, A./Strauch, J. (*Planung*): Planung und Durchführung der Due Diligence, in: Berens, W./Brauner, H.U. (Due Diligence), S. 113–156

Berens, W./Mertes, M./Strauch, J. (*Unternehmensakquisitionen*): Unternehmensakquisitionen, in: Berens, W./Brauner, H.U. (Due Diligence), S. 21–67

Berens, W./Schmitting, W./Strauch, J. (*Due Diligence*): Funktionen, Terminierung und rechtliche Einordnung der Due Diligence, in: Berens, W./Brauner, H.U. (Due Diligence), S. 69–110

Berens, W./Strauch, J. (*Begriff*): Herkunft und Inhalt des Begriffes Due Diligence, in: Berens, W./Brauner, H.U. (Due Diligence), S. 3–19

Berger, R. (*Unternehmensfusionen*): Erfolgsfaktoren von Unternehmensfusionen, in: Meffert, H./Backhaus, K./Becker, J. (Hg.): Unternehmensgröße und Fusionen als Erfolgsfaktoren?, Dokumentationspapier Nr. 144, Wissenschaftliche Gesellschaft für Marketing und Unternehmensführung, Münster 2001, S. 17–27

Bernstein, P.L. (*Risk Management*): The new religion of risk management, in: HBR March-April 1996, S. 47–51

Biggadike, R. (*Diversification*): The risky business of diversification, in: HBR May-June 1979, S. 103–111

Bitz, H. (*Risikomanagement*): Risikomanagement nach KonTraG – Einrichtung von Frühwarnsystemen zur Effizienzsteigerung und zur Vermeidung persönlicher Haftung, Stuttgart 2000

Blankenburg, J. (*Risikomanagement*): Risikomanagement als betriebswirtschaftliche Aufgabe, in: ZfB 1978, S. 329–332

Bleicher, K. (*Allianzen*): Der Strategie-, Struktur- und Kulturfit strategischer Allianzen als Erfolgsfaktor, in: Bronder, C./Pritzl, R. (Hg.): Wegweiser für strategische Allianzen, Frankfurt a.M. 1992, S. 267–292

Blex, W./Marchal, G. (*Akquisitionsprozess*): Risiken im Akquisitionsprozess – Ein Überblick, in: BFuP 2/1990, S. 85–103

Böcking, H.-J./Nowak, K. (*Unternehmensbewertung*): Marktorientierte Unternehmensbewertung, in: FB 8/1999, S. 169–176

Botta, V. (*Due Diligence*): Due Diligence – Instrument zur Risikobegrenzung von Unternehmensakquisitionen, in: BBK 6/2000, S. 277–288

Brauner, H.U./Grillo, U. (*Due Diligence*): Due Diligence aus strategischer Sicht, in: Berens, W./Brauner, H.U. (Due Diligence), S. 201–219

Brealey, R.A./Myers, S.C. (*Corporate Finance*): Principles of Corporate Finance, 6. Aufl., New York et al. 2000

Brebeck, F./Herrmann, D. (*Frühwarnsystem*): Zur Forderung des KonTraG-Entwurfs nach einem Frühwarnsystem und zu den Konsequenzen für die Jahres- und Konzernabschlußprüfung, in: WPG 12/1997, S. 381–391

Bretzke, W.R. (*Risiken*): Risiken in der Unternehmensbewertung, in: ZfbF 9/1988, S. 813–823

Bretzke, W.R. (*Unternehmensbewertung*): Zur Berücksichtigung des Risikos bei der Unternehmensbewertung, in: ZfbF 1976, S. 153–165

Bronder, C./Pritzl, R. (*Allianzen*): Ein konzeptioneller Ansatz zur Gestaltung und Entwicklung strategischer Allianzen, in: Bronder, C./Pritzl, R. (Hg.): Wegweiser für strategische Allianzen, Frankfurt a.M. 1992, S. 17–43

Brunsson, N. (*Uncertainty*): An inquiry into the concept of uncertainty in management theories, Göteborg 1979

Buckley, A. (*Acquisition*): Growth by Acquisition, in: LRP 8/1975, S. 53–60

Bühner, R. (*Erfolg*): Erfolg von Unternehmenszusammenschlüssen in der Bundesrepublik Deutschland, Stuttgart 1990

Bühner, R. (*Fusionen*): Unternehmensgröße und Fusionen als Herausforderungen an die Unternehmensführung aus Sicht der Wissenschaft, in: Meffert, H./Backhaus, K./Becker, J. (Hg.): Unternehmensgröße und Fusionen als Erfolgsfaktoren?, Dokumentationspapier Nr. 144, Wissenschaftliche Gesellschaft für Marketing und Unternehmensführung, Münster 2001, S. 7–16

Bühner, R./Spindler, H.J. (*Synergieerwartungen*): Synergieerwartungen bei Unternehmenszusammenschlüssen, in: DB 12/1986, S. 601–606

Clarke, C.J. (*Acquisitions*): Acquisitions – Techniques for measuring strategic fit, in: LRP 3/1987, S. 12–18

Clever, H. (*Post-Merger-Management*): Fusionen erfolgreich gestalten – Prozeß eines erfolgreichen Post-Merger-Management, in: Frank, G.M./Stein, I. (Hg.): Management von Unternehmensakquisitionen, Stuttgart 1993, S. 121–132

Coenenberg, A.G. (*Jahresabschlussanalyse*): Jahresabschluss und Jahresabschlussanalyse, 16. Aufl., Landsberg/Lech 1997

Coenenberg, A.G. (*Monte-Carlo-Simulation*): Unternehmensbewertung mit Hilfe der Monte-Carlo-Simulation, in: ZfB 12/1970, S. 793–804

Coenenberg, A.G./Sautter, M.J. (*Unternehmensakquisitionen*): Strategische und finanzielle Bewertung von Unternehmensakquisitionen, in: Busse von Colbe, W./Coenenberg, A.G. (Hg.): Unternehmensakquisition und Unternehmensbewertung. Grundlagen und Fallstudien, Stuttgart 1992, S. 187–217

Copeland, T./Koller, T./Murrin, J. (*Unternehmenswert*): Unternehmenswert – Methoden und Strategien für eine wertorientierte Unternehmensführung, 2. Aufl., Frankfurt a.M. / New York 1998

Courtney, H./Kirkland, J./Viguerie, P. (*Uncertainty*): Strategy under Uncertainty, in: HBR Nov.-Dec. 1997, S. 67–79

Crasselt, N./Tomaszewski, C. (*Realoptionen*): Realoptionen – Eine neue Methode der Investitionsrechnung?, in: WiSt 10/1999, S. 556–559

Datta, D.K. (*Organizational Fit*): Organizational fit and acquisition performance: Effects of post-acquisition integration, in: SMJ 12/1991, S. 281–297

Delcker, M. (*Besserungsoption*): Risiken beim Unternehmenskauf – Absicherung durch Besserungsoption, in: DB 1992, S. 2453–2454

Desmet, D. et al. (*Valuing Dot-Coms*): Valuing Dot-Coms, in: McKinsey Quarterly 1/2000, S.148–157

Diedrichs, M./Richter, H. (*Risikomanagement*): Risikomanagement und Risikocontrolling – Transparenz durch risikoadjustiertes Berichtswesen, in: Bilanz und Buchhaltung 4/2001, S. 135–142

Dirrigl, H. (*Strategische Unternehmensbewertung*): Konzepte, Anwendungsbereiche und Grenzen einer strategischen Unternehmensbewertung, in: BFuP 5/1994, S. 409–432

Dixit, A.K./Pindyck, R.S. (*Options Approach*): The options approach to capital investment, in: HBR May-June 1995, S. 105–115

Drukarczyk, J. (*DCF-Methoden*): DCF-Methoden und Ertragswertmethode – einige klärende Anmerkungen, in: WPG 10/1995, S. 329-334

Drukarczyk, J. (*Unternehmensbewertung*): Unternehmensbewertung, 2. Aufl., München 1998

Eccles, R.G./Lanes, K.L./Wilson, T.C. (*Acquisition*): Are you paying too much for that acquisition?, in: HBR July-August 1999, S. 136–146

Edwards, W.J. (*Planning Models*): Planning models for M&A analysis, in: Rock, M.L./Rock, R.H./Sikora, M. (Hg.): The Mergers & Acquisitions Handbook, 2.Aufl., New York et al. 1994, S. 35–49

Emmerich, G. (*Risikomanagement*): Risikomanagement in Industrieunternehmen – Gesetzliche Anforderungen und Umsetzung nach dem KonTraG, in: ZfbF 11/1999, S. 1075–1089

Ernst, D./Halevy, T. (*Alliance*): When to think alliance, in: McKinsey Quarterly 4/2000, S.47–55

Ernst, D./Thümmel, R.C. (*M&A-Transaktionen*): Realoptionen zur Strukturierung von M&A-Transaktionen, in: FB 11/2000, S. 665–673

Farny, D. (*Risk Management*): Risk Management und Planung, in: Szyperski, N. (Hg.): Handwörterbuch der Planung, Stuttgart 1989, Sp. 1749–1758

Feldman, M.L./Spratt, M. (*Postmerger Integration*): Postmerger Integration, in: Rock, M.L./Rock, R.H./Sikora, M. (Hg.): The Mergers & Acquisitions Handbook, 2.Aufl., New York et al. 1994, S. 409–417

Fischer, K.M. (*Minderheitsbeteiligungen*): Die Aufstockung von Minderheitsbeteiligungen als Realoption beim Unternehmenskauf, in: Frank, G.M./Stein, I. (Hg.): Management von Unternehmensakquisitionen, Stuttgart 1993, S. 109–118

Fleischer, H./Körber, T. (*Due Diligence*): Due Diligence und Gewährleistung beim Unternehmenskauf, in: BB 17/2001, S. 841–849

Frank, G.M. (*Probleme*): Probleme und Erfolgsfaktoren bei der Übernahme von Unternehmen, in: Frank, G.M./Stein, I. (Hg.): Management von Unternehmensakquisitionen, Stuttgart 1993, S. 133–145

Freidank, C.C. (*Risikomanagement*): Risikomanagement und Risikocontrolling in Industrieunternehmen, in: Freidank, C.C./Mayer, E. (Hg.): Controlling-Konzepte, 5. Auflage, Wiesbaden 2001, S. 595–631

Freund, W. (*Integration*): Die Integration übernommener Unternehmen – Fragen, Probleme und Folgen, in: Busse von Colbe, W./Coenenberg, A.G. (Hg.): Unternehmensakquisition und Unternehmensbewertung. Grundlagen und Fallstudien, Stuttgart 1992, S. 343–353

Frühling, V. (*Controlling*): Controlling im Akquisitionsprozess mittelständischer Unternehmen, in: Schulte, C. (Hg.): Beteiligungscontrolling – Grundlagen, Strategische Allianzen und Akquisitionen, Erfahrungsberichte, Wiesbaden 1994, S. 61–89

Fürer, G. (*Risk Management*): Risk Management im internationalen Bankgeschäft, Bern/Stuttgart 1990

Füser, K./Gleißner, W./ Meier, G. (*Risikomanagement*): Risikomanagement (KonTraG) – Erfahrungen aus der Praxis, in: DB 15/1999, S. 753–758

Gellert, O. (*Akquisitionsrisiken*): Wirtschaftsprüfung und Akquisitionsrisiken – Ausgewählte Probleme, in: BFuP 2/1990, S. 129–139

Gerke, W./Bank, M. (*Finanzierung*): Finanzierung – Grundlagen für die Investitions- und Finanzierungsentscheidungen in Unternehmen, Stuttgart et al. 1998

Gerpott, T.J. (Integrationsgestaltung): Integrationsgestaltung und Erfolg von Unternehmensakquisitionen, Stuttgart 1993

Gerpott, T.J. (*Personalmanagement*): Strategieadäquates Personalmanagement bei der Integration von internationalen Akquisitionen, in: Busse von Colbe, W./Coenenberg, A.G. (Hg.): Unternehmensakquisition und Unternehmensbewertung. Grundlagen und Fallstudien, Stuttgart 1992, S. 313–330

Geschka, H./Hammer, R. (*Szenario-Technik*): Die Szenario-Technik in der strategischen Unternehmensplanung, in: Hahn, D./Taylor, B. (Hg.): Strategische Unternehmensplanung – Stand und Entwicklungstendenzen, 3. Aufl., Würzburg/Wien 1984, S. 224–249

Gleißner, W./Füser, K. (*Frühwarn- und Prognosesysteme*): Moderne Frühwarn- und Prognosesysteme für Unternehmensplanung und Risikomanagement, in: DB 19/2000, S. 933–941

Gleißner, W./Meier, G. (*Risikoaggregation*): Risikoaggregation mittels Monte-Carlo-Simulation, in: Versicherungswirtschaft 13/1999, S. 926–929

Gomez, P. (*Frühwarnung*): Frühwarnung in der Unternehmung, Bern 1983

Gomez, P./Weber, B. (*Akquisitionsstrategie*): Akquisitionsstrategie – Wertsteigerung durch Übernahme von Unternehmungen, Stuttgart 1989

Gösche, A. (*Mergers & Acquisitions*): Mergers & Acquisitions im Mittelstand: Unternehmen und Beteiligungen gezielt kaufen und verkaufen: Planung, Strategie, Durchführung, Integration, Wiesbaden 1991

Gösche, A. (*Preisbestimmung*): Unternehmensbewertung und Preisbestimmung, in: Frank, G.M./Stein, I. (Hg.): Management von Unternehmensakquisitionen, Stuttgart 1993, S. 179–185

Grabowski, O./Harrer, H. (*Unternehmenskauf*): Wesentliche Elemente von Zusicherungen und/oder Garantien beim Unternehmenskauf, in: DStR 1/1993, S. 20–23

Grafer, H.R./Baldasaro, P.M. (*Due Diligence*): Effective Due Diligence, in: Rock, M.L./Rock, R.H./Sikora, M. (Hg.): The Mergers & Acquisitions Handbook, 2.Aufl., New York et al. 1994, S. 341–351

Grote, B. (*Synergiepotential*): Zur Messung von Synergiepotential und Synergieeffekten, in: WiSt 5/1991, S. 261–263

Günther, T. (*Controlling*): Unternehmenswertorientiertes Controlling, München 1997

Guserl, R. (*Risiko-Management*): Risiko-Management im industriellen Anlagengeschäft, in: ZfB 5/1996, S. 519–534

Hafner, R. (*Unternehmensbewertung*): Unternehmensbewertung bei mehrfacher Zielsetzung, in: BFuP 6/1988, S. 485–504

Hahn, D. (*Risiko-Management*): Risiko-Management – Stand und Entwicklungstendenzen, in: ZfO 3/1987, S. 137–150

Hahn, K./Weber, S.C./Friedrich, J. (*Risikomanagementsystem*): Ausgestaltung des Risikomanagementsystems in mittelständischen Unternehmen, in: BB 51-52/2000, S. 2620–2629

Hall, W.K. (*Risk Analysis*): Why Risk Analysis Isn't Working, in: LRP 12/1975, S. 25–29

Haller, M. (*Entwicklung*): Künftige Entwicklung im Risiko-Management, in: Jacob, H. (Hg.): Risiko-Management. Schriften zur Unternehmensführung Bd. 33, Wiesbaden 1986, S. 117–127

Haller, M. (*Risiko-Management*): Risiko-Management – Eckpunkte eines integrierten Konzepts, in: Jacob, H. (Hg.): Risiko-Management. Schriften zur Unternehmensführung Bd. 33, Wiesbaden 1986, S. 7–43

Harrer, H. (*Due Diligence*): Die Bedeutung der Due Diligence bei der Vorbereitung eines Unternehmenskaufs, in: DStR 45/1993, S. 1673–1675

Haspeslagh, P.C./Jemison, D.B. (*Akquisitionsmanagement*): Akquisitionsmanagement – Wertschöpfung durch strategische Neuausrichtung des Unternehmens, Frankfurt a.M./New York 1992

Helbling, C. (*Absicherungsstrategien*): Absicherungsstrategien gegen Risiken des Unternehmenskaufs, in: Peemöller, V.H. (Hg.): Praxishandbuch der Unternehmensbewertung, Herne/Berlin 2001, S. 167–175

Helbling, C. (*Due-Diligence-Review*): Due-Diligence-Review, in: Peemöller, V.H. (Hg.): Praxishandbuch der Unternehmensbewertung, Herne/Berlin 2001, S. 157–165

Helling, N. (*Unternehmensbewertung*): Strategieorientierte Unternehmensbewertung – Instrumente und Techniken, Wiesbaden 1994

Hertel, A. (*Risk Management*): Risk Management in der Praxis, Köln 1991

Hertz, D.B. (*Risk Analysis*): Risk Analysis in Capital Investment, in: HBR Jan.-Feb. 1964, S. 95–106

Hertz, D.B./Thomas, H. (*Acquisition*): Evaluating the Risks in Acquisition, in: LRP 6/1982, S. 38–44

Hölters, W. (*Unternehmenskauf*): Der Unternehmens- und Beteiligungskauf – Bedeutung, Grundfragen und Abwicklung, in: Hölters, W. (Hg.): Handbuch des Unternehmens- und Beteiligungskaufs, 4. Aufl., Köln 1996, S. 1–62

Holzapfel/Pöllath (*Unternehmenskauf*): Unternehmenskauf in Recht und Praxis, 8. Aufl., Köln 1997

Hoffmann, F. (*Diversifikation*): So wird Diversifikation zum Erfolg – Ergebnisse einer empirischen Untersuchung in der Bundesrepublik, in: Harvard Manager 4/1989, S. 52–58

Hommel, M./Braun, I./Schmotz, T. (*Unternehmensbewertung*): Neue Wege in der Unternehmensbewertung?, in: DB 7/2001, S. 341–347

Hommel, U. (*Realoptionsansatz*): Der Realoptionsansatz: Das neue Standardverfahren der Investitionsrechnung, in: M&A Review 1/1999, S. 22–29

Hommel, U./Müller, J. (*Investitionsbewertung*): Realoptionsbasierte Investitionsbewertung, in FB 8/1999, S. 177–188

Hötzel, O. (*Unternehmenskauf*): Unternehmenskauf und Steuern, 2. Aufl. Düsseldorf 1997

Howell, R.A. (*Acquisitions*): Plan to integrate your acquisitions, in: HBR Nov.-Dec. 1970, S. 66–76

Huemer, F. (*Mergers & Acquisitions*): Mergers & Acquisitions – Strategische und finanzielle Analyse von Unternehmensübernahmen, Frankfurt a.M. et al. 1991

Humpert, F.W. (*Unternehmensakquisition*): Unternehmensakquisition – Erfahrungen beim Kauf von Unternehmen, in: DBW 1/1985, S. 30–41

Hungenberg, H. (*Strategisches Management*): Strategisches Management in Unternehmen, Wiesbaden 2000

IDW (*Risikofrüherkennungssystem*): Prüfungsstandard: Die Prüfung des Risikofrüherkennungssystems nach § 317 Abs. 4 HGB (IDW PS 340), in: WPG 1999, S. 658–662

IDW (*Unternehmensbewertungen*): IDW Standard: Grundsätze zur Durchführung von Unternehmensbewertungen (IDW S 1), in: WPG 2000, S. 825–842

IDW (*WP-Handbuch*): Wirtschaftsprüfer-Handbuch 2000. Handbuch für Rechnungslegung, Prüfung und Beratung, Band I, 12. Aufl., Düsseldorf 2000

Imboden, C. (*Risikohandhabung*): Risikohandhabung: Ein entscheidbezogenes Verfahren, Bern 1983

Jacob, H.J. (*Risikofrüherkennungssystem*): KonTraG und KapAEG – die neuen Entwürfe des Hauptfachausschusses zum Risikofrüherkennungssystem, zum Bestätigungsvermerk und zum Prüfungsbericht, in: WPG 23-24/1998, S. 1043–1049

Jacobs, O.H./Oestreicher, A./Piotrowski-Allert, S. (*Fehlerrisiko*): Die Einstufung des Fehlerrisikos im handelsrechtlichen Jahresabschluss anhand von Regressionen aus empirisch bedeutsamen Erfolgsfaktoren, in: ZfbF 6/1999, S. 523–549

James, M./Koller, T.M. (*Valuation*): Valuation in emerging markets, in: McKinsey Quarterly 4/2000, S. 78–85

Jansen, S.A. (*Mergers & Acquisitions*): Mergers & Acquisitions – Unternehmensakquisitionen und –kooperationen. Eine strategische, organisatorische und kapitalmarkttheoretische Einführung, 3. Aufl., Wiesbaden 2000

Jansen, S.A./Körner, K. (*Fusionsmanagement*): Fusionsmanagement in Deutschland – Eine empirische Analyse von 103 Zusammenschlüssen mit deutscher Beteiligung zwischen 1994 und 1998, Institute for Mergers and Acquisitions (IMA) Universität Witten/Herdecke 2000

Jemison, D.B./Sitkin, S.B. (*Acquisitions*): Acquisitions: the process can be a problem, in: HBR March-April 1986, S. 107–116

Jemison, D.B./Sitkin, S.B. (*Process*): Corporate acquisitions: A process perspective, in: AMR 11/1986, S. 145–163

Jendruschewitz, B. (*Value at Risk*): Value at Risk – Ein Ansatz zum Management von Marktrisiken in Banken, 2. Aufl., Frankfurt a.M. 1999

Jung, H. (*Unternehmensakquisitionen*): Erfolgsfaktoren von Unternehmensakquisitionen, Stuttgart 1993

Jung, W. (*Unternehmenskauf*): Praxis des Unternehmenskaufs – Eine systematische Darstellung der Planung und Durchführung einer Akquisition, 2. Aufl., Stuttgart 1993

Kaplan, R.S./Norton, D.P. (*Balanced Scorecard*): Balanced Scorecard – Strategien erfolgreich umsetzen, Stuttgart 1997

Karten, W. (*Risk Management*): Risk Management, in: Wittmann, W. (Hg.): Handwörterbuch der Betriebswirtschaft, 5. Auflage, Stuttgart 1993, S. 3825–3836

Kay, I.T./Shelton, M. (*People Problem*): The people problem in mergers, in: McKinsey Quarterly 4/2000, S. 27–37

Keitsch, D. (*Risikomanagement*): Risikomanagement, Stuttgart 2000

Kendall, R. (*Risk Management*): Risk Management – Unternehmensrisiken erkennen und bewältigen, Wiesbaden 1998

Kester, W.C. (*Options*): Today's options for tomorrow's growth, in: HBR March-April 1984, S. 153–160

Kiethe, K. (*Unternehmenskauf*): Der Schaden beim Unternehmenskauf – Probleme der Anspruchdurchsetzung, in: DStR 45/1995, S. 1756–1763

Kirchner, M. (*Akquisitionsmanagement*): Strategisches Akquisitionsmanagement im Konzern, Wiesbaden 1991

Kitching, J. (*Acquisitions*): Winning and losing with European acquisitions, in: HBR March-April 1974, S. 124–136

Kichting, J. (*Mergers*): Why do mergers miscarry?, in: HBR Nov.-Dec. 1967, S. 84–101

Kless, T. (*Unternehmensrisiken*): Beherrschung von Unternehmensrisiken: Aufgaben und Prozesse des Risikomanagements, in: DStR 3/1998, S. 93–96

Koch, W./Wegmann, J. (*Due Diligence*): Praktiker-Handbuch Due Diligence, Stuttgart 1998

Kolbe, C. (*Unternehmensakquisition*): Anmerkungen zur Unternehmensakquisition als Form des Markteintritts, in: Frank, G.M./Stein, I. (Hg.): Management von Unternehmensakquisitionen, Stuttgart 1993, S. 187–199

KPMG (*Risikomanagement*): Integriertes Risikomanagement, Berlin 1998

Kreikebaum, H. (*Potentialanalyse*): Die Potentialanalyse und ihre Bedeutung für die Unternehmensplanung, in: ZfB 1971, S. 257–272

Krey, S. (*Interne Revision*): Konzeption und Anwendung eines risikoorientierten Prüfungsansatzes in der Internen Revision, Berlin 2001

Kromschröder, B./Lück, W. (*Grundsätze*): Grundsätze risikoorientierter Unternehmensüberwachung, in: DB 32/1998, S. 1573–1576

Krüger, W. (*Management*): Management von Akquisitionsprojekten – Probleme, Erfolgsfaktoren und Aufgaben bei der Durchführung von Unternehmenszusammenschlüssen, in: ZfO 6/1988, S. 371–377

Krystek, U. (*Früherkennungssysteme*): Früherkennungssysteme, in: Schulte, C. (Hg.): Lexikon des Controlling, München et al. 1996, S.266–271

Krystek, U. (*Unternehmungskrisen*): Unternehmungskrisen – Beschreibung, Vermeidung und Bewältigung überlebenskritischer Prozesse in Unternehmungen, Wiesbaden 1987

Krystek, U. (*Unternehmungskultur*): Unternehmungskultur und Akquisition, in: ZfB 5/1992, S. 539–565

Krystek, U./Müller, M. (*Frühaufklärungssysteme*): Frühaufklärungssysteme – Spezielle Informationssysteme zur Erfüllung der Risikokontrollpflicht nach KonTraG, in: Controlling 4-5/1999, S. 177–183

Krystek, U./Müller, M. (*Shareholder Value Reporting*): Zur Relevanz des Shareholder Value Reporting als Frühaufklärungsinformation für den Wettbewerb, in: Müller, M./Leven, F.-J. (Hg.): Shareholder Value Reporting – Veränderte Anforderungen an die Berichterstattung börsennotierter Unternehmen, Wien 1998, S. 242–266

Kupsch, P. (*Risiken*): Risiken als Gegenstand der Unternehmungspolitik, in: WiSt 4/1975, S. 153–159

Küting, K. (*Möglichkeiten*): Möglichkeiten und Grenzen der Bilanzanalyse am Neuen Markt – Auf der Suche nach neuen Wegen der Unternehmensbeurteilung, in: FB 10/2000, S. 597–605

Küting, K./Weber, C.P. (*Bilanzanalyse*): Die Bilanzanalyse, 5. Auflage, Stuttgart 2000

Lacher, J./Poppe, H. (*Ertragswert*): Unternehmenskauf nach der Methode des „realisierten" Ertragswerts, in: DB 35/1988, S. 1761–1765

Langenbeck, J. (*Früherkennungssystem*): Einrichtung eines Früherkennungssystems, in: BBK 17/1998, S. 881–886

Laux, C. (*Handlungsspielräume*): Handlungsspielräume im Leistungsbereich des Unternehmens: Eine Anwendung der Optionspreistheorie, in: ZfbF 11/1993, S. 933–958

Loges, R. (*Due Diligence*): Der Einfluss der „Due Diligence" auf die Rechtsstellung des Käufers eines Unternehmens, in: DB 19/1997, S. 965–969

Löhnert, P.G./Böckmann, U.J. (*Multiplikatorverfahren*): Multiplikatorverfahren in der Unternehmensbewertung, in: Peemöller, V.H. (Hg.): Praxishandbuch der Unternehmensbewertung, Herne/Berlin 2001, S. 401–426

Löhr, D./Rams, A. (*Realoptionen*): Unternehmensbewertung mit Realoptionen – Berücksichtigung strategisch-dynamischer Flexibilität, in: BB 2000, S. 1983–1989

Lubos, G. (*Übernahme*): Besonderheiten bei der Übernahme von Krisenunternehmen – Praxisprobleme bei Due Diligence, Risiko- und Kaufpreisermittlung, in: DStR 23/1999, S. 951–956

Lück, W. (*Elemente*): Elemente eines Risikomanagementsystems, in: DB 1-2/1998, S. 8–14

Lück, W. (*Risikomanagementsystem*): Der Umgang mit unternehmerischen Risiken durch ein Risikomanagementsystem und durch ein Überwachungssystem, in: DB 39/1998, S. 1925–1930

Luehrmann, T.A. (*Real Options*): Investment opportunities as real options: getting started on the numbers, in: HBR July-August 1998, S. 51–67

Luehrmann, T.A. (*Strategy*): Strategy as a portfolio of real options, in: HBR Sept.-Oct. 1998, S. 89–99

Luhmann, N. (*Risiko*): Soziologie des Risikos, Berlin/New York 1991

Luhmann, N. (*Zweckbegriff*): Zweckbegriff und Systemrationalität, 5. Aufl., Frankfurt 1991

Mandl, G./Rabel, K. (*Unternehmensbewertung*): Unternehmensbewertung: Eine praxisorientierte Einführung, Wien 1997

Mann, R. (*Controlling*): Strategisches Controlling, in: Mayer, E./Weber, J. (Hg.): Handbuch Controlling, Stuttgart 1990, S. 91–116

Mann, R. (*Praxis*): Praxis strategisches Controlling mit Checklists und Arbeitsformularen, 4. Aufl., Landsberg/Lech 1984

Mann, R. (*Strategisches Controlling*): Strategisches Controlling, in: Manager Magazin 5/1976, S. 70–76

Marn, M.V. et al. (*Post merger pricing*): The hidden value in post merger pricing, in: McKinsey Quarterly 4/2000, S. 39–45

Matuschka, Graf A. v. (*Risiken*): Risiken von Unternehmensakquisitionen, in: BFuP 2/1990, S. 104–113

Merkt, H. (*Gewährleistung*): Due Diligence und Gewährleistung beim Unternehmenskauf, in: BB 21/1995, S.1041–1048

Montag, F. (*Kartellrecht*): Kartellrecht, in: Picot, G. (Hg.): Unternehmenskauf und Restrukturierung, 2. Aufl., München 1998, S. 721–807

Moser, A.C. (*Gefahren*): Gefahren beim Kauf von Unternehmen, Stuttgart et al. 1991

Moser, U./Schieszl, S. (*Simulationsrechnungen*): Unternehmenswertanalysen auf der Basis von Simulationsrechnungen am Beispiel eines Biotech-Unternehmens, in: FB 10/2001, S. 530–541

Moxter, A. (*Grundsätze*): Grundsätze ordnungsmäßiger Unternehmensbewertung, 2. Aufl., Wiesbaden 1990

Moxter, A. (*Multi-Ertragswert-Methode*): Multi-Ertragswert-Methode – Ein Beitrag zur Wiederannäherung von Theorie und Praxis der Unternehmensbewertung, in: Die Unternehmung 1976, S. 189–201

Müller, K.J. (*Verschulden*): Verschulden bei Vertragsschluss und Abbruch von Verhandlungen über formbedürftige Rechtsgeschäfte, in: DB 38/1997, S. 1905–1910

Müller, W. (*Risiko*): Risiko und Ungewissheit, in: Wittmann, W. (Hg.): Handwörterbuch der Betriebswirtschaft, 5. Auflage, Stuttgart 1993, S. 3813–3824

Müller-Stewens, G. (*Integration*): Organisationspsychologische Aspekte bei der Integration von Unternehmensakquisitionen, in: Busse von Colbe, W./Coenenberg, A.G. (Hg.): Unternehmensakquisition und Unternehmensbewertung. Grundlagen und Fallstudien, Stuttgart 1992, S. 331–341

Müller-Stewens, G./Spickers, J./Deiss, C. (*Mergers & Acquisitions*): Mergers & Acquisitions – Markttendenzen und Beraterprofile, Stuttgart 1999

Neubürger, K.W. (*Risikobeurteilung*): Risikobeurteilung bei strategischen Unternehmungsentscheidungen – Grundlagen des Einsatzes eines Risiko-Chancen-Kalküls, Stuttgart 1980

Nieland, M. (*Due Diligence*): Financial Due Diligence bei Unternehmenstransaktionen, in: Scott, C. (Hg.): Due Diligence in der Praxis, Wiesbaden 2001, S. 54–87

Oehler, O. (*Alarmkennziffern*): Checklist Frühwarnsystem mit Alarmkennziffern – zur Steuerung und Sicherung Ihres Unternehmens, München 1980

Ossadnik, W. (*Materiality*): Grundsatz und Interpretation der „Materiality" – Eine Untersuchung zur Auslegung ausgewählter Materiality-Bestimmungen durch die Rechnungslegungspraxis, in: WPG 20/1993, S. 617–629

Ottersbach, D./Kolbe, C. (*Integrationsrisiken*): Integrationsrisiken bei Unternehmensakquisitionen, in: BFuP 2/1990, S. 140–150

Pape, U. (*Unternehmensführung*): Wertorientierte Unternehmensführung und Controlling, Berlin 1997

Pausenberger, E. (*Akquisitionsplanung*): Akquisitionsplanung, in: Szyperski, N. (Hg.): Handwörterbuch der Planung, Stuttgart 1989, Sp. 18–26

Pausenberger, E. (*Systematik*): Zur Systematik von Unternehmenszusammenschlüssen, in: WISU 1989, S. 621–626

Pausenberger, E. (*Unternehmenszusammenschlüsse*): Unternehmenszusammenschlüsse, in: Wittmann, W. (Hg.): Handwörterbuch der Betriebswirtschaft, 5. Auflage, Stuttgart 1993, S. 4436–4448

Peemöller, V.H. (*Bilanzanalyse*): Bilanzanalyse und Bilanzpolitik, Wiesbaden 1993

Peemöller, V.H. (*Controlling*): Controlling – Grundlagen und Einsatzgebiete, 3. Aufl., Herne/Berlin 1997

Peemöller, V.H. (*Corporate Governance*): Corporate Governance, in: Gabler Wirtschaftslexikon, 15. Aufl., Wiesbaden 2000, S. 653–657

Peemöller, V.H. (*Prüfungsstrategien*): Entwicklung von Prüfungsstrategien, in: WISU 8-9/1993, S. 701–709

Peemöller, V.H. (*Realoptionsansatz*): Der Realoptionsansatz, in: Peemöller, V.H. (Hg.): Praxishandbuch der Unternehmensbewertung, Herne/Berlin 2001, S. 699–713

Peemöller, V.H. (*Unternehmensbewertung*): Stand und Entwicklung der Unternehmensbewertung – Eine kritische Bestandsaufnahme, in: DStR 11/1993, S. 409–416

Peemöller, V.H. (*Wert*): Wert und Werttheorien, in: Peemöller, V.H. (Hg.): Praxishandbuch der Unternehmensbewertung, Herne/Berlin 2001, S. 1–14

Peemöller, V.H./Bömelburg, P./Denkmann, A. (*Unternehmensbewertung*): Unternehmensbewertung in Deutschland, in: WPG 22/1994, S. 741–749

Peemöller, V.H./Geiger, T. (*Effizienzsteigerung*): Maßnahmen zur Effizienzsteigerung in der Internen Revision, in: BBK 7/1998, Fach 28, S. 1089-1098

Peemöller, V.H./Geiger, T./Barchet, H. (*Early-Stage-Investments*): Bewertung von Early-Stage-Investments im Rahmen der Venture Capital-Finanzierung, in: FB 5/2001, S. 334–344

Peemöller, V.H./Keller, B. (*Unternehmensbewertung*): Unternehmensbewertung, in: Küting, K. (Hg.): Saarbrücker Handbuch der betriebswirtschaftlichen Beratung, 2. Aufl., Berlin 2000, S. 985–1059

Peemöller, V.H./Keller, B./Rödl, M. (*Strategische Unternehmensbewertung*): Verfahren strategischer Unternehmensbewertung, in: DStR 2/1996, S. 74–79

Peemöller, V.H./Kunowski, S. (*Ertragswertverfahren*): Ertragswertverfahren nach IDW, in: Peemöller, V.H. (Hg.): Praxishandbuch der Unternehmensbewertung, Herne/Berlin 2001, S. 199–261

Peemöller, V.H./Kunowski, S./Hillers, J. (*Mergers & Acquisitions*): Ermittlung des Kapitalisierungszinssatzes für internationale Mergers & Acquisitions bei Anwendung des Discounted Cash Flow-Verfahrens (Entity-Ansatz) – eine empirische Erhebung, in: WPG 16/1999, S. 621–630

Pellens, B./Tomaszewski, C./Weber, N. (*Beteiligungscontrolling*): Beteiligungscontrolling in Deutschland – Eine empirische Untersuchung der DAX 100 Unternehmen, Arbeitsbericht Nr. 85, Institut für Unternehmensführung und Unternehmensforschung Ruhr-Universität Bochum 2000

Picot, G. (*Mergers & Acquisitions*): Mergers & Acquisitions in Telekommunikation und Internet, in: FB 6/1999, S. 61–70

Picot, G. (*Vertragsrecht*): Vertragsrecht, in: Picot, G. (Hg.): Unternehmenskauf und Restrukturierung, 2, Aufl., München 1998, S. 1–117

Pieper, U. (*Unternehmensakquisitionen*): Wirkungen von Unternehmensakquisitionen auf Forschung und Entwicklung – Eine empirische Untersuchung aus der Perspektive des erwerbenden Unternehmens, Wiesbaden 1998

Pollanz, M. (*Due Diligence*): Due Diligence als künftiges Instrument einer risikoorientierten Abschlussprüfung?, in: BB 26/1997, S. 1351–1356

Pollanz, M. (*Risikomanagement*): Ganzheitliches Risikomanagement im Kontext einer wertorientierten Unternehmensführung (Risk Adjusted Balanced Scorecarding), in: DB 25/1999, S. 1277–1281

Pollanz, M. (*Risikomanagementsystem*): Konzeptionelle Überlegungen zur Einrichtung und Prüfung eines Risikomanagementsystems – Droht eine Mega–Erwartungslücke?, in: DB 8/1999, S. 393–399

Porter, M.E. (*Corporate Strategy*): From competitive advantage to corporate strategy, in: HBR May-June 1987, S. 43–59

Porter, M.E. (*Wettbewerbsstrategie*): Wettbewerbsstrategie – Methoden zur Analyse von Branchen und Konkurrenten, 8. Aufl., Frankfurt a.M. 1995

Porter, M.E. (*Wettbewerbsvorteile*): Wettbewerbsvorteile – Spitzenleistungen erreichen und behaupten, 6. Aufl., Frankfurt a.M./New York 2000

Priddat, B.P. (*Risiko*): Risiko, Ungewissheit und Neues: Epistemologische Probleme ökonomischer Entscheidungsbildung, in: Banse, G. (Hg.): Risikoforschung zwischen Disziplinarität und Interdisziplinarität, Berlin 1996, S. 105–123

Probst, G.J.B./Gomez, P. (*Vernetztes Denken*): Die Methodik des vernetzten Denkens zur Lösung komplexer Probleme, in: Probst, G.J.B./Gomez, P. (Hg.): Vernetztes Denken – Unternehmen ganzheitlich führen, Wiesbaden 1989, S. 3–35

Pümpin, C. (*Strategische Erfolgspositionen*): Strategische Erfolgspositionen – Methodik der dynamischen strategischen Unternehmensführung, Bern/Stuttgart 1992

Rams, A. (*Unternehmensbewertung*): Realoptionsbasierte Unternehmensbewertung, in: FB 11/1999, S. 349–364

Rappaport, A. (*Sensitivity Analysis*): Sensitivity analysis in decision making, in: Accounting Review July 1967, S. 441–456

Rappaport, A. (*Shareholder Value*): Shareholder Value – Ein Handbuch für Manager und Investoren, 2. Aufl., Stuttgart 1999

Rappaport, A. (*Strategic Analysis*): Strategic Analysis for more profitable acquisitions – A seller's market demands more careful evaluation than ever before, in: HBR July-August 1979, S. 99–110

Rappaport, A./Sirower, M.L. (*Stock or Cash*): Stock or Cash? The trade-offs for buyers and sellers in mergers and acquisitions, in: HBR Nov.-Dec. 1999, S. 147–158

Rescher, N. (*Risk*): Risk – A Philosophical Introduction to the Theory of Risk Evaluation and Management, Washington 1983

Rockholtz, C. (*Akquisitionsmanagement*): Marktwertorientiertes Akquisitionsmanagement – Due Diligence-Konzeption zur Identifikation, Beurteilung und Realisation akquisitionsbedingter Synergiepotentiale, Frankfurt a.M. et al. 1999

Rockholtz, C. (*Due Diligence-Konzeption*): Due Diligence-Konzeption zum synergieorientierten Akquisitionsmanagement, in: Berens, W./Brauner, H.U. (Due Diligence), S. 177–196

Ruhnke, K. (*Unternehmensbewertung*): Unternehmensbewertung: Ermittlung der Preisobergrenze bei strategisch motivierten Akquisitionen, in: DB 37/1991, S. 1889–1894

Salecker, J. (*Kommunikationsauftrag*): Der Kommunikationsauftrag von Unternehmen bei Mergers & Acquisitions. Problemdimensionen und Gestaltungsoptionen der Kommunikation bei Unternehmensübernahmen, Bern u.a. 1995

Salter, M.S./Weinhold, W.A. (*Acquisitions*): Choosing compatible acquisitions, in: HBR Jan.-Feb. 1981, S. 117–127

Salter, M.S./Weinhold, W.A. (*Diversification*): Diversification via acquisition: creating value, in: HBR July-August 1978, S. 166–176

Sautter, M.T. (*Strategische Analyse*): Strategische Analyse von Unternehmensakquisitionen, Frankfurt a.M. 1989

Schäfer, H./Schässburger, B. (*CAPM*): Bewertungsmängel von CAPM und DCF bei innovativen wachstumsstarken Unternehmen und optionstheoretische Alternativen, in: ZfB 1/2001, S. 85–107

Scharpf, P. (*Sorgfaltspflichten*): Die Sorgfaltspflichten des Geschäftsführers einer GmbH, in: DB 15/1997, S. 737–743

Scharpf, P./Epperlein, J.K. (*Risikomanagement*): Risikomanagement derivativer Finanzinstrumente, in: BFuP 2/1995, S. 209–229

Scharpf, P./Luz, G. (*Risikomanagement*): Risikomanagement, Bilanzierung und Aufsicht von Finanzderivaten, 2. Aufl., Stuttgart 2000

Schein, J./Schilling, E. (*Balanced Scorecard*): Balanced Scorecard: Minimierung von Akquisitionsrisiken, in: M&A Review 1/1999, S. 17–22

Scherer, I. (*Firmenfortführung*): Haftung bei Firmenfortführung, in: DB 46/1996, S. 2321–2325

Schierenbeck, H. (*Bankmanagement*): Ertragsorientiertes Bankmanagement, Band 2: Risiko-Controlling und Bilanzstruktur-Management, 6. Aufl., Wiesbaden 1999

Schmidbauer, R. (*Beteiligungs-Controlling*): Konzeption eines unternehmenswertorientierten Beteiligungs-Controllings im Konzern, Frankfurt a.M. et al. 1998

Schmidbauer, R. (*Risikomanagement*): Risikomanagement im Kontext wertorientierter Unternehmensführung, in: DB 4/2000, S. 153–164

Schmusch, M. (*Unternehmensakquisitionen*): Unternehmensakquisitionen und Shareholder Value, Wiesbaden 1998

Schneider, J. (*Akquisitionsplanung*): Strategische Unternehmensbewertung als Teil der Akquisitionsplanung, in: Riekhof, H.C. (Hg.): Strategieentwicklung: Konzepte und Erfahrungen, Stuttgart 1989, S. 213–234

Schneider, J. (*Strategische Unternehmenswerte*): Die Ermittlung strategischer Unternehmenswerte, in: BFuP 6/1988, S. 522–531

Schreyögg, G. (*Unternehmensstrategie*): Unternehmensstrategie – Grundfragen einer Theorie strategischer Unternehmensführung, Berlin/New York 1984

Schulte, C. (*Beteiligungscontrolling*): Beteiligungscontrolling, in: Schulte, C. (Hg.): Beteiligungscontrolling – Grundlagen, Strategische Allianzen und Akquisitionen, Erfahrungsberichte, Wiesbaden 1994, S. 3–24

Schwartz, P. (*Long View*): The Art of the Long View, New York et al. 1991

Semler, F.J. (*Unternehmenskaufvertrag*): Der Unternehmens- und Beteiligungskaufvertrag, in: Hölters, W. (Hg.): Handbuch des Unternehmens- und Beteiligungskaufs, 4. Aufl., Köln 1996, S. 480–571

Seppelfricke, P. (*Multiplikatorverfahren*): Moderne Multiplikatorverfahren bei der Aktien- und Unternehmensbewertung, in: FB 10/1999, S. 300–307

Seth, A. (*Acquisitions*): Value Creation in Acquisitions: A Re-examination of Performance Issues, in: SMJ 11/1990, S. 99–115

Shoemaker, P.J.H. (*Strategic Vision*): How to Link Strategic Vision to Core Capabilities, in: Sloan Management Review Fall 1992, S. 67–81

Sieben, G./Diedrich, R. (*Unternehmensakquisitionen*): Aspekte der Wertfindung bei strategisch motivierten Unternehmensakquisitionen, in: Busse von Colbe, W./Coenenberg, A.G. (Hg.): Unternehmensakquisition und Unternehmensbewertung. Grundlagen und Fallstudien, Stuttgart 1992, S. 219–235

Sieben, G./Sielaff, M. (*Unternehmensakquisition*): Unternehmensakquisition, Bericht des Arbeitskreises Unternehmensakquisition der Schmalenbach-Gesellschaft, Stuttgart 1989

Siegel, T. (*Unternehmensbewertung*): Unternehmensbewertung, Unsicherheit und Komplexitätsreduktion, in: BFuP 5/1994, S. 457–476

Siepe, G./Dörschell, A./Schulte, J. (*Grundsätze*): Der neue IDW Standard: Grundsätze zur Durchführung von Unternehmensbewertungen (IDW S 1), in: WPG 19/2000, S. 946–960

Sikora, M. (*Corporate Development*): Corporate Development Alternatives, in: Rock, M.L./Rock, R.H./Sikora, M. (Hg.): The Mergers & Acquisitions Handbook, 2.Aufl., New York et al. 1994, S. 87–94

Sirower, M. (*Synergy Trap*): The synergy trap – How companies lose the acquisition game, New York et al. 1997

Stallmann, F.M. (*Controlling*): Controlling beim Kauf und Verkauf von Unternehmen, in: Controller Magazin 4/1992, S. 195–198

Staudt, E. (*Voraussagen*): Struktur und Methoden technologischer Voraussagen – Beitrag zu einer allgemeinen Planungstheorie, Göttingen 1974

Stein, I. (*Motive*): Motive für internationale Unternehmensakquisitionen, Wiesbaden 1992

Stein, I. (*Unternehmensakquisitionen*): Internationale Unternehmensakquisitionen – Trends und Motive, in: Frank, G.M./Stein, I. (Hg.): Management von Unternehmensakquisitionen, Stuttgart 1993, S. 83–96

Steinöcker, R. (*Akquisitionscontrolling*): Akquisitionscontrolling – Strategische Planung von Firmenübernahmen: Konzeption – Transaktion – Integration, Berlin et al. 1993

Storck, J. (*Mergers & Acquisitions*): Mergers & Acquisitions – Marktentwicklung und bankpolitische Konsequenzen, Wiesbaden 1993

Tilles, S. (*Strategy*): How to evaluate strategy, in: HBR Nr. 4 1963, S. 111–121

Träm, M. (*Post-Merger-Integration*): Post-Merger-Integration: Sieben Regeln für erfolgreiche Fusionen – ein Ansatz von A.T. Kearney, in: Fink, D. (Hg.): Management Consulting Fieldbook, München 2000, S. 289–309

Trigeorgis, L. (*Real Options*): Real Options. Managerial Flexibility and Strategy in Resource Allocation, Cambridge 1996

Urban, C. (*Controlling*): Ein Unternehmen im Aufbruch: Strategie, Organisation und Controlling bei Siemens, in: Horvath, P. (Hg.): Strategieunterstützung durch das Controlling: Revolution im Rechnungswesen?, Stuttgart 1990, S. 7–38

Valcárcel, S. (*Strategischer Zuschlag*): Ermittlung und Beurteilung des „strategischen Zuschlags" als Brücke zwischen Unternehmenswert und Marktpreis, in: DB 11/1992, S. 589–595

Van der Heijden, K. (*Scenarios*): Scenarios – The Art of Strategic Conversation, New York et al. 1996

Vogler, M./Gundert, M. (*Risikomanagementsysteme*): Einführung von Risikomanagementsystemen – Hinweise zur praktischen Ausgestaltung, in: DB 48/1998, S. 2377–2383

Volkart, R. (*Unternehmensbewertung*): Unternehmensbewertung, Strategieevaluation und Discounted Cash Flow – Überlegungen zur Cash Flow-basierten Geschäftswertanalyse, in: ST 12/1992, S. 815–822

Wack, P. (*Shooting the Rapids*): Scenarios: Shooting the Rapids, in: HBR Nov.-Dec. 1985, S. 139–150

Wack, P. (*Uncharted Waters*): Scenarios: Uncharted Waters Ahead, in: HBR Sept.-Oct. 1985, S. 73–89

Wartensleben, H. (*Risikomanagement*): Risikomanagement, in: ZfB 1978, S. 323–328

Waters, S.M./Schwartz, J.T. (*Pricing*): Pricing your deal for optimum value, in: Rock, M.L./Rock, R.H./Sikora, M. (Hg.): The Mergers & Acquisitions Handbook, 2.Aufl., New York et al. 1994, S. 189–199

Weber, B. (*Restrukturierung*): Wertsteigerung durch Restrukturierung, in: ST 11/1990, S. 575–580

Weber, B./Weißenberger, B.E./Liekweg, A. (*Risk Tracking*): Risk Tracking and Reporting – Unternehmerisches Chancen- und Risikomanagement nach dem KonTraG, Vallendar 1999

Weber, E. (*Synergieeffekte*): Berücksichtigung von Synergieeffekten bei der Unternehmensbewertung, in: Baetge, J. (Hg.): Akquisition und Unternehmensbewertung, Düsseldorf 1991, S. 97–115

Wegmann, J./Koch, W. (*Due Diligence*): Due Diligence – Unternehmensanalyse durch externe Gutachter, in: DStR 24/2000, S. 1027–1032

Weismüller, A. (*Akquisitionscontrolling*): Akquisitionscontrolling bei Mannesmann, in: ZfbF 10/1997, S. 892–911

Weismüller, A. (*Integration*): Akquisitionscontrolling: Integration und Nachrechnung, in: Peemöller, V.H. (Hg.): Praxishandbuch der Unternehmensbewertung, Herne/Berlin 2001, S. 581–606

Weitekamp, K. (*Risikomanagement*): Chancen-/Risikomanagement als Führungsaufgabe aus Sicht der Internen Revision, in: Versicherungswirtschaft 24/1997, S. 1756–1763

Werner, R. (*Haftungsrisiken*): Haftungsrisiken bei Unternehmensakquisitionen: die Pflicht des Vorstands zur Due Diligence, in: ZIP 23/2000, S. 989–996

Wilfert, A./Ziechmann, P. (*Due-Diligence*): Due-Diligence: Beurteilung wirtschaftlicher Risiken bei Investitions- und Finanzierungsentscheidungen – ein Ansatz von Arthur D. Little, in: Fink, D. (Hg.): Management Consulting Fieldbook, München 2000, S. 265–287

Willner, B. (*Erfolgssteuerung*): Erfolgssteuerung von Handelsgeschäften, in: Eller, R. (Hg.): Handbuch des Risikomanagements – Analyse, Quantifizierung und Steuerung von Marktrisiken in Banken und Sparkassen, Stuttgart 1998, S. 27–49

Wolf, K./Runzheimer, B. (*Risikomanagement*): Risikomanagement und KonTraG – Konzeption und Implementierung, Wiesbaden 1999

Wullenkord, A. (*Valuation*): New Economy Valuation – Moderne Bewertungsverfahren für Hightech-Unternehmen, in: FB 7-8/2000, S. 522–527

Schriftenreihe zum Finanz-, Prüfungs- und Rechnungswesen

Ferdinand Alexander Rüchardt
Qualitätsmanagement in der Wirtschaftsprüfung
Konzeption eines Qualitätsmanagements für Abschlußprüfungen unter Berücksichtigung haftungsrechtlicher Aspekte
1995, Band 9, 324 S., Mdr., Pb., Euro 34,67, ISBN 3-89481-126-9

Christian Marettek
Plankostenrechnung im Krankenhaus unter Berücksichtigung des BPflV 1995
1995, Band 10, 296 S., Mdr., Pb., Euro 27,51, ISBN 3-89481-166-8

Peter Löhnert
– Shareholder Value – Reflexion der Adaptionsmöglichkeiten in Deutschland
Eine Untersuchung unter Berücksichtigung strategischer Implikationen
1996, Band 11, 270 S., Mdr., Pb., Euro 30,58, ISBN 3-89481-184-6

Bernd Keller
Unternehmensexterne ökologische Berichterstattung
Entwicklung einer Konzeption mit Ansatzpunkten zur Prüfung
1996, Band 12, 324 S., Mdr., Pb., Euro 34,67, ISBN 3-89481-198-6

Rainer Jurowsky
Die Liquidationsrechnungslegung nach GmbH und AktG
1996, Band 13, 282 S., Mdr., Pb., Euro 27,51, ISBN 3-89481-206-0

Henning Lorenz
Entscheidungsverhalten prüfungspflichtiger Kapitalgesellschaften bei der Auswahl ihres Abschlußprüfers
1997, Band 14, 265 S., Mdr., Pb., Euro 29,55, ISBN 3-89481-213-3

Bettina Sandra Lengerer
Strategisches Controlling in der Versicherungsunternehmung
1997, Band 15, 328 S., Mdr., Pb., Euro 35,69, ISBN 3-89481-223-0

Heiko Neumann
Beteiligungsmanagement und -controlling
Unter besonderer Berücksichtigung kommunaler Unternehmen
1997, Band 16, 284 S., Mdr., Pb., Euro 35,69, ISBN 3-89481-248-6

Matthias Popp
Bewertung ertragsteuerlicher Verlustvorträge im Rahmen der entscheidungsorientierten Unternehmensbewertungslehre
1997, Band 17, 260 S., Mdr., Pb., Euro 35,69, ISBN 3-89481-257-5

Rainer Husmann
Analyse der wirtschaftlichen Lage des Konzerns im Rahmen der Konzernabschlußprüfung
1997, Band 18, 342 S., Mdr., Pb., Euro 36,71, ISBN 3-89481-259-1

Thomas Zwingel
Einsatzmöglichkeiten und Grenzen von Kennzahlen und Kennzahlensystemen im Rahmen eines ökologischen Controllingkonzepts
1997, Band 19, 357 S., Mdr., Pb., Euro 33,64, ISBN 3-89481-270-2

VVF